ERGEBNISSE DER MATHEMATIK UND IHRER GRENZGEBIETE

UNTER MITWIRKUNG DER SCHRIFTLEITUNG DES „ZENTRALBLATT FÜR MATHEMATIK“

HERAUSGEGEBEN VON

NEUE FOLGE · HEFT 24

STRUKTURTHEORIE DER WAHRSCHEINLICHKEITSFELDER UND -RÄUME

VON

DEMETRIOS A. KAPPOS

SPRINGER-VERLAG
BERLIN · GÖTTINGEN · HEIDELBERG
1960

ISBN 978-3-642-52772-2 ISBN 978-3-642-52771-5 (eBook)
DOI 10.1007/978-3-642-52771-5

Vorwort

LEBESGUE hat am Anfang dieses Jahrhunderts den Begriff des Maßes eingeführt, der eine Erweiterung des älteren Begriffes des Inhalts war. So schuf er die Möglichkeit, den Definitionsbereich des Inhaltes auf mehr Teilmengen der Zahlengeraden, allgemeiner eines euklidischen Raumes, zu erweitern. Es entstand dann die Frage, ob jede Teilmenge meßbar ist. VITALI entdeckte 1905 die Existenz von nicht meßbaren Teilmengen der Zahlengeraden. Später, als man abstrakte Maße auf Mengenkörpern bzw. Booleringen (Booleschen Algebren) einführte, erhob sich, neben dem Problem der Erweiterung des Definitionsbereiches des abstrakten Maßes, auch die Frage, ob man auf einem beliebigen Mengenkörper bzw. Boolering ein nicht triviales Maß, und zwar mit bestimmten Eigenschaften erklären kann. Dies ist im allgemeinen nicht möglich; hier geht wesentlich die Struktur des Mengenkörpers bzw. des Booleringes in das Problem ein. Diese Frage ist für die Wahrscheinlichkeitstheorie von besonderer Bedeutung, weil man in dieser Theorie die Zufallsereignisse mit abstrakten Mengen oder mit Elementen eines Booleringes darstellt und die Wahrscheinlichkeit als ein normiertes und in gewissen Fällen strikt positives Maß betrachtet. Über die Strukturtheorie der Wahrscheinlichkeitsfelder und -räume sind deshalb in den letzten Jahrzehnten viele Untersuchungen angestellt worden. In dem vorliegenden Bericht haben wir versucht, das Wichtige davon zusammenzustellen. Ein großer Teil des Berichtes wird den verschiedenen Arten der Unabhängigkeit und dem Begriff des cartesischen Produktes gewidmet, Begriffe, die hauptsächlich aus Problemen der Wahrscheinlichkeitstheorie entstanden sind und eine große Rolle bei der Charakterisierung der Struktur der Wahrscheinlichkeitsfelder spielen.

Herrn Privatdozent Dr. HEINZ BAUER (Hamburg) habe ich für die zahlreichen kritischen Bemerkungen und Verbesserungsvorschläge, sowie für das mühevolle Lesen von Manuskript und Korrekturen herzlich zu danken, ferner den Herren Prof. Dr. KLAUS KRICKEBERG (Heidelberg), Dr. WERNER UHLMANN (Hamburg), Dipl.-Math. PAUL GEORGIOU und Dipl.-Math. ANASTASSIOS MALLIOS (Athen) für das Lesen der Korrekturen und ihre Ratschläge. Dem Springer-Verlag sei gedankt für die sorgfältige Ausstattung des Buches.

Athen, November 1959

Demetrios A. Kappos

Inhaltsverzeichnis

Seite

Einleitung 1

Kapitel I

1. Der Begriff des Wahrscheinlichkeitsfeldes 4
2. Beispiele von W-Feldern 7
3. Quasi-Wahrscheinlichkeitsfelder 12
4. Definition einer Quasi-Wahrscheinlichkeit auf jedem beliebigen Boolering 13
5. Separable Booleringe 17
6. Darstellung eines Booleringes durch einen Mengenkörper 20

Kapitel II

7. Die unendlichen Operationen in W-Feldern 22
8. Metrik in W-Feldern. Metrische Erweiterung eines W-Feldes zu einem σ-W-Feld 25

Kapitel III

9. Wahrscheinlichkeitsräume 39
10. Erweiterungen eines W-Raumes 42

Kapitel IV

11. Cartesische Produkte von W-Feldern 51
12. W-Produkträume 65

Kapitel V

13. w-Unabhängigkeit in W-Feldern 67
14. Algebraische Unabhängigkeit in Booleringen 71

Kapitel VI

15. Unabhängigkeit von Mengensystemen bzw. von Systemen von Körpern 77
16. Fastunabhängigkeit. Stochastische Unabhängigkeit 80
17. Nicht separable (nicht empirische) invariante Erweiterungen des linearen Lebesgueschen W-Raumes 92

Kapitel VII

18. Topologische bzw. kompakte W-Räume 101
19. Approximation bezüglich einer Quasi-Wahrscheinlichkeit, Kompaktheit einer Quasi-Wahrscheinlichkeit 104
20. Kompaktheit und Unabhängigkeit 108
21. Kompaktheit und cartesische Produkte 110
22. Quasi-Kompaktheit der W-Räume 112

Kapitel VIII

23. Bedingte Wahrscheinlichkeitsräume 115

Anhang 122

Literaturverzeichnis 129

Zeichenindex 132

Namen- und Sachverzeichnis 133

Einleitung

1. Die ersten Begriffe und Sätze der Wahrscheinlichkeitstheorie wurden gebildet bei der mathematischen Behandlung der Glückspiele. Am Anfang konnte man sich in dieser Theorie mit elementaren mathematischen Hilfsmitteln aushelfen. Die benutzten Methoden waren jedoch nicht befriedigend und exakt genug. Die große Bedeutung außerdem, die diese Theorie in unserem Jahrhundert als Hilfswissenschaft bei zahlreichen anderen Wissenschaften erlangte, verlangte nach neuen mathematischen Methoden und Begriffsbildungen, um die neu entstandenen Probleme zu bewältigen. Den mathematischen Apparat dazu lieferte hauptsächlich die gleichzeitig hochentwickelte Maß- und Integrationstheorie. In der Gegenwart sind die maßtheoretischen Methoden so weit in die Wahrscheinlichkeitstheorie eingedrungen, daß man behaupten kann, die Wahrscheinlichkeitstheorie sei ein Teilgebiet der abstrakten Maß- und Integrationstheorie. Hiermit verliert sie jedoch nicht vollständig ihre Eigenart. Viele ihrer Begriffe können maßtheoretisch formuliert und behandelt werden, sie wurden aber zuerst bei Wahrscheinlichkeitstheoretischen Problemen geprägt und öffneten so der Maß- und Integrationstheorie neue Gebiete und Methoden.

2. Eine systematische Einführung von maßtheoretischen Methoden in die Wahrscheinlichkeitstheorie geschah zuerst im Heft 3 des zweiten Bandes der Ergebnisse der Mathematik und ihrer Grenzgebiete, das von A. Kolmogoroff mit dem Titel: Grundbegriffe der Wahrscheinlichkeitsrechnung im Jahre 1933 geschrieben wurde. Der Kolmogoroffsche Standpunkt zur mathematischen Grundlegung der Wahrscheinlichkeitstheorie wurde vom statistischen Standpunkt aus durch die Kritik von W. Wald (Die Widerspruchsfreiheit des Kollektivbegriffes, Ergebnisse eines math. Kolloquiums, Heft 8, Wien 1937) an der von Misesschen statistischen Begründung der Wahrscheinlichkeitstheorie gefordert. Das Büchlein von Kolmogoroff bildete in den drei letzten Jahrzehnten die Grundlage der mathematischen Forschung in der Wahrscheinlichkeitstheorie. Neuerdings sind systematische Lehrbücher herausgekommen, die maßtheoretisch die Wahrscheinlichkeitstheorie oder gewisse Teilgebiete von ihr behandeln. Wir werden deshalb in unserem Heft nicht das wiederholen, was schon systematisch geschehen ist, sondern uns auf eine spezielle Frage beschränken, die sowohl die Wahrscheinlichkeitstheorie als auch die Maßtheorie betrifft, nämlich die Frage der

Struktur der Wahrscheinlichkeitsfelder. In den zwei letzten Jahrzehnten ist in dieser Richtung viel geforscht worden, was bis heute nicht systematisch zusammengestellt ist.

3. Die von C. CARATHÉODORY eingeführte abstrakte Maßtheorie auf Booleringen erlaubt einen besseren Überblick über die Struktur der Wahrscheinlichkeitsfelder. Mit Hilfe dieser Theorie kann man auch folgenden Mangel, mit dem die mengentheoretische Begründung der Wahrscheinlichkeitstheorie behaftet ist, beheben (vgl. KAPPOS [1, 4, 5], KOLMOGOROFF [2]). Bei der Erklärung nämlich der Ereignisse als meßbaren Teilmengen einer Grundmenge E, deren Elemente (Punkte) auch als elementare Ereignisse betrachtet werden, ist man gezwungen, gewissen Ereignissen (Nullmengen, d. h. Mengen mit dem Maß Null) die Wahrscheinlichkeit Null zuzuordnen, obwohl diese Ereignisse verschieden vom unmöglichen Ereignis (leere Menge), also realisierbar sind. Entsprechend muß man unter Umständen Ereignissen, die verschieden von der Gewißheit (Grundmenge E) sind, die Wahrscheinlichkeit 1 zuordnen. Außerdem betrachtet man gewisse Teilmengen der Grundmenge (nicht meßbare Teilmengen) nicht als Ereignisse, obwohl die Punkte, aus welchen diese Mengen bestehen, als realisierbare Ereignisse betrachtet werden. Überhaupt ist der Begriff des elementaren Ereignisses (Punktes) bei Grundmengen (Merkmalräumen) von einer Mächtigkeit $> \aleph_0$ eine künstliche (ideelle) Erfindung für die Wahrscheinlichkeitstheorie (vgl. KOLMOGOROFF [2]), der mit Hilfe von konkreten Ereignissen eingeführt[1] wird. Bei der mengentheoretischen Begründung der Wahrscheinlichkeitstheorie stellt man jedoch diesen künstlichen Begriff in den Vordergrund und erklärt hiermit Ereignisse, die eventuell einen konkreten Sinn haben, als Mengen von solchen Punkten. Außerdem wird eine wichtige Eigenschaft der Wahrscheinlichkeit, nämlich die σ-Additivität (Totaladditivität) bei der mengentheoretischen Begründung der Wahrscheinlichkeitstheorie axiomatisch gefordert aber nicht genügend gerechtfertigt; sie folgt bekanntlich nicht aus der endlichen Additivität, die eine natürliche und empirisch gerechtfertigte Eigenschaft der Wahrscheinlichkeit ist.

Um solche Mängel der mengentheoretischen Begründung zu vermeiden, erklären wir im Kapitel I ein Wahrscheinlichkeitsfeld als einen Boolering mit einer strikt positiven und additiven Wahrscheinlichkeit. Wahrscheinlichkeiten, die die Eigenschaft der strikten Positivität nicht besitzen, bezeichnen wir als Quasi-Wahrscheinlichkeiten. Im Kapitel II

[1] Z. B. betrachtet man beim Problem der abzählbaren Wiederholung eines zweigliedrigen Versuches als Merkmalraum (Raum der elementaren Ereignisse) die Gesamtheit aller abzählbaren Folgen x_ν, $\nu = 1, 2, \ldots$, wobei $x_\nu = 0$ oder 1 bedeutet. Die Menge der elementaren Ereignisse ist also überabzählbar. Höchstens abzählbar viele aber davon, oder in manchen Fällen überhaupt keins davon, können eine Wahrscheinlichkeit $\neq 0$ haben.

zeigen wir, wie man stets durch eine metrische Erweiterung des Wahrscheinlichkeitsfeldes die wichtige Eigenschaft der σ-Additivität der Wahrscheinlichkeit erhalten kann. Erst im Kapitel III führen wir den Begriff des Wahrscheinlichkeitsraumes der klassischen Theorie ein und zeigen, daß jedes Wahrscheinlichkeitsfeld stets durch einen Wahrscheinlichkeitsraum dargestellt werden kann derart, daß die Wahrscheinlichkeit bei dieser Darstellung die Eigenschaft der σ-Addivität besitzt. Umgekehrt kann man aber aus einem Wahrscheinlichkeitsraum durch Bildung von Restklassen modulo Nullmengen zu einem Wahrscheinlichkeitsfeld übergehen. Die beiden Theorien leisten deshalb dasselbe. Wünschenswert wäre aber, alle bekannten Probleme der Wahrscheinlichkeitstheorie direkt, d. h. ohne Übergang zu einem Wahrscheinlichkeitsraum, zu formulieren und zu beweisen und dies deshalb, weil wir glauben, daß dann nicht nur bekannte Resultate übersichtlicher werden, sondern auch die direkten Methoden leichter zu neuen Erkenntnissen führen werden. Dies zeigen z. B. die direkten Methoden, die neuerdings K. KRICKEBERG [1, 2] in seinen Untersuchungen in der Theorie der stochastischen Prozesse anwendet. Solche Fragen beschäftigen uns nicht in unserem Heft. Wir hoffen aber, daß dieser Standpunkt der Begründung der Wahrscheinlichkeitstheorie, dessen Wichtigkeit auch KOLMOGOROFF neuerdings betont ([2]), das Interesse für Untersuchungen dieser Art anregen wird.

4. Der Begriff des cartesischen Produktes mit beliebig vielen Faktoren, wie auch die Begriffe der verschiedenen Arten der Unabhängigkeit sind aus Problemen der Wahrscheinlichkeitstheorie entstanden und spielen eine große Rolle für die Charakterisierung der Struktur der Wahrscheinlichkeitsfelder. In dieser Richtung ist besonders viel von polnischen Mathematikern geleistet worden. Diesen Begriffen widmen wir die übrigen Kapitel unseres Heftes. In Nr. 17 berichten wir über die nicht separablen invarianten Erweiterungen des linearen Lebesgueschen Maßes. Diese interessante Theorie, die auch in großem Zusammenhang mit dem Begriff der Unabhängigkeit steht, verdankt man S. KAKUTANI und J. C. OXTOBY.

Neuerdings hat A. RÉNYI eine Verallgemeinerung des Begriffes des Wahrscheinlichkeitsraumes eingeführt, die für viele Anwendungen der Wahrscheinlichkeitstheorie bedeutsam ist. Am Schluß des Heftes berichten wir einiges darüber, besonders über die Strukturtheorie von solchen Räumen. Eine direkte Formulierung auch dieser Theorie wäre wünschenswert.

Kapitel I

1. Der Begriff des Wahrscheinlichkeitsfeldes

1.1. Definition. Ein *Wahrscheinlichkeitsfeld* (kurz: W-Feld) ist eine nicht leere Menge $\mathfrak{F}$, genannt *Feld*, von Dingen: $a, b, \ldots, x, y, \ldots$ genannt *Ereignisse*, mit folgenden Eigenschaften:

α) $\mathfrak{F}$ ist versehen mit der algebraischen Struktur eines Booleringes mit *Einheit* e (vgl. Anhang Nr. 1)[1].

β) Auf $\mathfrak{F}$ ist eine eindeutige, reellwertige Funktion w, genannt *Wahrscheinlichkeit* (kurz: W.) definiert, die folgende Eigenschaften besitzt: $w(x)$ ist

β_1) *strikt positiv*, d. h. $w(x) \geqq 0$, und zwar gleich Null dann und nur dann, wenn $x = \emptyset$ ist, wobei $\emptyset$ die *Null* des Booleringes $\mathfrak{F}$ bedeutet;

β_2) *normiert*, d. h. $w(e) = 1$, wobei e die Einheit von $\mathfrak{F}$ bedeutet;

β_3) *additiv*, d. h. $w(x \cup y) = w(x) + w(y)$, falls $x\,y = \emptyset$.

Ein W-Feld wird kurz mit $(\mathfrak{F}, w)$ bezeichnet und auch das *Feld* $\mathfrak{F}$ mit *der W.* w genannt.

Es sei $\mathfrak{B}$ ein Boolering. Kann auf $\mathfrak{B}$ eine Funktion w definiert werden, die die Eigenschaften $\beta, \beta_1, \beta_2, \beta_3$ besitzt, so sagt man „*Der Boolering* $\mathfrak{B}$ *kann eine W. tragen*" oder „*Der Boolering* $\mathfrak{B}$ *kann als ein W-Feld* $(\mathfrak{B}, w)$ *erklärt werden*". Die Beispiele der folgenden Nr. 2 werden zeigen, daß der Begriff des W-Feldes nicht leer ist, denn gewisse sehr wichtige Klassen von Booleringen können Wahrscheinlichkeiten tragen. In Nr. 4 wird jedoch gezeigt, daß es Booleringe gibt, die keine W. tragen können.

1.2. Quasi-Wahrscheinlichkeit. Verlangt man von der W. statt der Eigenschaft β_1) eine schwächere Eigenschaft, nämlich

β_1^*) $w(x)$ ist *nicht negativ*, d. h. es gilt $w(x) \geqq 0$ für jedes $x \in \mathfrak{F}$, so wird dann in Nr 4 gezeigt, daß jeder Boolering $\mathfrak{B}$ eine solche W., die wir als eine *Quasi-W.* bezeichnen, stets tragen kann. Ein Feld $\mathfrak{F}$ mit einer Quasi-W. v wird dann als ein *Quasi-W-Feld* bezeichnet.

1.3. Eigenschaften der Wahrscheinlichkeit. Man zeigt leicht folgende Eigenschaften der W.:

---

[1] Im folgenden kommen nur Booleringe mit Einheit in Betracht; deshalb ist unter einem Boolering stets genauer ein Boolering mit Einheit zu verstehen.

β_4) Die W. w ist eine streng monoton wachsende Funktion, d. h. aus $x \subseteq y$ folgt $w(x) \leqq w(y)$, und zwar ist $w(x) < w(y)$, wenn außerdem $x \neq y$, d. h. wenn $x \subset y$ ist.

β_5) Für *beliebige* $x, y \in \mathfrak{F}$ gilt: $w(x) + w(y) = w(x \cup y) + w(x\, y)$.

β_6) $w(x^c) = 1 - w(x)$ für jedes $x \in \mathfrak{F}$.

β_7) Für *beliebige* $x_1, x_2, \ldots, x_k \in \mathfrak{F}$ gilt:

$$w(x_1) + w(x_2) + \cdots + w(x_k) \geqq w(x_1 \cup x_2 \cup \cdots \cup x_k),$$

und zwar dann und nur dann Gleichheit, wenn $x_i\, x_j = \emptyset$ *für alle Paare* i, j mit $i \neq j$ gilt.

β_8) $w(x) = 1$ *dann und nur dann, wenn* $x = e$.

β_9) *Boolesche Formel.* Für beliebige $x_1, x_2, \ldots, x_k \in \mathfrak{F}$ gilt:

$$w(x_i) \geqq w(x_1\, x_2 \cdots x_k) \geqq 1 - w(x_1^c) - w(x_2^c) - \cdots - w(x_k^c),$$
$$i = 1, 2, \ldots, k.$$

Bemerkung. Die Eigenschaften β_5, β_6 und β_9 gelten auch für die Quasi-W. Die Eigenschaft β_4 gilt in der schwächeren Form:

β_4^*) Die Quasi-W. ist monoton nicht abnehmend, d. h. aus $x \subseteq y$ folgt $w(x) \leqq w(y)$.

Die Eigenschaft β_7 gilt mit der ‚Änderung': und zwar dann Gleichheit, wenn für alle Paare i, j mit $i \neq j$ gilt $x_i\, x_j = \emptyset$.

Für die Quasi-W. können Elemente $x \neq \emptyset$ bzw. $x \neq e$ vorhanden sein mit $w(x) = 0$ bzw. $w(e) = 1$.

Die Eigenschaft β_5 der W., die, wie bereits bemerkt wurde, auch für die Quasi-W. gilt, läßt sich für drei Elemente x_1, x_2, x_3 erweitern. Wir haben nämlich zuerst nach β_5:

$$w(x_1) + w(x_2) = w(x_1 \cup x_2) + w(x_1\, x_2),$$

also durch weitere Anwendung von β_5:

$$\begin{aligned} w(x_1) + w(x_2) + w(x_3) &= w(x_1 \cup x_2) + w(x_1\, x_2) + w(x_3) \\ &= w(x_1 \cup x_2 \cup x_3) + w(x_1\, x_3 \cup x_2\, x_3) + w(x_1\, x_2), \end{aligned}$$

also schließlich:

β_5^3) Für beliebige $x_1, x_2, x_3 \in \mathfrak{F}$ gilt:

$$\begin{aligned} w(x_1) + w(x_2) + w(x_3) &= w(x_1 \cup x_2 \cup x_3) + \\ &+ w(x_1\, x_2 \cup x_1\, x_3 \cup x_2\, x_3) + w(x_1\, x_2\, x_3). \end{aligned}$$

Durch vollständige Induktion zeigt man folgende Eigenschaft der W. bzw. der Quasi-W.:

β_5^n) Für beliebige $x_1, x_2, \ldots, x_n \in \mathfrak{F}$ gilt:

$$\sum_{k=1}^{n} w(x_k) = \sum_{k=1}^{n} w\Big(\bigcup_{p \in S^{n,k}} \bigcap_{i \leqq k} x_{p_i}\Big),$$

wobei $S^{n,k}$ die Gesamtheit aller Folgen natürlicher Zahlen

$$p = \{p_1, p_2, \ldots, p_k\} \quad \text{mit} \quad 1 \leqq p_1 < \cdots < p_k \leqq n \quad \text{bedeutet.}$$

1.4. Wahrscheinlichkeitstheoretische Interpretation der Relationen und Operationen der Algebra eines W-Feldes. Die Interpretation der Relationen und Operationen der Algebra eines W-Feldes rühren im wesentlichen her von der Theorie der Glückspiele. Da die Ereignisse in der Theorie der Glückspiele gewissen Aussagen entsprechen[1], pflegt man bei dieser Interpretation meistens die Sprache der naiven Logik (Algebra der Logik) zu verwenden (vgl. HILBERT-ACKERMANN, Grundzüge der theoretischen Logik, 3. Auflage, 1949), d. h.

$a \subseteqq b$	wird interpretiert:	aus a folgt b.
$a \cap b = a\,b$	,, ,,	a und b.
$a \cup b$	,, ,,	a oder b (mindestens eins von a oder b).
a^c	,, ,,	nicht a.
$a \dotplus b$	,, ,,	a oder b, jedoch nicht a und b.
$a - b$	,, ,,	a und nicht b.
$\emptyset$ bzw. $x = \emptyset$	,, ,,	Unmöglichkeit bzw. x ist unmöglich.
e bzw. $x = e$	,, ,,	Gewißheit bzw. x ist gewiß.
$x \neq \emptyset$ und $x \neq e$	,, ,,	x ist möglich (realisierbar) oder x ist eine Möglichkeit (Realisierbarkeit).
$a\,b = \emptyset$	,, ,,	a und b sind unvereinbar (unverträglich).
$w(a \cup b) = q$	,, ,,	Die W. dafür, daß mindestens eins der Ereignisse a oder b eintritt, ist gleich q.
$w(a\,b) = p$	,, ,,	Die W. dafür, daß die Ereignisse a und b gleichzeitig eintreten, ist gleich p.

usw.

In einem W-Feld $(\mathfrak{F}, w)$ gelten:

$w(x) = p$ mit $0 < p < 1$ ist gleichwertig mit: x ist möglich,
$w(x) = 0$ ist gleichwertig mit: x ist unmöglich,
$w(x) = 1$ ist gleichwertig mit: x ist gewiß.

Bemerkung. *Im folgenden betrachten wir ein für allemal Felder mit mindestens einem möglichen Ereignis, d. h. einem Ereignis x mit $x \neq \emptyset$* und $x \neq e$. *Das sogenannte uneigentliche Feld $\mathfrak{U} = \{\emptyset, e\}$ mit $w(\emptyset) = 0$, $w(e) = 1$ schließen wir von unseren allgemeinen Betrachtungen aus. Falls dieses Feld benutzt wird, werden wir es besonders betonen.*

---

[1] Z. B. im Felde des einmaligen Münzenspieles hat man als Ereignisse die folgenden Aussagen: „es erscheint Kopf", „es erscheint Adler", „es erscheint Kopf oder Adler = Gewißheit", „es erscheint Kopf und Adler = Unmöglichkeit".

1.5. W-Unterfelder. Es sei $(\mathfrak{F}, w)$ ein W-Feld. Eine Teilmenge $\mathfrak{B}$ von $\mathfrak{F}$ bildet ein W-Unterfeld $(\mathfrak{B}, w)$, wenn gilt:

u_1) $\mathfrak{B}$ enthält $\emptyset$, e und mindestens ein mögliches Ereignis $x \in \mathfrak{F}$, d. h. ein $x \neq \emptyset$ und e.

u_2) $\mathfrak{B}$ ist ein Booleunterring von $\mathfrak{F}$, d. h. aus $x, y \in \mathfrak{B}$, folgt $x\,y \in \mathfrak{B}$ und $x \dotplus y \in \mathfrak{B}$.

u_3) Jedem $x \in \mathfrak{B}$ ist die W. $w(x)$ genau wie in $\mathfrak{F}$ zugeordnet.

Analog wird ein Quasi-W-Unterfeld eines Quasi-W-Feldes definiert.

Man zeigt leicht, daß ein W-Unterfeld $(\mathfrak{B}, w)$ eines W-Feldes $(\mathfrak{F}, w)$ für sich auch ein W-Feld ist, d. h. die Einschränkung (Restriktion) der W. w auf $\mathfrak{B}$ alle Eigenschaften β_1 bis β_3 besitzt. Jede Teilmenge $\mathfrak{K}$ von $\mathfrak{F}$, die mindestens ein mögliches Ereignis x von $\mathfrak{F}$ enthält, erzeugt stets ein W-Unterfeld $(\mathfrak{K}_0, w)$ von $(\mathfrak{F}, w)$ über $\mathfrak{K}$. Man braucht nämlich nur den kleinsten Booleunterring $\mathfrak{K}_0$ in $\mathfrak{F}$ über $\mathfrak{K}$ zu bilden (vgl. Anhang Nr. 5.9) und auf $\mathfrak{K}_0$ die W. w nach u_3) zu definieren.

1.6. Isometrie von W-Feldern. Zwei W-Felder $(\mathfrak{F}, w)$ und $(\mathfrak{G}, v)$ heißen *isometrisch*, wenn eine Isomorphie f des Booleringes $\mathfrak{F}$ auf den Boolering $\mathfrak{G}$ existiert mit $w(x) = v(f(x))$ für jedes $x \in \mathfrak{F}$.

2. Beispiele von W-Feldern

2.1. Ein endliches W-Feld. Es sei $E = \{\xi_1, \xi_2, \ldots, \xi_n\}$ eine endliche Menge von Punkten $\xi_1, \xi_2, \ldots, \xi_n$, $n \geqq 1$. Weiter seien $p_1, p_2, \ldots, p_n$ reelle Zahlen mit $0 < p_i < 1$, $i = 1, 2, \ldots, n$ und $p_1 + p_2 + \cdots + p_n = 1$. Man betrachte die Gesamtheit $\mathfrak{F}^n$ aller Teilmengen von E, versehen mit der mengenalgebraischen Struktur, als ein Feld (Boolemengenring) $\mathfrak{F}^n$. Man setze für jede Teilmenge $\{\xi_{i_1}, \xi_{i_2}, \ldots, \xi_{i_k}\}$ von E $w(\{\xi_{i_1}, \xi_{i_2}, \ldots, \xi_{i_k}\}) = p_{i_1} + p_{i_2} + \cdots + p_{i_k}$ und für die leere Menge $\emptyset$, $w(\emptyset) = 0$; dann ist $(\mathfrak{F}^n, w)$ ein W-Feld mit endlich vielen Ereignissen, nämlich 2^n Ereignissen. Da jeder abstrakte Boolering $\mathfrak{B}$ mit endlich vielen Elementen atomar ist und zum Boolemengenring aller Teilmengen einer endlichen Grundmenge E isomorph ist, so kann stets ein solcher Boolering $\mathfrak{B}$ zu einem W-Feld erklärt werden.

2.2. Das W-Feld aller Teilmengen einer Grundmenge von abzählbar unendlich vielen Punkten. Es sei E eine Grundmenge von abzählbar unendlich vielen Punkten: $\xi_1, \xi_2, \ldots$ und es seien p_i reelle Zahlen mit $0 < p_i < 1$, $i = 1, 2, \ldots$ und $\sum_{i=1}^{\infty} p_i = 1$. Man betrachte die Gesamtheit $\mathfrak{F}^{\aleph_0}$ aller Teilmengen von E, versehen mit der mengenalgebraischen Struktur, als ein Feld (Boolemengenring) $\mathfrak{F}^{\aleph_0}$ und ordne jeder endlichen bzw. unendlichen Teilmenge $\{\xi_{i_1}, \xi_{i_2}, \ldots, \xi_{i_k}\}$ bzw. $\{\xi_{j_1}, \xi_{j_2}, \ldots\}$ von E als W.:

$$w(\{\xi_{i_1}, \xi_{i_2}, \ldots, \xi_{i_k}\}) = p_{i_1} + p_{i_2} + \cdots + p_{i_k} \text{ bzw.}$$

$$w(\{\xi_{j_1}, \xi_{j_2}, \ldots\}) = \sum_{v=1}^{\infty} p_{j_v}$$

und $w(\emptyset) = 0$ der leeren Menge $\emptyset$ zu. Dann ist $(\mathfrak{F}^{\aleph_0}, w)$ ein W-Feld mit überabzählbar vielen Ereignissen, denn die Mächtigkeit der Menge $\mathfrak{F}^{\aleph_0}$ ist bekanntlich $\mathfrak{c}$ (= Mächtigkeit des Kontinuums). Der Boolering $\mathfrak{F}^{\aleph_0}$ ist auch atomar.

2.3. Das W-Feld eines Systems von freien Ereignissen. Ein für die W-Theorie typisches Beispiel ist das sogenannte W-Feld eines Systems von freien (unabhängigen) Ereignissen. Gegeben sei ein System $\mathfrak{X} = \{x_i\}_{i \in I}$ von Symbolen x_i, $i \in I$, wobei I eine beliebige nicht leere Menge von Indizes i mit einer beliebigen Mächtigkeit $|I| = \mathfrak{m}$ ist. Dann zeigt man in der Verbandstheorie, daß ein bis auf Isomorphie eindeutig bestimmter Boolering $\mathfrak{B}_\mathfrak{m}$ existiert mit folgenden Eigenschaften:

α) Es ist $\mathfrak{X} \subseteqq \mathfrak{B}_\mathfrak{m}$ und $\mathfrak{B}_\mathfrak{m}$ ist der kleinste Boolering im folgenden Sinne: Der kleinste $\mathfrak{X}$ enthaltende Booleunterring von $\mathfrak{B}_\mathfrak{m}$ ist gleich $\mathfrak{B}_\mathfrak{m}$.

β) Jede eindeutige homomorphe Abbildung (= Einbettung) φ von $\mathfrak{X}$ in einen anderen Boolering $\mathfrak{B}$ kann stets zu einem Homomorphismus von $\mathfrak{B}_\mathfrak{m}$ in $\mathfrak{B}$ erweitert werden.

Man bezeichnet $\mathfrak{B}_\mathfrak{m}$ als den *freien* Boolering von $\mathfrak{m}$ freien Erzeugern $\{x_i\}_{i \in I}$. Wir wollen hier diese Tatsache nicht beweisen, jedoch einiges über die Struktur von $\mathfrak{B}_\mathfrak{m}$ erwähnen, was für die Definition einer W. in $\mathfrak{B}_\mathfrak{m}$ von Nutzen ist.

Es sei $\{i_1, i_2, \ldots, i_n\}$, $n \geqq 1$, eine endliche Teilmenge von I; dann bezeichnen wir den Ausdruck:

(M): $y_{i_1} y_{i_2} \cdots y_{i_n}$, wobei $y_{i_j} = x_{i_j}$ oder $= x_{i_j}^c = e \dotplus x_{i_j}$ für $j = 1, 2, \ldots, n$ ist,

als ein *Monom* und $\{i_1, i_2, \ldots, i_n\}$ als seine *Länge*. Ein Monom ist stets $\neq \emptyset$ und $\neq e$. Zwei Monome sind dann und nur dann gleich, wenn sie bei geeigneter Umordnung dieselbe Länge besitzen und ihre Faktoren für alle Indizes übereinstimmen. Zwei Monome sind dann und nur dann fremd (unverträglich), wenn ihre Längen einen nicht leeren Durchschnitt haben und für mindestens einen gemeinsamen Index die zugeordneten Faktoren komplementär sind.

Es sei $b \in \mathfrak{B}_\mathfrak{m}$, $b \neq \emptyset$, dann folgt aus der Eigenschaft α) von $\mathfrak{B}_\mathfrak{m}$, daß b stets als eine Vereinigung von endlich vielen Monomen darstellbar ist. Es gibt offenbar eine Darstellung von b als Vereinigung von paarweise unverträglichen Monomen mit gleicher Länge, eine sogenannte *symmetrische Darstellung*; wenn außerdem $b \neq e$, so gibt es unter allen symmetrischen Darstellungen von b genau eine mit minimaler Länge (der Monome), die wir als die *normale* symmetrische Darstellung von b durch Monome bezeichnen. Wir bemerken, daß das Element $\emptyset$ keine

Darstellung durch Monome besitzt. Das Element e dagegen besitzt solche Darstellungen, jedoch nicht eine eindeutig bestimmte normale symmetrische Darstellung durch Monome.

2.31. Erklärung einer Wahrscheinlichkeit auf $\mathfrak{B}_{\mathfrak{m}}$. Es seien p_i, q_i Zahlen mit $0 < p_i < 1$, $0 < q_i < 1$ und $p_i + q_i = 1$, $i \in I$. Wir setzen 1. $w(\emptyset) = 0$, 2. $w(x_i) = p_i$, $w(x_i^c) = q_i$, 3. $w(y_{i_1} y_{i_2} \cdots y_{i_n}) = w(y_{i_1})\, w(y_{i_2}) \cdots w(y_{i_n})$ für jedes Monom (M). 4. Ist b ein beliebiges Element in $\mathfrak{B}_{\mathfrak{m}}$ mit $b \neq \emptyset$ und $b \neq e$, so gibt es eine Darstellung $b = a_1 \cup a_2 \cup \cdots \cup a_k$ mit $a_1, a_2, \ldots, a_k$ paarweise unverträglichen Monomen. Wir setzen dann

$$w(b) = w(a_1) + w(a_2) + \cdots + w(a_k).$$

Die so definierte W. w auf $\mathfrak{B}_{\mathfrak{m}}$ ist eindeutig (unabhängig von der Darstellung eines Elementes von $\mathfrak{B}_{\mathfrak{m}}$ durch Monome), strikt positiv, normiert und additiv. Hiermit ist $(\mathfrak{B}_{\mathfrak{m}}, w)$ ein W-Feld, welches wir als das W-Feld eines Systems von $\mathfrak{m}$ freien (unabhängigen) Ereignissen $\{x_i\}_{i \in I}$ bezeichnen.

Bemerkung. Die bei der Definition der W. w auf $\mathfrak{B}_{\mathfrak{m}}^{*}$ benutzte Bedingung 3 charakterisiert die sogenannte w-Unabhängigkeit des Systems der Ereignisse $\{x_i\}_{i \in I}$ (vgl. Näheres, Kapitel V). Die Eigenschaft eines Monomes $\neq \emptyset$ zu sein charakterisiert die sogenannte algebraische Unabhängigkeit (Freiheit) der Ereignisse $\{x_i\}_{i \in I}$. Wir bemerken, daß Wahrscheinlichkeiten auf $\mathfrak{B}_{\mathfrak{m}}$ definierbar sind, die die Bedingung 3 nicht erfüllen.

2.4. Intervallfelder (Felder mit geordneter Basis). Ein Boolering $\mathfrak{B}$ heißt ein *Boolering mit einer geordneten Basis*, wenn ein Untersystem $\mathfrak{S}$ von $\mathfrak{B}$ existiert, das bezüglich der Relation $\subseteq$ eine Kette (= eine linear geordnete Menge) ist und $\mathfrak{B}$ erzeugt, d. h. der kleinste Booleunterring in $\mathfrak{B}$ über $\mathfrak{S}$ fällt mit $\mathfrak{B}$ zusammen. $\mathfrak{S}$ heißt dann eine geordnete Basis von $\mathfrak{B}$. O. B. d. A. wird angenommen, daß $\mathfrak{S}$ die Elemente $\emptyset$ und e enthält, denn, falls dies nicht zutrifft, kann man sie zu $\mathfrak{S}$ adjungieren. Es sei $\mathfrak{B}$ ein Boolering mit einer geordneten Basis $\mathfrak{S}$, dann zeigt man leicht, daß jedes Element $x \in \mathfrak{B}$ eindeutig in der Form

$$(\Delta) \qquad x = \bigcup_{i=0}^{n-1} (s_{2i+1}\, s_{2i}^c),$$

wobei $s_0, s_1, \ldots, s_{2n-1} \in \mathfrak{S}$, $s_j \subset s_{j+1}$, $s_j^c = e \dotplus s_j$, $j = 0, 1, 2, \ldots, 2n-1$, darstellbar ist (vgl. Horn and Tarski [1], S. 484).

Die Booleringe mit geordneter Basis spielen in der W-Theorie eine sehr wichtige Rolle. Man kann zeigen, daß jeder Boolering mit einer abzählbaren Basis stets auch eine geordnete Basis besitzt (vgl. Nr. 10, Satz 4). Außerdem kann jeder Boolering mit einer geordneten Basis als ein Intervall-Boolering dargestellt werden. Die letzteren Booleringe erklärt man folgendermaßen:

Es sei K eine Kette (= eine linear geordnete Menge). Es bezeichne $\leqq$ die lineare Ordnung in K. O. B. d. A. nehmen wir an, daß K ein erstes Element 0 und ein letztes Element 1 besitzt, sonst adjungieren wir sie zu K. Wir betrachten die Menge: $E = \{\xi \in K\colon 0 \leqq \xi < 1\}$, als eine Grundmenge und bezeichnen mit $\mathfrak{S}$ die Gesamtheit aller Intervalle der Form: $I_\beta = \{\xi \in K\colon 0 \leqq \xi < \beta\}$ für jedes $\beta \in K$, $I_0 = \emptyset =$ leere Menge. Es bedeute $\mathfrak{A}(K)$ den kleinsten Körper (Booleunterring) von $\mathfrak{P}(E)$[1] über $\mathfrak{S}$. Dann gilt auch hier, daß jedes Element $X \in \mathfrak{A}(K)$ eindeutig in der Form:

$$(\Delta^*) \qquad X = \bigcup_{i=0}^{n-1} \left(I_{\beta_{2i+1}} I^c_{\beta_{2i}}\right),$$

wobei $0 \leqq \beta_j \leqq 1, \beta_j \in K, \beta_j < \beta_{j+1}, I^c_{\beta_j} = E \dotplus I_{\beta_j}, j = 0, 1, \ldots, 2n-1$, dargestellt werden kann; denn $\mathfrak{A}(K)$ ist ein Boolering mit der geordneten Basis $\mathfrak{S}$, die zu der Kette K isomorph ist. Den Boolering $\mathfrak{A}(K)$ bezeichnen wir als den *Intervall-Boolering, der der Kette K entspricht.* Man kann nun auch umgekehrt zeigen, daß jeder Boolering mit einer geordneten Basis isomorph zu einem Intervall-Boolering ist. Es sei nämlich $\mathfrak{B}$ ein Boolering mit der geordneten Basis $\mathfrak{S}$, dann ist $\mathfrak{S}$ eine Kette mit erstem und letztem Element. Es entspricht ihr daher ein Intervall-Boolering $\mathfrak{A}(\mathfrak{S})$, der offenbar isomorph zu $\mathfrak{B}$ ist.

Ein W-Feld $(\mathfrak{F}, w)$, wobei $\mathfrak{F}$ ein Boolering mit geordneter Basis bzw. ein Intervall-Boolering ist, bezeichnen wir als ein W-Feld *mit geordneter Basis* bzw. als ein *Intervallfeld.*

Es erhebt sich nun die Frage, wann ein Boolering mit geordneter Basis oder, was dasselbe bedeutet, ein Intervall-Boolering zu einem W-Feld erklärt werden kann. Wir geben zuerst ein wichtiges Beispiel eines Intervallfeldes.

Beispiel 1. Es bezeichne K die Kette aller reellen Zahlen zwischen 0 und 1. Dieser Kette entspricht ein Intervall-Boolering $\mathfrak{A}(K)$. Die Elemente der geordneten Basis $\mathfrak{S}$ von $\mathfrak{A}(K)$ sind dann reelle halboffene Intervalle: $I_\beta = [0, \beta)$ für alle reellen Zahlen mit $0 \leqq \beta \leqq 1$. Wir definieren nun eine Funktion π auf $\mathfrak{A}(K)$ wie folgt:

$$\pi\left(I_{\beta_{2i+1}} \cdot I^c_{\beta_{2i}}\right) = \beta_{2i+1} - \beta_{2i}$$

und für jedes $X \in \mathfrak{A}(K)$ mit einer Darstellung (Δ^*)

$$(\pi) \qquad \pi(X) = \sum_{i=0}^{n-1} \pi\left(I_{\beta_{2i+1}} \cdot I^c_{\beta_{2i}}\right) = \sum_{i=0}^{n-1} (\beta_{2i+1} - \beta_{2i}).$$

Es ist offenbar $\pi(E) = 1$ und $\pi(\emptyset) = 0$ und die so definierte Funktion π auf $\mathfrak{A}(K)$ besitzt die Eigenschaften einer W., d. h. $(\mathfrak{A}(K), \pi)$ ist ein Intervallfeld, welches der geordneten Menge $E = \{\xi\colon 0 \leqq \xi < 1\}$ der reellen Zahlen des halboffenen Intervalles $[0, 1)$ entspricht.

[1] $\mathfrak{P}(E)$ bedeutet den Boolemengenring aller Teilmengen der Grundmenge E.

Beispiel 2. Es sei $\overline{R}$ die Kette der reellen eigentlichen und uneigentlichen Zahlen mit $-\infty$ als erstem und $+\infty$ als letztem Element. Wir ordnen $\overline{R}$ den Intervall-Boolering $\mathfrak{A}(\overline{R})$ zu. Die geordnete Basis $\overline{\mathfrak{S}}$ von $\mathfrak{A}(\overline{R})$ besteht dann aus allen Intervallen reeller Zahlen der Form: $\overline{I}_\beta = [-\infty, \beta) = \{\xi: -\infty \leqq \xi < \beta\}$ für alle reellen Zahlen β mit $-\infty \leqq \beta \leqq +\infty$, $\overline{I}_{-\infty} = \emptyset$, $\overline{I}_{+\infty} = \overline{E} = \{\xi: -\infty \leqq \xi < +\infty\}$. Der Intervall-Boolering $\mathfrak{A}(\overline{R})$ ist isomorph zum Intervall-Boolering $\mathfrak{A}(K)$ des Beispiels 1. Jede reellwertige Funktion φ auf $(-\infty, +\infty)$, die stetig und streng monoton wachsend ist und für welche $\lim\limits_{\xi \to -\infty} \varphi(\xi) = \varphi(-\infty) = 0$, $\lim\limits_{\xi \to +\infty} \varphi(\xi) = 1$ gilt, bildet eineindeutig die Kette $\overline{R}$ auf die Kette $K = [0, 1]$ unter Erhaltung der Ordnungsrelation $\leqq$ ab. $\overline{\mathfrak{S}}$ ist deshalb isomorph zu $\mathfrak{S}$ und diese Isomorphie läßt sich zu einer Isomorphie von $\mathfrak{A}(\overline{R})$ auf $\mathfrak{A}(K)$ erweitern. Da wir für jedes Element $\overline{X} \in \mathfrak{A}(\overline{R})$ auch eine zu (Δ^*) analoge eindeutige Darstellung haben, nämlich:

$$\overline{X} = \bigcup_{\nu=0}^{n-1} \left(\overline{I}_{\alpha_{2\nu+1}} \cdot \overline{I}^c_{\alpha_{2\nu}}\right) \text{ mit } -\infty \leqq \alpha_\mu \leqq +\infty,\ \alpha_\mu < \alpha_{\mu+1},\ \mu = 0, 1,$$

$\ldots, 2n-1$, $\overline{I}^c_\alpha = \overline{E} \dotplus \overline{I}_\alpha$, so können wir auf $\mathfrak{A}(\overline{R})$ auch eine W. $\overline{\pi}$ definieren, indem wir

$$\overline{\pi}\left(\overline{I}_\beta \overline{I}^c_{\beta'}\right) = \varphi(\beta) - \varphi(\beta') \text{ für } \beta < \beta'$$

und $\overline{\pi}(\overline{X})$ analog zu der Formel (π) definieren, d. h.

$$(\Delta^{**}) \qquad \overline{\pi}(\overline{X}) = \sum_{\nu=0}^{n-1} \overline{\pi}\left(\overline{I}_{\alpha_{2\nu+1}} \cdot \overline{I}_{\alpha_{2\nu}}\right) = \sum_{\nu=0}^{n-1} \left(\varphi(\alpha_{2\nu+1}) - \varphi(\alpha_{2\nu})\right)$$

und

$$\overline{\pi}(\emptyset) = 0.$$

Das so definierte W-Feld $\left(\mathfrak{A}(\overline{R}), \overline{\pi}\right)$ bezeichnen wir als das Intervallfeld, welches der geordneten Menge $\overline{E} = \{\xi: -\infty \leqq \xi < +\infty\}$ aller reellen Zahlen ξ des halboffenen Intervalles $[-\infty, +\infty)$ entspricht. Das W-Feld $\left(\mathfrak{A}(\overline{R}), \overline{\pi}\right)$ ist zum W-Feld $\left(\mathfrak{A}(K), \pi\right)$ des Beispiels 1 isometrisch. Es besteht nämlich die Isometrie

$$\overline{\mathfrak{S}} \ni [-\infty, \xi) \longleftrightarrow [0, \varphi(\xi)) \in \mathfrak{S}$$

zwischen den geordneten Basen dieser Felder, die sich zu einer Isometrie zwischen den Feldern erweitern läßt.

Bemerkung. Jede reellwertige Funktion ψ auf $(-\infty, +\infty)$, die streng monoton wachsend ist und für welche $\lim\limits_{\xi \to -\infty} \psi(\xi) = \psi(-\infty) = 0$ und $\lim\limits_{\xi \to +\infty} \psi(\xi) = \psi(+\infty) = 1$[1] gilt, also jede sogenannte Verteilungs-

[1] Die letztere Forderung kann ersetzt werden durch: φ ist auch für $\xi = -\infty$ und $+\infty$ definiert und streng monoton wachsend in $-\infty \leq \xi \leq +\infty$ mit $\varphi(-\infty) = 0$, $\varphi(+\infty) = 1$.

funktion ψ auf $(-\infty, +\infty)$, führt durch

$$\pi_\psi\left(\overline{I_\beta I^c_{\beta'}}\right) = \psi(\beta) - \psi(\beta') \text{ für } \beta' < \beta$$

und eine zu (Δ^{**}) analoge Formel stets zu einer W. π_ψ in $\mathfrak{A}(\overline{R})$. Das W-Feld $\left(\mathfrak{A}(\overline{R}), \pi_\psi\right)$ ist aber, falls $\psi(\xi)$ Unstetigkeitspunkte besitzt, nicht zum W-Feld $\left(\mathfrak{A}(\overline{R}), \overline{\pi}\right)$ isometrisch. Dagegen definieren stetige Verteilungsfunktionen stets isometrische W-Felder.

Die Beispiele 1 und 2 zeigen, daß es Booleringe mit geordneter Basis gibt, die eine W. tragen können. Man zeigt auch leicht, daß jeder Boolering mit geordneter Basis, die isomorph zu einer Unterkette der Kette $\overline{R}$ der reellen Zahlen ist, eine W. trägt, denn ein solcher Boolering ist zu einem Booleunterring von $\mathfrak{A}(\overline{R})$ isomorph. Es gilt auch umgekehrt (Beweis leicht): *Ein Boolering mit geordneter Basis kann nur dann eine W. tragen, wenn er isomorph zu einem Booleunterring von $\mathfrak{A}(\overline{R})$ ist.*

3. Quasi-Wahrscheinlichkeitsfelder

3.1. Nullereignisse, fast mögliche bzw. fastgewisse Ereignisse. In einem Quasi-W-Feld $(\mathfrak{Q}, v)$ existieren realisierbare (mögliche) Ereignisse, d. h. Ereignisse $n \neq \emptyset$, mit der Quasi-W. $v(n) = 0$ bzw. Ereignisse $x \neq e$ mit der Quasi-W. $v(x) = 1$. Ein Ereignis $n \neq \emptyset$ mit $v(n) = 0$ wird als ein *Nullereignis* oder *fastunmögliches* Ereignis bezeichnet und ein Ereignis $x \neq e$ mit $v(x) = 1$ als ein *fastgewisses* Ereignis bezeichnet.

Als Beispiele von Quasi-W-Feldern erwähnen wir:

Beispiel 1. Das Jordansche (lineare) Quasi-W-Feld $(\mathfrak{J}, \mu)$, wobei $\mathfrak{J}$ der Körper (Boolemengenring) aller nach Jordan meßbaren Teilmengen der Grundmenge $E = \{\xi \in R: 0 \leqq \xi \leqq 1\}$, wobei R die Menge der reellen Zahlen und μ der Jordansche Inhalt auf $\mathfrak{J}$ ist. Die Funktion μ hat bekanntlich die Eigenschaften einer Quasi-W.

Beispiel 2. Das Lebesguesche (lineare) Quasi-W-Feld $(\mathfrak{L}, \mu)$, wobei $\mathfrak{L}$ der Körper aller nach Lebesgue meßbaren Teilmengen der Grundmenge $E = \{\xi \in R: 0 \leqq \xi \leqq 1\}$ und μ das Lebesguesche Maß auf $\mathfrak{L}$ ist.

3.2. Das Ideal der Nullereignisse. Es sei $(\mathfrak{Q}, v)$ ein Quasi-W-Feld. Es bedeute $\mathfrak{N}$ die Menge der Nullereignisse in $(\mathfrak{Q}, v)$. $\mathfrak{N}$ ist dann ein Ideal (vgl. Anhang Nr. 4) in $\mathfrak{Q}$, denn: 1. $\emptyset \in \mathfrak{N}$, 2. aus $n_1, n_2 \in \mathfrak{N}$ folgt $n_1 \dotplus n_2 \in \mathfrak{N}$ und 3. aus $n \in \mathfrak{N}$, x beliebig in $\mathfrak{Q}$ folgt $n\,x \in \mathfrak{N}$. Es bedeute $\mathfrak{F}$ den Restklassenring $\mathfrak{Q}/\mathfrak{N}$, $\mathfrak{F}$ ist bekanntlich auch ein Boolering. Bezeichnet man mit $\mathfrak{x} = x/\mathfrak{N}$ die Restklasse aus $\mathfrak{Q}/\mathfrak{N}$ mit dem Repräsentanten $x \in \mathfrak{Q}$, so wird durch

$$w(\mathfrak{x}) = w(x/\mathfrak{N}) \underset{\text{Def}}{=} v(x) \text{ für jedes } \mathfrak{x} \in \mathfrak{F}$$

eine eindeutige, reellwertige strikt positive und additive Funktion, d. h.

eine W. w auf $\mathfrak{F}$ erklärt. $(\mathfrak{F}, w)$ ist deshalb ein Restklassen-W-Feld, was dem Quasi-W-Feld $(\mathfrak{Q}, v)$ eindeutig zugeordnet werden kann. Die Abbildung

$$\mathfrak{Q} \ni x \to x/\mathfrak{N} = \mathfrak{x} \in \mathfrak{F} = \mathfrak{Q}/\mathfrak{N}$$

ist bekanntlich ein Homomorphismus von $\mathfrak{Q}$ auf $\mathfrak{F}$.

Bemerkung. Dem Quasi-W-Feld $(\mathfrak{J}, \mu)$ vom Beispiel 1 entspricht als Restklassen-W-Feld das sogenannte lineare JORDAN-W-Feld $(\mathfrak{J}/\mathfrak{N}, w)$ und dem Quasi-W-Feld $(\mathfrak{L}, \mu)$ vom Beispiel 2 das sogenannte lineare LEBESGUE-W-Feld $(\mathfrak{L}/\mathfrak{N}', w)$. Das W-Feld $(\mathfrak{A}(K), \pi)$ vom Beispiel 1 Nr. 2.4. kann isometrisch im linearen JORDAN-W-Feld $(\mathfrak{J}/\mathfrak{N}, w)$ und dies wieder isometrisch im linearen LEBESGUE-W-Feld $(\mathfrak{L}/\mathfrak{N}', w)$ eingebettet werden. Es sei $(\mathfrak{Q}, v)$ ein Quasi-W-Feld, wobei die Quasi-W. zweiwertig ist, d. h. $v(x) = 0$ oder 1 für jedes $x \in Q$; ist dann $\mathfrak{N}$ das Ideal der Nullereignisse in $(\mathfrak{Q}, v)$, so ist der Restklassen-Boolering $\mathfrak{Q}/\mathfrak{N}$ ein Boolering mit zwei Elementen, also isomorph zum Boolering $\mathfrak{U} = \{\emptyset, e\}$ (vgl. Nr. 1.4. Bemerkung). Das Restklassen-W-Feld $(\mathfrak{Q}/\mathfrak{N}, w)$ ist also in diesem Falle uneigentlich.

4. Definition einer Quasi-Wahrscheinlichkeit auf jedem beliebigen Boolering

4.1. Vorbemerkungen. S. ULAM [1] und A. TARSKI [1] und [2] haben folgendes gezeigt: Wenn E irgendeine Grundmenge mit einer Mächtigkeit $\geqq \aleph_0$ bedeutet, dann ist stets auf dem Körper (Boolemengenring) $\mathfrak{P}(E)$ aller Teilmengen $X \subseteqq E$ eine nicht negative, additive Funktion, insbesondere also eine Quasi-W. definierbar, die nicht trivial ist, d. h. für gewisse $X \in \mathfrak{P}(E)$ strikt positiv und für jede einpunktige Menge gleich Null ist. Die Frage der Definition einer nicht trivialen Quasi-W. auf einem beliebigen Boolering $\mathfrak{B}$ wurde zuerst systematisch von A. HORN and A. TARSKI [1] untersucht. Dieses Problem ist mit dem Problem der Erweiterung einer Quasi-W. bzw. mit den Begriffen des äußeren und inneren Maßes bezüglich einer Quasi-W. verbunden.

4.2. Erweiterungsproblem einer Quasi-Wahrscheinlichkeit. Es sei $\mathfrak{B}$ ein Boolering und $\mathfrak{A}$ ein Booleunterring von $\mathfrak{B}$. Es sei ferner v eine Quasi-W. auf $\mathfrak{A}$. Eine Quasi-W. u auf $\mathfrak{B}$ heißt eine Erweiterung der Quasi-W. v von $\mathfrak{A}$ auf $\mathfrak{B}$, wenn gilt: $v(x) = w(x)$ für jedes $x \in \mathfrak{A}$. Das Erweiterungsproblem einer Quasi-W. besteht nun darin: Zu einer gegebenen Quasi-W. v auf $\mathfrak{A}$ eine bzw. alle Erweiterungen auf $\mathfrak{B}$ zu bestimmen. Dieses Problem kann mit Hilfe des Wohlordnungsprinzipes stets gelöst werden.

4.3. Das äußere bzw. innere Maß einer Quasi-Wahrscheinlichkeit. Es sei $\mathfrak{B}$ ein Boolering und $\mathfrak{A}$ ein Booleunterring von $\mathfrak{B}$. Es sei ferner v eine Quasi-W. auf $\mathfrak{A}$, dann bezeichnet man die Funktion:

$$v^*(x) = \inf_{\substack{y \supseteq x,\\ y \in \mathfrak{A}}} v(y) \text{ bzw. } v_*(x) = \sup_{\substack{y \subseteq x,\\ y \in \mathfrak{A}}} v(y) \text{ für jedes } x \in \mathfrak{B}$$

als das äußere bzw. innere Maß auf $\mathfrak{B}$ bezüglich der Quasi-W. v auf $\mathfrak{A}$ (kurz bezüglich $v|\mathfrak{A}$).

Es gelten:

I. $v^*(x) = v_*(x) = v(x)$ für jedes $x \in \mathfrak{A}$.

II. Für $x, y \in \mathfrak{B}$ mit $x\,y = \emptyset$

$$v_*(x) + v_*(y) \leqq v_*(x \cup y) \leqq v_*(x) + v^*(y) \leqq v^*(x \cup y)$$
$$\leqq v^*(x) + v^*(y).$$

III. Für $x \in \mathfrak{A}$, $y \in \mathfrak{B}$ und $x\,y = \emptyset$

$$v_*(x \cup y) = v(x) + v_*(y) \text{ und } v^*(x \cup y) = v(x) + v^*(y).$$

IV. Für $x, y \in \mathfrak{B}$, $x \cup y \in \mathfrak{A}$ und $x\,y = \emptyset$

$$v(x \cup y) = v_*(x) + v^*(y).$$

IV$_\alpha$. Für $x, y \in \mathfrak{A}$, $x', y' \in \mathfrak{B}$ mit $x' \subseteq x$, $y' \subseteq y$ und $x\,y = \emptyset$

$$v_*(x' \cup y') = v_*(x') + v_*(y') \text{ und } v^*(x' \cup y') = v^*(x') + v^*(y').$$

V. Es gilt für jedes $x \in \mathfrak{B}$

$$v_*(x) + v^*(x^c) = v^*(x) + v_*(x^c) = 1.$$

VI. Es sei v eine Quasi-W. auf $\mathfrak{A}$, $\mathfrak{A}$ ein Booleunterring von $\mathfrak{B}$ und u eine Erweiterung der Quasi-W. v von $\mathfrak{A}$ auf $\mathfrak{B}$, dann gilt:

$$v_*(x) \leqq u(x) \leqq v^*(x) \text{ für jedes } x \in \mathfrak{B}.$$

4.4. Erweiterung einer Quasi-Wahrscheinlichkeit. Es sei $\mathfrak{B}$ ein Boolering, $\mathfrak{A}$ ein Booleunterring von $\mathfrak{B}$. Es sei ferner v eine Quasi-W. auf $\mathfrak{A}$ und v^* bzw. v_* das äußere bzw. innere Maß auf $\mathfrak{B}$ bezüglich $v|\mathfrak{A}$. Es sei ein Element $y \in \mathfrak{B}$ aber y nicht in $\mathfrak{A}$. Es bedeute $\mathfrak{A}_y$ den kleinsten Booleunterring in $\mathfrak{B}$, der $\mathfrak{A}$ und das Element y enthält. Dann gelten:

1. Jedes $z \in \mathfrak{A}_y$ ist stets in der Form $z = a\,y \dotplus b\,y^c$ mit $a, b \in \mathfrak{A}$ darstellbar.

2. Für jedes Paar $z_1, z_2 \in \mathfrak{A}_y$ mit $z_1 z_2 = \emptyset$ existieren stets $a_1, a_2, b_1, b_2 \in \mathfrak{A}$ mit $a_1 a_2 = \emptyset$ und $b_1 b_2 = \emptyset$, so daß $z_j = a_j\,y \dotplus b_j\,y^c$, $j = 1, 2$, ist.

Wir zeigen nun:

Satz 1. Es sei v eine Quasi-W. auf einem Booleunterring $\mathfrak{A}$ eines Booleringes $\mathfrak{B}$. Es bedeute v^* bzw. v_* *das äußere* bzw. *innere Maß auf $\mathfrak{B}$ bezüglich $v|\mathfrak{A}$. Dann ist die Funktion:*

$$u^+(z) = v^*(z\,y) \text{ bzw. } u_+(z) = v_*(z\,y) \text{ für jedes } z \in \mathfrak{A}_y, \tag{1}$$

wobei $y \in \mathfrak{B}$ *aber* y *nicht in* $\mathfrak{A}$, *eindeutig, nicht negativ und additiv* (d. h. *ein sogenanntes endliches Maß*[1]) *auf* $\mathfrak{A}_y$.

Beweis. Es seien $z_1, z_2 \in \mathfrak{A}_y$ mit $z_1 z_2 = \emptyset$, dann existieren nach 2. $a_j, b_j \in \mathfrak{A}$, $j = 1, 2$ mit $a_1 a_2 = \emptyset$, $b_1 b_2 = \emptyset$, so daß $z_j = a_j y \dotplus b_j y^c$, $j = 1, 2$ gilt. Daraus folgt $z_j y = a_j y$, $j = 1, 2$. Also nach Def. von u_+ ist:

$$u_+(z_1 \cup z_2) = v_*\left((z_1 \cup z_2) y\right) = v_*(z_1 y \cup z_2 y) = v_*(z_1 y) + v_*(z_2 y),$$

wegen 4.3. IV_α also schließlich $u_+(z_1 \cup z_2) = u_+(z_1) + u_+(z_2)$, d. h. die Funktion u_+ ist additiv auf $\mathfrak{A}_y$. Analog zeigt man die Additivität von u^+ auf $\mathfrak{A}_y$. Die Nicht-Negativität, Eindeutigkeit und Endlichkeit dieser Funktionen folgt unmittelbar aus ihrer Definition.

Satz 2. Voraussetzungen, wie in Satz 1. Dann sind die Funktionen $\underline{u}(z) = v_*(z y) + v_*(z y^c)$ bzw. $\overline{u}(z) = v^*(z y) + v^*(z y^c)$ *für jedes* $z \in \mathfrak{A}_y$ *Quasi-Wahrscheinlichkeiten auf* $\mathfrak{A}_y$, *und zwar Erweiterungen der Quasi-W.* v *von* $\mathfrak{A}$ *auf* $\mathfrak{A}_y$, *und es gilt für das Element* y:

$$\underline{u}(y) = v_*(y) \text{ bzw. } \overline{u}(y) = v^*(y). \tag{2}$$

Beweis. Aus Satz 1 und der Tatsache, daß $\mathfrak{A}_y = \mathfrak{A}_{y^c}$ gilt, folgt, daß die beiden Funktionen $\underline{u}$ und $\overline{u}$ nichtnegativ und additiv auf $\mathfrak{A}_y$ sind. Es gilt ferner:

$$\underline{u}(e) = v_*(e y) + v_*(e y^c) = v_*(e) = v(e) = 1$$

und für jedes $x \in \mathfrak{A}$

$$\underline{u}(x) = v_*(x y) + v_*(x y^c) = v_*(x y \cup x y^c) = v_*(x) = v(x)$$

wegen 4.3, I und IV. Also ist $\underline{u}$ eine Quasi-W. auf $\mathfrak{A}_y$, und zwar eine Erweiterung der Quasi-W. v von $\mathfrak{A}$ auf $\mathfrak{A}_y$. Analog zeigt man, daß dies auch für $\overline{u}$ gilt. Daß (2) gilt, ist klar.

Bemerkung 1. Man bezeichnet eine Quasi-W. v auf $\mathfrak{A}$ als zweiwertig, wenn sie nur die Werte 0 und 1 annimmt. Nun gilt:

Ist eine Quasi-W. v auf $\mathfrak{A}$ zweiwertig und $\mathfrak{A}$ ein Booleunterring eines Booleringes $\mathfrak{B}$, so ist das äußere bzw. innere Maß v^* bzw. v_* auf $\mathfrak{B}$ bezüglich $v \mid \mathfrak{A}$ auch zweiwertig (Beweis klar!). Dementsprechend sind beide Erweiterungen $\underline{u}$ und $\overline{u}$ von $\mathfrak{A}$ auf $\mathfrak{A}_y$ von Satz 2 auch zweiwertig.

Durch transfinite Induktion und Anwendung des Satzes 2 kann man nun zeigen:

Satz 3. *Es sei* $\mathfrak{A}$ *ein Booleunterring eines Booleringes* $\mathfrak{B}$ *und* v *eine Quasi-W. auf* $\mathfrak{A}$, *dann existiert stets eine Quasi-W.* u *auf* $\mathfrak{B}$, *die eine Er-*

[1] Ein Maß m auf einem Boolering ist eine eindeutige, reellwertige nicht negative und additive Funktion. Ist das Maß m auf dem Boolering endlichwertig, so kann es normiert werden. Man multipliziert dazu m mit $\frac{1}{m(e)}$, wobei e die Einheit des Booleringes ist. Nicht endliche Maße können auch den Wert $+\infty$ annehmen.

weiterung der Quasi-W. v von $\mathfrak{A}$ auf $\mathfrak{B}$ ist. Ist v zweiwertig auf $\mathfrak{A}$ definiert, so existiert auch eine Erweiterung der Quasi-W. v von $\mathfrak{A}$ auf $\mathfrak{B}$, die zweiwertig ist.

Aus dem Satz 3 folgen nun:

Folgerung 1. Jeder Boolering $\mathfrak{B}$ kann eine Quasi-W. tragen.

Folgerung 2. Ist $\mathfrak{B}$ ein Boolering und $x \in \mathfrak{B}$ mit $x \neq \emptyset$ und $x \neq e$ und η eine reelle Zahl mit $0 \leqq \eta \leqq 1$, so existiert eine Quasi-W. v auf $\mathfrak{B}$, bzw. *eine zweiwertige Quasi-W. u auf $\mathfrak{B}$* mit $v(x) = \eta$ bzw. $u(x) = 1$.

Der Beweis des folgenden Satzes ist auch trivial:

Satz 4. *Voraussetzungen, wie in Satz 2 und außerdem sei*

$$\xi = (1-\theta)\, v_*(y) + \theta\, v^*(y) \text{ mit } 0 \leqq \theta \leqq 1, \tag{3}$$

also $v_*(y) \leqq \xi \leqq v^*(y)$, dann ist die Funktion

$$u(z) \underset{\text{Def}}{=} (1-\theta)\, \underline{u}(z) + \theta\, \overline{u}(z) \text{ für jedes } z \in \mathfrak{A}_y, \tag{4}$$

wobei $\underline{u}$ und $\overline{u}$ die Funktionen des Satzes 2 bedeuten, eine Erweiterung der Quasi-W. v von $\mathfrak{A}$ auf $\mathfrak{A}_y$ mit $u(y) = \xi$.

Bemerkung 2. Die Formel (3) enthält die Erweiterungen der Quasi-W. v von $\mathfrak{A}$ auf $\mathfrak{A}_y$, die wir durch Satz 2 gewonnen haben. Aus Satz 4 folgt außerdem: wenn $v_*(y) < v^*(y)$, dann ist das Erweiterungsproblem der Quasi-W. v von $\mathfrak{A}$ auf $\mathfrak{A}_y$ bzw. $\mathfrak{B}$ nicht eindeutig lösbar, denn für jede Zahl ξ mit $v_*(y) \leqq \xi \leqq v^*(y)$, $y \in \mathfrak{B}$, existiert eine Quasi-W. u auf $\mathfrak{B}$, die eine Erweiterung der Quasi-W. v von $\mathfrak{A}$ auf $\mathfrak{B}$ ist, mit $u(y) = \xi$.

Man bezeichnet nach Łos und Marczewski [1] eine Erweiterung der Quasi-W. v von $\mathfrak{A}$ auf $\mathfrak{A}_y$, die durch die Formel (4) gegeben ist, als eine *kanonische* (canonical) *Erweiterung.* Die speziellen Erweiterungen $\underline{u}$ und $\overline{u}$ von Satz 2 sind also kanonisch. Nun kann man zeigen:

Satz 5. *Die kanonische Erweiterung u einer Quasi-W. v von $\mathfrak{A}$ auf $\mathfrak{A}_y$, die dem Element y einen vorgegebenen Wert ξ mit $\xi = (1-\theta)\, v_*(y) + \theta\, v^*(y)$ zuordnet, ist nicht notwendig die einzige Erweiterung u der Quasi-W. v von $\mathfrak{A}$ auf $\mathfrak{A}_y$, für welche gilt: $u(y) = \xi$.*

Beweis. Es sei eine Grundmenge $E = \{a_1, a_2, a_3, a_4\}$ und $\mathfrak{A}$ der Boolering der Teilmengen $\emptyset$, E, $\{a_1, a_2\}$, $\{a_3, a_4\}$ von E. $\mathfrak{A}$ ist ein Booleunterring des Booleringes $\mathfrak{B} = \mathfrak{P}(E)$. Die Menge $y = \{a_1, a_3\}$ ist dann ein Element von $\mathfrak{B}$, aber nicht von $\mathfrak{A}$. Wir erklären auf $\mathfrak{A}$ eine W. v wie folgt:

$$v(\emptyset) = 0,\ v(E) = 1,\ v(\{a_1, a_2\}) = \frac{1}{2},\ v(\{a_3, a_4\}) = \frac{1}{2}.$$

Für y haben wir offenbar $v_*(y) = 0$ und $v^*(y) = 1$. Wir wählen als ξ die Zahl $\frac{1}{2}$, die zwischen 0 und 1 liegt, und bemerken, daß der Boolering $\mathfrak{A}_y = \mathfrak{B} = \mathfrak{P}(E)$ ist. Nach Satz 2 existiert eine (kanonische) Erweiterung u der Quasi-W. v von $\mathfrak{A}$ auf $\mathfrak{A}_y$, die den Wert $\frac{1}{2}$ für das Element

$y = \{a_1, a_3\}$ annimmt. Man kann aber mehrere Erweiterungen der Quasi-W. von $\mathfrak{A}$ auf $\mathfrak{A}_y = \mathfrak{B}$ bestimmen, die dem Element y den Wert $\frac{1}{2}$ zuordnen. Man ordne nämlich den Atomen des Booleringes $\mathfrak{B}$ Wahrscheinlichkeiten, wie folgt zu: $w_\varepsilon(\{a_1\}) = w_\varepsilon(\{a_4\}) = \frac{1}{4} - \varepsilon, w_\varepsilon(\{a_2\}) = w_\varepsilon(\{a_3\}) = \frac{1}{4} + \varepsilon$ mit $0 < \varepsilon < \frac{1}{4}$ und bilde das W-Feld $(\mathfrak{B}, w_\varepsilon)$, dann gilt

$$w_\varepsilon(\{a_1, a_2\}) = \frac{1}{2}, \; w_\varepsilon(\{a_3, a_4\}) = \frac{1}{2}, \; w_\varepsilon(y) = w_\varepsilon(\{a_1, a_3\}) = \frac{1}{2},$$

also w_ε ist eine Erweiterung der Quasi-W. v von $\mathfrak{A}$ auf $\mathfrak{B}$, die stets dem Element y die W. gleich $\frac{1}{2}$ zuordnet. Da aber ε willkürlich zwischen 0 und $\frac{1}{4}$ gewählt werden kann, so gibt es verschiedene solche Erweiterungen.

5. Separable Booleringe

5.1. Algebraische Separabilität. Es sei $\mathfrak{B}$ ein Boolering und $\mathfrak{D}$ eine Teilmenge von $\mathfrak{B}$, die das Element $\emptyset$ nicht enthält. $\mathfrak{D}$ heißt *algebraisch dicht* in $\mathfrak{B}$, wenn gilt:

δ) Für jedes $x \in \mathfrak{B}$, $x \neq \emptyset$, existiert ein $d \in \mathfrak{D}$, so daß $d \subseteq x$ gilt.

Die Eigenschaft δ) ist ersichtlich äquivalent zu:

δ^*) Für jedes $x \in \mathfrak{B}$, $x \neq \emptyset$ existiert $\bigcup_{d \subseteq x,\, d \in \mathfrak{D}} d$ und ist gleich x.

Ein Boolering $\mathfrak{B}$ heißt *algebraisch separabel*, wenn eine abzählbare Teilmenge $\mathfrak{D}$ von $\mathfrak{B}$ existiert, die in $\mathfrak{B}$ algebraisch dicht liegt.

Der Boolering $\mathfrak{F}^{\aleph_0}$ aller Teilmengen einer abzählbar unendlichen Menge $E = \{\xi_0, \xi_1, \xi_2, \ldots\}$ (vgl. Nr. 2.2.) ist offenbar algebraisch separabel, denn die Gesamtheit $\mathfrak{D}$ aller endlichen Teilmengen von E ist abzählbar und liegt dicht in $\mathfrak{F}^{\aleph_0}$.

Der algebraisch separable Boolering $\mathfrak{F}^{\aleph_0}$ ist ein universeller Boolering für alle algebraisch separablen Booleringe und ihre Booleunterringe, wie folgender Satz zeigt:

Satz 1. *Für einen Boolering $\mathfrak{B}$ sind folgende Aussagen äquivalent:*

I. *$\mathfrak{B}$ ist isomorph zu einem Körper (Boolemengenring) von Teilmengen der natürlichen Zahlen, d. h. $\mathfrak{B}$ ist isomorph zu einem Booleunterring von $\mathfrak{F}^{\aleph_0}$.*

II. *$\mathfrak{B}$ ist ein Booleunterring eines algebraisch separablen Booleringes.*

III. *Es existieren abzählbar unendlich viele Quasi-Wahrscheinlichkeiten $v_\nu, \nu = 0, 1, 2, \ldots$ auf $\mathfrak{B}$ mit der Eigenschaft: Für jedes $x \in \mathfrak{B}$, $x \neq \emptyset$, gilt $v_\nu(x) = 1$ für mindestens ein $\nu = 0, 1, 2, \ldots$; insbesondere können diese*

Quasi-Wahrscheinlichkeiten v_ν, $\nu = 0, 1, 2, \ldots$, *zweiwertig genommen werden.*

Beweis: A. Aus I. folgt II. ist klar, denn der Boolering $\mathfrak{F}^{\aleph_0}$ ist algebraisch separabel.

B. Aus II. folgt III.: Es sei $\mathfrak{B}$ ein Booleunterring eines algebraisch separablen Booleringes $\mathfrak{B}'$. Es bedeute $\mathfrak{D} = \{d_0, d_1, d_2, \ldots\}$, $d_\nu \neq \emptyset$, $\nu = 0, 1, 2, \ldots$, eine abzählbare Teilmenge von $\mathfrak{B}'$, die algebraisch dicht in $\mathfrak{B}'$ liegt. Gemäß Folgerung 2, Nr. 4.4. kann man für jedes $d_\nu \in \mathfrak{B}'$, $\nu = 0, 1, 2, \ldots$, eine zweiwertige Quasi-W. v'_ν auf $\mathfrak{B}'$ mit $v'_\nu(d_\nu) = 1$ definieren. Da zu jedem $x \in \mathfrak{B}'$, $x \neq \emptyset$, stets ein $d_j \in \mathfrak{D}$ mit $d_j \subseteqq x$ existiert, so gilt für diesen Index j:

$$1 = v'_j(d_j) \leqq v'_j(x) \leqq v'_j(e) = 1, \text{ d. h. } v'_j(x) = 1.$$

Bezeichnet v_ν die Einschränkung von v'_ν auf $\mathfrak{B}$, so leistet die Folge $v_0, v_1, \ldots$ das Verlangte.

C. Aus III. folgt I.: 1. Zuerst zeigen wir: Jede Quasi-W. v_ν, $\nu = 0, 1, 2, \ldots$, mit der Eigenschaft III. kann stets durch eine zweiwertige Quasi-W. v'_ν auf $\mathfrak{B}$ derart ersetzt werden, daß $v'_\nu(x) = v_\nu(x)$ für jedes $x \in \mathfrak{B}$ gilt, für welches $v_\nu(x) = 1$ ist. Es sei nämlich $\mathfrak{S}_\nu$ die Gesamtheit aller $x \in \mathfrak{B}$ mit $v_\nu(x) = 1$. Man bilde den kleinsten Booleunterring $\mathfrak{B}(\mathfrak{S}_\nu)$ von $\mathfrak{B}$ über $\mathfrak{S}_\nu$. Wenn man auf $\mathfrak{B}(\mathfrak{S}_\nu)$ eine zweiwertige Quasi-W. v'_ν definieren kann, die für jedes $x \in \mathfrak{S}_\nu$ den Wert 1 annimmt, so kann man nach Satz 3 Nr. 4.4 diese Quasi-W. von $\mathfrak{B}(\mathfrak{S}_\nu)$ auf $\mathfrak{B}$ derart erweitern, daß sie zweiwertig bleibt. Es bleibt also nur noch zu zeigen: (α): Auf $\mathfrak{B}(\mathfrak{S}_\nu)$ kann eine zweiwertige Quasi-W. v'_ν mit $v'_\nu(x) = 1$ für jedes $x \in \mathfrak{S}_\nu$ definiert werden. Dazu bemerken wir, daß $\mathfrak{S}_\nu$ das Element e enthält und bezüglich der Operation $\cup$ abgeschlossen ist; denn mit $x \in \mathfrak{S}_\nu$, $y \in \mathfrak{S}_\nu$ folgt $v_\nu(e) = 1 \geqq v_\nu(x \cup y) \geqq v_\nu(x) = 1$ also $v_\nu(x \cup y) = 1$, d. h. $x \cup y \in \mathfrak{S}_\nu$. Außerdem gilt $x\,y \neq \emptyset$, wenn $x, y \in \mathfrak{S}_\nu$; wäre nämlich $x\,y = \emptyset$, so wäre $v_\nu(x \cup y) = v_\nu(x) + v_\nu(y) = 2$ (Widerspruch!). Mit Hilfe der Formeln β_5^3 bzw. β_5^n in Nr. 1.3 zeigt man, daß auch für beliebige (endlich viele) $x_1, x_2, \ldots, x_k \in \mathfrak{S}_\nu$ gilt $x_1 x_2 \cdots x_k \neq \emptyset$. Nun ist offenbar jedes Element von $\mathfrak{B}(\mathfrak{S}_\nu)$ als Vereinigung von Monomen (Durchschnitte von Elementen der Menge $C(\mathfrak{S}_\nu)$, die aus $\mathfrak{S}_\nu$ durch Adjunktion aller x^c mit $x \in \mathfrak{S}_\nu$ entsteht) darstellbar. Denkt man sich nun die Elemente von $\mathfrak{S}_\nu$ mit Indizes versehen, so kann man auch hier, wie in Nr. 2.3 für jedes Element von $\mathfrak{B}(\mathfrak{S}_\nu)$ eine Darstellung bestimmen, in welcher alle Monome paarweise fremd (unvereinbar) und von der gleichen Länge sind. Unter diesen Darstellungen existiert eine mit kürzester Länge, die wir als die normale Darstellung bezeichnen. Daraus folgt, daß bei dieser normalen Darstellung *höchstens* ein Monom existiert, dessen sämtliche Faktoren zu $\mathfrak{S}_\nu$ gehören. Wir definieren nun auf $\mathfrak{B}(\mathfrak{S}_\nu)$ eine Funktion v'_ν wie folgt: 1. $v'_\nu(x) = 1$, $v'_\nu(x^c) = 0$ für jedes $x \in \mathfrak{S}_\nu$. 2. Ist $y \in \mathfrak{B}(\mathfrak{S}_\nu)$, so betrachten wir seine normale Darstellung durch

Monome und setzen: $v'_\nu(y) = 1$, falls in der normalen Darstellung ein Monom mit lauter Faktoren aus $\mathfrak{S}_\nu$ existiert, bzw. $v'_\nu(y) = 0$, falls dies nicht der Fall ist. Man zeigt leicht, daß die so definierte Funktion v'_ν auf $\mathfrak{B}(\mathfrak{S}_\nu)$ eindeutig ist und die Eigenschaften einer Quasi-W. besitzt. Hiermit ist also (α) bewiesen.

2. O. B. d. A. können wir nun (gemäß 1.) annehmen, daß die Quasi-Wahrscheinlichkeiten: $v_0, v_1, v_2, \ldots$ auf $\mathfrak{B}$ zweiwertig sind. Wir bezeichnen dann für jedes $x \in \mathfrak{B}$ mit $H(x)$ die größte Teilmenge der Menge $E = \{0, 1, 2, \ldots\}$ mit der Eigenschaft: Aus $\nu \in H(x)$ folgt $v_\nu(x) = 1$. Es sei $\mathfrak{B}^*$ die Gesamtheit aller so definierten Mengen $H(x) \subseteqq E$ für alle $x \in \mathfrak{B}$. $\mathfrak{B}^*$ ist ein Untersystem von $\mathfrak{F}^{\aleph_0} = \mathfrak{P}(E)$, und zwar ein Mengenkörper (ein Booleunterring von $\mathfrak{F}^{\aleph_0}$) von Teilmengen der Menge E. Die Abbildung: $\mathfrak{B} \ni x \to H(x) \in \mathfrak{B}^* \subseteqq \mathfrak{F}^{\aleph_0}$, ist offenbar eine Isomorphie, denn es gilt: 1. Wenn $x \neq y$, dann $H(x) \neq H(y)$, 2. $H(x) \cap H(y) = H(x \cap y)$, 3. $E - H(x) = H(x^c)$, 4. $H(x) \cup H(y) = H(x \cup y)$. Damit ist aber gezeigt, daß $\mathfrak{B}$ isomorph zu einem Körper $\mathfrak{B}^*$ von Teilmengen der Menge $E = \{0, 1, 2, \ldots\}$ ist. Satz 1 ist also vollständig bewiesen.

5.2. Bemerkung. Der Satz 1 zeigt, daß jeder algebraisch separable Boolering und demgemäß jeder Booleunterring von einem algebraisch separablen Boolering stets isomorph abgebildet werden kann auf einen Booleunterring von $\mathfrak{F}^{\aleph_0}$. Wir bemerken aber, daß ein Booleunterring von einem algebraisch separablen Boolering nicht stets algebraisch separabel zu sein braucht. Der Booleverband $\mathfrak{B}_\mathfrak{m}$ eines Systems von $\mathfrak{m}$ freien Ereignissen $\{x_i\}_{i \in I}$ mit $|I| = \mathfrak{m} = 2^{\aleph_0} = \mathfrak{c}$, d. h. mit der Mächtigkeit des Kontinuums, kann in $\mathfrak{F}^{\aleph_0}$ isomorph eingebettet werden. Dies kann man aus einem Satz von G. Fichtenholz und L. Kantorowitsch [1] (vgl. Nr. 15.5.2) entnehmen. Das isomorphe Bild $\mathfrak{B}^*_\mathfrak{m}$ von $\mathfrak{B}_\mathfrak{m}$ in $\mathfrak{F}^{\aleph_0}$ ist dann ein Booleunterring von $\mathfrak{F}^{\aleph_0}$, der nicht separabel ist.

5.3. Fundamentalsatz über separable Felder. Es gilt folgender:

Satz 2. Jeder algebraisch separable Boolering $\mathfrak{B}$, *dementsprechend jeder Booleunterring eines separablen Booleringes, kann stets als ein W-Feld* ($\mathfrak{B}, w$) *erklärt werden.*

Beweis. $\mathfrak{B}$ ist isomorph zu einem Booleunterring $\mathfrak{B}^*$ des Booleringes $\mathfrak{F}^{\aleph_0}$ (vgl. Satz 1). Wie wir aber in Nr. 2.2 zeigten, kann $\mathfrak{F}^{\aleph_0}$ stets eine W. w tragen. Diese W. w induziert aber auch eine W. auf $\mathfrak{B}^*$ und deshalb auch eine W. auf dem isomorphen Boolering $\mathfrak{B}$.

5.4. w-Separabilität. Es sei ($\mathfrak{F}, w$) ein W-Feld. Eine Teilmenge $\mathfrak{S}$ von $\mathfrak{F}$ heißt *w-dicht* in $\mathfrak{F}$, wenn gilt:

δ_w) Für jedes $x \in \mathfrak{F}$ und beliebiges $\varepsilon > 0$ existiert ein $s \in \mathfrak{S}$ mit $w(x \dotplus s) < \varepsilon$.

Ein W-Feld $(\mathfrak{F}, w)$ heißt *w-separabel* (auch *empirisch*), wenn eine abzählbare Teilmenge $\mathfrak{S}$ von $\mathfrak{F}$ existiert, die in $\mathfrak{F}$ w-dicht liegt. Es gilt offenbar: Jedes W-Unterfeld eines w-separablen W-Feldes ist auch w-separabel. Dieser Begriff und seine Bedeutung in der W-Theorie wird uns noch später beschäftigen (vgl. Kap. II).

6. Darstellung eines Booleringes durch einen Mengenkörper

6.1. Darstellungssatz von Stone. Es sei $\mathfrak{B}$ ein Boolering; dann existiert stets eine Quasi-W. v auf $\mathfrak{B}$. Bedeutet $\mathfrak{N}$ die Gesamtheit aller $n \in \mathfrak{B}$ mit $v(n) = 0$, d. h. aller Nullereignisse bezüglich v, so ist $\mathfrak{N}$ ein Ideal in $\mathfrak{B}$ (vgl. Nr. 3.2). Ist die Quasi-W. v zweiwertig auf $\mathfrak{B}$, so ist das Ideal $\mathfrak{N}$ der Nullereignisse ein Primideal, denn offenbar gilt: 1. e gehört nicht zu $\mathfrak{N}$ und 2. für beliebiges $x \in \mathfrak{B}$ gehört x oder x^c zu $\mathfrak{N}$ (vgl. Anhang Nr. 4). Aus Folgerung 1 und 2 von Nr. 4.4 folgt, daß jeder Boolering $\mathfrak{B}$ stets eine zweiwertige Quasi-W. tragen kann. Daraus folgt nun ein zuerst von Stone [1] bewiesener Satz:

Satz 1. Jeder Boolering besitzt Primideale.

Stone bewies mit Hilfe dieses Satzes den sogenannten Stoneschen Darstellungssatz für Booleringe:

Satz 2. Jeder Boolering ist zu einem Körper von Teilmengen einer Grundmenge Ω isomorph.

Der Beweis dieses Satzes ergibt sich nun aus folgendem:

Satz 3. Es sei $\mathfrak{B}$ ein beliebiger Boolering. Es bedeute Ω die Gesamtheit aller Quasi-Wahrscheinlichkeiten v auf $\mathfrak{B}$, die zweiwertig sind. Man ordne jedem $x \in \mathfrak{B}$ die Teilmenge:

$$X = \{v \in \Omega\colon\ v(x) = 1\} \tag{1}$$

von Ω zu. Dann ist die Abbildung:

$$\mathfrak{B} \ni x \to X \in \mathfrak{P}(\Omega)$$

ein Isomorphismus (eine isomorphe Einbettung) des Booleringes $\mathfrak{B}$ in den Boolering $\mathfrak{P}(\Omega)$ aller Teilmengen der Grundmenge Ω. Das isomorphe Bild $\mathfrak{B}^*$ von $\mathfrak{B}$ in $\mathfrak{P}(\Omega)$ bei dieser Abbildung ist also ein Körper von Teilmengen von Ω, der zum Boolering $\mathfrak{B}$ isomorph ist.

Beweis. Es sei $x \to X$, $y \to Y$ und $x \cap y \to Z$ bei der Abbildung (1). Wir zeigen, daß $Z = X \cap Y$ ist. In der Tat, wenn $v \in X$, d. h. wenn $v(x) = 1$ und $v \in Y$, d. h. $v(y) = 1$, dann ist $v(x \cup y) = 1$. Da aber außerdem $v(x) + v(y) = v(x \cup y) + v(x \cap y)$ gilt, so ist $v(x \cap y) = 1$, d. h. $v \in Z$. Umgekehrt, wenn $v \in Z$, d. h. $v(x \cap y) = 1$, dann ist $v(x) = 1$ und $v(y) = 1$, denn $x \cap y \subseteq x$ bzw. $x \cap y \subseteq y$, und also ist $v \in X$ und $v \in Y$. Hiermit ist gezeigt $Z = x \cap Y$. Wir zeigen nun: Wenn bei der

Abbildung (1) $x \to X$, dann $x^c \to X^c$. Denn es ist ja stets genau eine der Gleichungen $v(x) = 1$ und $v(x^c) = 1$ richtig. Die Abbildung (1) ist also ein Homomorphismus von $\mathfrak{B}$ in $\mathfrak{P}(\Omega)$. Es gilt aber außerdem: Aus $x \neq y$ folgt $X \neq Y$, d. h. es existiert ein $v \in \Omega$ mit $v \in X \dotplus Y$. Aus $x \neq y$ folgt nämlich $x \dotplus y \neq \emptyset$ und o. B. d. A. können wir annehmen, daß $z = x \dotplus x\,y \neq \emptyset$ ist. Zu $z \neq \emptyset$ existiert aber ein $v \in \Omega$ mit $v(z) = 1$ (vgl. Nr. 4.4 Folg. 2); daraus folgt, daß $v(x) = 1$, weil $x \supseteqq z$. Da aber $y \subseteqq z^c$ und $v(z^c) = 0$, so ist $v(y) = 0$. Damit wurde gezeigt: $X \neq Y$. Der Homomorphismus $\mathfrak{B} \ni x \Rightarrow X \in \mathfrak{P}(\Omega)$ ist also ein Isomorphismus von $\mathfrak{B}$ auf ein Teilsystem $\mathfrak{B}^*$ von $\mathfrak{P}(\Omega)$ und $\mathfrak{B}^*$ ist offenbar ein Körper von Teilmengen der Grundmenge Ω. Hiermit ist der Satz bewiesen.

6.2. Bemerkung. In Nr. 6.1. wurde gezeigt: Jeder zweiwertigen Quasi-W. v auf $\mathfrak{B}$ entspricht ein Primideal $\mathfrak{N}_v$ in $\mathfrak{B}$. Man kann aber umgekehrt zeigen, wenn $\mathfrak{N}$ ein Primideal in $\mathfrak{B}$ ist, dann ist die Funktion:

$$v(x) = \begin{cases} 1 \text{ falls } x \notin \mathfrak{N} \\ 0 \text{ falls } x \in \mathfrak{N} \end{cases}$$

eine zweiwertige Quasi-W. auf $\mathfrak{B}$. Der Satz 1 von Nr. 6.1 ist also äquivalent zum Satz:

Satz 4. *Jeder Boolering kann zweiwertige Quasi-Wahrscheinlichkeiten tragen.*

Alle bekannten Beweise des Satzes 4 oder seines gleichwertigen Satzes 1 benutzen das Wohlordnungsprinzip. Neuerdings haben J. Łos and C. Ryll-Nardzewski [1] die Frage untersucht, inwieweit diese Sätze vom Wohlordnungsprinzip abhängig sind (dort auch weitere Literatur zu dieser Frage).

6.3. Separierte Darstellungen eines Booleringes. Es sei $\mathfrak{B}$ ein Boolering. Dann existieren nach den Sätzen 2 und 3 ein Grundraum Ω, der aus allen zweiwertigen Quasi-Wahrscheinlichkeiten auf $\mathfrak{B}$, oder was dasselbe bedeutet, der aus allen Primidealen in $\mathfrak{B}$ besteht und ein Körper $\mathfrak{K}$ von Teilmengen der Grundmenge Ω (Booleunterring von $\mathfrak{P}(\Omega)$), der zu $\mathfrak{B}$ isomorph ist. Man bezeichnet $(\Omega, \mathfrak{K})$ als die Stonesche Darstellung von $\mathfrak{B}$. Ist φ die Isomorphie von $\mathfrak{B}$ auf $\mathfrak{K}$, so bezeichnet man ebenfalls φ als die Stonesche Isomorphie von $\mathfrak{B}$ auf $\mathfrak{K}$. Betrachtet man $\mathfrak{K}$ als eine offene Basis in Ω, so wird hiermit in Ω eine Topologie erklärt, und man kann zeigen (vgl. Stone [1] und [2]), daß Ω dann ein kompakter total unzusammenhängender topologischer Hausdorff-Raum ist. $\mathfrak{K}$ erweist sich als das System aller zugleich offenen und abgeschlossenen Mengen. Die Stonesche Isomorphie φ von $\mathfrak{B}$ auf $\mathfrak{K}$ bzw. die Stonesche Darstellung $(\Omega, \mathfrak{K})$ von $\mathfrak{B}$ ist im folgenden Sinne universell:

Wir bezeichnen eine Isomorphie ψ von $\mathfrak{B}$ auf einen Körper $\mathfrak{K}^*$ von Teilmengen einer Grundmenge Ω^* als *separiert*, wenn zu je zwei verschiedenen Punkten P und Q von Ω^* ein Element $x \in \mathfrak{B}$ existiert mit $P \in \psi(x) \in \mathfrak{K}^*$ und $Q \in [\psi(x)]^c = \psi(x^c) \in \mathfrak{K}^*$. Die Darstellung $(\Omega^*, \mathfrak{K}^*)$ von $\mathfrak{B}$, die diese Isomorphie ψ definiert, wird auch als *separiert* bezeichnet. Nun gilt folgendes (vgl. H. BAUER [1] und E. HEWITT [1]):

Zu einer beliebigen separierten Isomorphie ψ von $\mathfrak{B}$ auf einen Körper $\mathfrak{K}^*$ von Teilmengen einer Grundmenge Ω^* existiert stets eine eindeutige Abbildung f einer in Ω *dichten* Teilmenge Ω' auf Ω^* derart, daß für alle $x \in \mathfrak{B}$ gilt:

$$(\alpha) \qquad \psi(x) = f(\Omega' \cap \varphi(x));$$

umgekehrt wird für jede in Ω dichte Teilmenge Ω' durch die Gleichung:

$$(\beta) \qquad \psi(x) = \Omega' \cap \varphi(x) \text{ für jedes } x \in \mathfrak{B}$$

eine separierte Isomorphie ψ von $\mathfrak{B}$ auf den Körper aller Mengen $\Omega' \cap \varphi(x) \subseteq \Omega'$ als Teilmengen also der Grundmenge Ω' betrachtet. Für $\Omega' = \Omega$ ergibt sich aus (β) $\psi = \varphi$. *Die Stonesche Darstellung ist deshalb separiert und für jede andere separierte Darstellung* $(\Omega^*, \mathfrak{K}^*)$ *von* $\mathfrak{B}$ *kann die Grundmenge* Ω^* *mit einer in* Ω *dichten Teilmenge* Ω' *identifiziert werden.*

Kapitel II

7. Die unendlichen Operationen in W-Feldern

7.1. Vorbereitungen. In der Definition bzw. den Beispielen von W-Feldern, die wir in Kap. I gegeben haben, war das Feld $\mathfrak{F}$ der Ereignisse als ein Boolering erklärt worden. Die unendlichen Operationen wurden nicht berücksichtigt. Will man aber eine gewisse Handlungsfreiheit zur Behandlung von verschiedenen Problemen der W-Theorie haben, so muß man einem Feld $\mathfrak{F}$ mindestens eine σ-Erweiterung zuordnen, d. h. $\mathfrak{F}$ isomorph in einen σ-Boolering einbetten und dort arbeiten. Hierbei erweist sich eine isomorphe Einbettung des Feldes $\mathfrak{F}$ in einen σ-Boolering $\overline{\mathfrak{F}}$ als geeignet, den man mit Hilfe der W. durch metrische Vervollständigung gewinnt oder eine isomorphe Einbettung des Feldes $\mathfrak{F}$ in einen Voll-Boolering $\mathfrak{P}(E)$ sämtlicher Teilmengen einer Grundmenge E. Innerhalb dieses Ringes $\mathfrak{P}(E)$ kann man dann die gewünschte σ-Erweiterung gewinnen. Diese Einbettungen sind nicht stets σ-regulär (vgl. Anhang Nr. 5.8), ermöglichen aber die Erweiterung der W. mit Erhaltung ihrer Eigenschaften und die Gewinnung einer neuen wichtigen Eigenschaft, die unendliche Operationen betrifft, nämlich die sogenannte Totaladditivität der W. Die Einbettung des Feldes $\mathfrak{F}$ in dem MacNeilleschen Voll-Boolering (vgl. MACNEILLE [1]), die totalregulär geschieht und deshalb von seiten der unendlichen Operationen bevorzugt werden sollte, erweist sich für die Erweiterung der W. als ungeeignet.

7.2. Die Totaladditivität (σ-Additivität) bzw. Stetigkeit der Wahrscheinlichkeit. Es sei $(\mathfrak{F}, w)$ ein W-Feld. Die W. w heißt *stetig* auf $\mathfrak{F}$, wenn folgendes gilt:

(S) Aus $(\mathfrak{F}) \bigcap_{\nu=1}^{\infty} a_\nu = \emptyset$, $a_\nu \geqq a_{\nu+1}$, $\nu = 1, 2, \ldots$, folgt $\lim_{\nu\to\infty} w(a_\nu) = 0$.

Man zeigt leicht, daß die Stetigkeit der W. gleichwertig zu der sog. *σ-Additivität* (*Totaladditivität*) der W. ist, d. h.:

(T) Aus $(\mathfrak{F}) \bigcup_{\nu=1}^{\infty} a_\nu = a \in \mathfrak{F}$ mit $a_i a_j = \emptyset$, $i \neq j$ folgt:

$$\sum_{\nu=1}^{\infty} w(a_\nu) = w(a).$$

7.3. σ-W-Felder. Ein W-Feld $(\mathfrak{F}, w)$ heißt ein *σ-W-Feld*, wenn das Feld $\mathfrak{F}$ ein σ-Boolering und die W. w stetig (σ-additiv) auf $\mathfrak{F}$ ist.

Ist $(\mathfrak{F}, w)$ ein W-Feld und $(\mathfrak{F}', w)$ ein W-Unterfeld von $(\mathfrak{F}, w)$, so folgt aus der Stetigkeit der W. w auf $\mathfrak{F}$ nicht notwendig die Stetigkeit von w auf $\mathfrak{F}'$. Es gilt darüber folgender

Satz 1. Es sei $(\mathfrak{F}', w)$ ein W-Unterfeld des W-Feldes $(\mathfrak{F}, w)$. Es sei ferner w stetig auf $\mathfrak{F}$. Dann sind folgende Aussagen gleichwertig:

1. *w ist stetig auf $\mathfrak{F}'$,*
2. *$\mathfrak{F}'$ ist ein σ-regulärer Booleunterring von $\mathfrak{F}$.*

Beweis. Wenn $\mathfrak{F}'$ bezüglich $\mathfrak{F}$ σ-regulär ist, so ist offenbar w auf $\mathfrak{F}'$ stetig. Wir brauchen also nur zu zeigen, daß die σ-Regularität von $\mathfrak{F}'$ bezüglich $\mathfrak{F}$ aus der Stetigkeit der W. w auf $\mathfrak{F}'$ folgt. Angenommen, w sei stetig auf $\mathfrak{F}'$, jedoch $\mathfrak{F}'$ nicht σ-regulär bezüglich $\mathfrak{F}$; dann gäbe es eine Folge a_ν, $\nu = 1, 2, \ldots$, mit $(\mathfrak{F}') \bigcap_{\nu=1}^{\infty} a_\nu = \emptyset$, $a_\nu \geqq a_{\nu+1}$, $\nu = 1, 2, \ldots$, während $(\mathfrak{F}) \bigcap_{\nu=1}^{\infty} a_\nu = a \neq \emptyset$ in $\mathfrak{F}$ oder $(\mathfrak{F}) \bigcap_{\nu=1}^{\infty} a_\nu$ nicht in $\mathfrak{F}$ vorhanden ist. Im ersten Falle wäre aber $\lim w(a_\nu) = w(a) > 0$, im zweiten Falle gäbe es mindestens ein $b \in \mathfrak{F}$, das nicht zu $\mathfrak{F}'$ gehört, so daß $b \neq \emptyset$, $b \subseteq a_\nu$, $\nu = 1, 2, \ldots$, wäre. Wir hätten dann auch $\lim w(a_\nu) \geqq w(b) > 0$. Also ergibt sich in beiden Fällen ein Widerspruch zu der Voraussetzung, daß w auf $\mathfrak{F}'$ stetig ist.

7.4. Relative Stetigkeit (bzw. σ-Additivität) der Wahrscheinlichkeit. Es sei $(\mathfrak{F}, w)$ ein W-Feld, wobei $\mathfrak{F}$ ein Booleunterring eines Booleringes $\mathfrak{F}'$ ist. Die W. w heißt stetig auf $\mathfrak{F}$ *relativ* $\mathfrak{F}'$ (s. Kappos [4]), wenn gilt:

(R_S): Aus $a_\nu \geqq a_{\nu+1}$, $a_\nu \in \mathfrak{F}$, $\nu = 1, 2, \ldots$, und $(\mathfrak{F}') \bigcap_{\nu=1}^{\infty} a_\nu = \emptyset$ folgt stets $\lim w(a_\nu) = 0$.

Aus der Stetigkeit der W. w auf $\mathfrak{F}$ relativ $\mathfrak{F}'$ folgt die sogenannte σ-Additivität (Totaladditivität) von w auf $\mathfrak{F}$ *relativ* $\mathfrak{F}'$, nämlich:

(R_T): Aus $a_\nu \in \mathfrak{F}$, $a_j a_k = \emptyset$, $j \neq k$ und $(\mathfrak{F}') \bigcup_{\nu=1}^{\infty} a_\nu = a$ mit $a \in \mathfrak{F}$, folgt stets $w(a) = \sum_{\nu=1}^{\infty} w(a_\nu)$.

Auch die Umkehrung gilt: aus (R_T) folgt (R_S).

Bemerkung. Es sei $(\mathfrak{F}, w)$ ein W-Unterfeld des W-Feldes $(\mathfrak{F}', w)$, dann folgt aus der Stetigkeit der W. w auf $\mathfrak{F}'$ offenbar die Stetigkeit von w auf $\mathfrak{F}$ relativ $\mathfrak{F}'$, auch dann, wenn $\mathfrak{F}$ nicht σ-regulär bezüglich $\mathfrak{F}'$ ist.

7.5. Mengentheoretische Stetigkeit (σ-Additivität). Die übliche Definition der Stetigkeit (σ-Additivität) eines Maßes (einer W.) w auf einem Mengenkörper $\mathfrak{K}$ von Teilmengen einer Grundmenge E (vgl. KOLMOGOROFF [1]) ist in unserem Sinne (verbandstheoretisch) betrachtet, auch eine Stetigkeit (σ-Additivität) von w auf $\mathfrak{K}$, aber *relativ* des kleinsten σ-Körpers $B(\mathfrak{K})$ über $\mathfrak{K}$ oder, was gleichwertig ist, wenn man den Mengenkörper $\mathfrak{K}$ als einen Booleunterring von $B(\mathfrak{K})$ bzw. $\mathfrak{P}(E)$ betrachtet; denn in $\mathfrak{K}$ kann ein Durchschnitt von abzählbar vielen Elementen verbandstheoretisch leer sein, ohne daß dies mengentheoretisch der Fall ist. In diesem speziellen Fall, wo der Definitionsbereich der W. ein Mengenkörper ist, bezeichnen wir die Stetigkeit (σ-Additivität) der W. w auf $\mathfrak{K}$ relativ $\mathfrak{P}(E)$, einfach auch als eine *mengentheoretische Stetigkeit* (*mengentheoretische σ-Additivität*). Aus der mengentheoretischen Stetigkeit der W. w auf einem Körper $\mathfrak{K}$ braucht nicht die Stetigkeit von w auf $\mathfrak{K}$ im Sinne der Definition (S) zu folgen, wie folgendes Beispiel zeigt:

Beispiel. Es sei die Grundmenge $E = \{x: 0 \leqq x \leqq 1\}$, $\mathfrak{D}$ das System aller halboffenen Teilintervalle von E; nämlich aller $I = [\alpha, \beta) = \{x: 0 \leqq \alpha \leqq x < \beta \leqq 1\}$. Es sei ferner $\mathfrak{K}$ der kleinste Mengenkörper über $\mathfrak{D}$. Wir betrachten eine streng monoton wachsende Funktion $f(x)$ auf $0 \leqq x \leqq 1$, für welche $f(0) = 0$, $f(1) = 1$ gilt und setzen $\mu(I) = f(\beta) - f(\alpha)$ für jedes $I \in \mathfrak{D}$. Wir setzen weiter voraus, daß f linksseitig stetig, aber mit gewissen rechtsseitigen Unstetigkeiten behaftet ist. $\mu(I)$ ist mengentheoretisch stetig auf $\mathfrak{D}$ und kann bekanntlich mengentheoretisch stetig auf $\mathfrak{K}$ auf genau eine Weise (die Fortsetzung ist sogar schon durch die Forderung der gewöhnlichen Additivität eindeutig bestimmt) erweitert werden, μ ist aber im Sinne der Definition (S) nicht stetig auf $\mathfrak{K}$. Ist nämlich γ ein Unstetigkeitspunkt von f und $I_n = [\gamma, x_n)$ mit $x_n > x_{n+1}$, $n = 1, 2, \ldots$, und $\lim x_n = \gamma$, so ist $(\mathfrak{K}) \bigcap_{\nu=1}^{\infty} I_\nu = \emptyset$ aber $\lim \mu(I_\nu) \neq 0$. Mengentheoretisch ist der Durchschnitt $\bigcap_{\nu=1}^{\infty} I_\nu$, d. h. $(\mathfrak{P}(E)) \bigcap_{\nu=1}^{\infty} I_\nu$ nicht leer, sondern gleich der einpunktigen Menge

$\{\gamma\}$. Dieser einpunktigen Menge $\{\gamma\}$ wird bei der mengentheoretischen Erweiterung des Maßes μ auf den kleinsten σ-Körper $B(\mathfrak{K})$ über $\mathfrak{K}$ ein positives Maß zugeordnet.

Bemerkung. Die Definition der relativen Stetigkeit (σ-Additivität) bzw. mengentheoretischen Stetigkeit (σ-Additivität) bleibt ungeändert, wenn man statt einer W. eine Quasi-W. betrachtet.

8. Metrik in W-Feldern. Metrische Erweiterung eines W-Feldes zu einem σ-W-Feld

8.1. Entfernung. Es sei $(\mathfrak{F}, w)$ ein W-Feld. Wir definieren nach NIKODYM durch:

$\varrho(a, b) \underset{\text{Def}}{=} w(a \dotplus b)$ für jedes Paar $a, b \in \mathfrak{F}$ eine *Entfernung* in $\mathfrak{F}$.

Man zeigt leicht, daß $\varrho(a, b)$ die drei Eigenschaften einer Metrik besitzt, nämlich:

1. $\varrho(a, b) \geqq 0$, und zwar $= 0$ dann und nur dann, wenn $a = b$ ist;
2. $\varrho(a, b) = \varrho(b, a)$ für jedes Paar $a, b \in \mathfrak{F}$;
3. $\varrho(a, b) \leqq \varrho(a, c) + \varrho(c, b)$ für beliebige $a, b, c \in \mathfrak{F}$[1].

Hiermit wird also $\mathfrak{F}$ zu einem metrischen Raum erklärt. Vervollständigt man im Sinne der Topologie den so erklärten metrischen Raum $\mathfrak{F}$ und betrachtet man dabei die algebraische Struktur des Booleringes $\mathfrak{F}$ und die Eigenschaften der W. w, so erweist sich, daß das W-Feld $(\mathfrak{F}, w)$ durch diese Vervollständigung zu einem σ-W-Feld erweitert wird und dies auch, wenn die W. w auf $\mathfrak{F}$ nicht stetig ist, wie im folgenden gezeigt wird.

Bemerkung. In den folgenden Nummern dieses Paragraphen wird stets $(\mathfrak{F}, w)$ als ein W-Feld vorausgesetzt.

8.2. Ordnungskonvergenz und w-Konvergenz. Für eine beliebige Folge a_ν, $\nu = 1, 2, \ldots$, von Elementen aus $\mathfrak{F}$ definieren wir: $w\text{-}\lim a_\nu = a \in \mathfrak{F}$ als gleichwertig mit $\lim \varrho(a_\nu, a) = 0$, also als gleichwertig zu der Konvergenz im Sinne der Metrik von Nr. 8.1. Diese Konvergenz wird auch als *Konvergenz nach W.* (*stochastische Konvergenz*) oder kurz *w-Konvergenz* bezeichnet.

Die Schreibweise

$$(\mathfrak{F})\, a_\nu \uparrow a \text{ bzw. } (\mathfrak{F})\, a_\nu \downarrow a$$

---

[1] Der Beweis von 1. und 2. ist klar. Für 3. haben wir

$$a \dotplus b = a \dotplus c \dotplus c \dotplus b = (a \dotplus c) \dotplus (c \dotplus b) \subseteq (a \dotplus c) \cup (c \dotplus b)$$

also

$$w(a \dotplus b) \leq w(a \dotplus c) + w(c \dotplus b).$$

bedeutet

$$a_\nu \subseteqq a_{\nu+1} \text{ bzw. } a_\nu \supseteqq a_{\nu+1}, \quad \nu = 1, 2, \ldots,$$

und

$$(\mathfrak{F}) \bigcup_{\nu=1}^{\infty} a_\nu = a \text{ bzw. } (\mathfrak{F}) \bigcap_{\nu=1}^{\infty} a_\nu = a \in \mathfrak{F},$$

d. h. die *Ordnungs-*(algebraische) *Konvergenz* von monotonen Folgen (vgl. BIRKHOFF [1], Ch. IV, Nr. 8).

Es sei a_ν, $\nu = 1, 2, \ldots$, eine beliebige Folge von Elementen aus $\mathfrak{F}$; existieren zwei Folgen $(\mathfrak{F})\ s_\nu \uparrow s$ und $(\mathfrak{F})\ d_\nu \downarrow d$ mit $s_\nu \subseteqq a_\nu \subseteqq d_\nu$, $\nu = 1, 2, \ldots$ und $s = d = a$, so schreiben wir:

$$(\mathfrak{F})\ a_\nu \to a \text{ oder auch } (\mathfrak{F}) \lim \operatorname{alg} a_\nu = a,$$

und sagen die Folge a_ν, $\nu = 1, 2, \ldots$ *konvergiert algebraisch* gegen a. Es ist klar, daß, wenn $(\mathfrak{F})\ a_\nu \uparrow a$ bzw. $(\mathfrak{F})\ a_\nu \downarrow a$, dann a_ν, $\nu = 1, 2, \ldots$, algebraisch gegen a konvergiert.

Ist $\mathfrak{F}$ ein σ-Boolering, so ist

$$(\mathfrak{F})\ a_\nu \to a \text{ gleichwertig mit } (\mathfrak{F}) \bigcap_{\nu=1}^{\infty} \bigcup_{\tau=0}^{\infty} a_{\nu+\tau} = (\mathfrak{F}) \bigcup_{\nu=1}^{\infty} \bigcap_{\tau=0}^{\infty} a_{\nu+\tau}.$$

Im allgemeinen Falle gilt:

$$\bar{a} = (\mathfrak{F})\ \overline{\lim} \operatorname{alg} a_\nu \underset{\text{Def.}}{=} (\mathfrak{F}) \bigcap_{\nu=1}^{\infty} \bigcup_{\tau=0}^{\infty} a_{\nu+\tau} \supseteqq (\mathfrak{F}) \bigcup_{\nu=1}^{\infty} \bigcap_{\tau=0}^{\infty} a_{\nu+\tau} \underset{\text{Def}}{=}$$

$$= (\mathfrak{F})\ \underline{\lim} \operatorname{alg} a_\nu = \underline{a}.$$

Man zeigt leicht:

α): Aus $(\mathfrak{F})\ a_\nu \downarrow a$ bzw. $(\mathfrak{F})\ a_\nu \uparrow a$ folgt $\lim w(a_\nu) \geqq w(a)$ bzw. $\lim w(a_\nu) \leqq w(a)$, d. h. in beiden Fällen existiert $\lim w(a_\nu \dotplus a) \geqq 0$; besteht Gleichheit, so ist $w\text{-}\lim a_\nu = a$.

In diesem letzten Fall bezeichnen wir $(\mathfrak{F}) \bigcap_{\nu=1}^{\infty} a_\nu$ bzw. $(\mathfrak{F}) \bigcup_{\nu=1}^{\infty} a_\nu$ als einen in $\mathfrak{F}$ existierenden *w-stetigen* Durchschnitt bzw. Vereinigung.

β): Existiert für eine beliebige Folge a_ν, $\nu = 1, 2, \ldots$, von Elementen aus $\mathfrak{F}$:

$(\mathfrak{F}) \bigcap_{\nu=1}^{\infty} a_\nu = d$ bzw. $(\mathfrak{F}) \bigcup_{\nu=1}^{\infty} a_\nu = s$ und ist $\lim w(s_\nu) = w(s)$ bzw. $\lim w(d_\nu) = w(d)$, wobei $s_\nu = a_1 \cup a_2 \cup \cdots \cup a_\nu$ bzw. $d_\nu = a_1 \cap a_2 \cap \cdots \cap a_\nu$ ist, so bezeichnen wir auch $(\mathfrak{F}) \bigcap_{\nu=1}^{\infty} a_\nu$ bzw. $(\mathfrak{F}) \bigcup_{\nu=1}^{\infty} a_\nu$ als einen in $\mathfrak{F}$ existierenden w-stetigen Durchschnitt bzw. Vereinigung.

γ): Für eine beliebige Folge a_ν, $\nu = 1, 2, \ldots$, von Elementen aus $\mathfrak{F}$ gilt stets: Aus $(\mathfrak{F})\ a_\nu \to a$ und $\lim w(a_\nu) = w(a)$ folgt $w\text{-}\lim a_\nu = a$. Wenn also $(\mathfrak{F})\ a_\nu \to a$ und $\lim w(a_\nu) = w(a)$, dann nennen wir die algebraische Konvergenz der Folge a_ν, $\nu = 1, 2, \ldots$, gegen a *w-stetig*.

δ): Wenn die W. w auf $\mathfrak{F}$ stetig ist, dann ist jede in $\mathfrak{F}$ existierende Vereinigung bzw. jeder Durchschnitt von abzählbar vielen Elementen w-stetig und aus ($\mathfrak{F}$) $a_\nu \to a$ folgt stets w-$\lim a_\nu = a$.

8.3. Metrische Erweiterung eines W-Feldes. Eine Folge a_ν, $\nu = 1, 2, \ldots$, von Elementen aus $\mathfrak{F}$ heißt eine *w-Fundamentalfolge* oder *w*-CAUCHY-*Folge*, in Zeichen $\{a_\nu\}$, wenn sie eine Fundamentalfolge (CAUCHY-Folge) im Sinne der Metrik von Nr. 8.1 ist, d. h. zu jedem $\varepsilon > 0$ existiert ein $N(\varepsilon) > 0$, so daß aus $\nu > N(\varepsilon)$ und $\mu > N(\varepsilon)$ folgt $\varrho(a_\nu, a_\mu) = w(a_\nu \dotplus a_\mu) < \varepsilon$.

Man zeigt leicht:

ε): Aus $\{a_\nu\}$ und $\{b_\nu\}$ folgt $\{a_\nu \dotplus b_\nu\}$ bzw. $\{a_\nu\, b_\nu\}$.

ζ): Aus w-$\lim a_\nu = a$ in $\mathfrak{F}$ folgt $\{a_\nu\}$.

ζ_1): Aus w-$\lim a_\nu = a$ und w-$\lim b_\nu = b$ in $\mathfrak{F}$ folgt w-$\lim (a_\nu\, b_\nu) = a\, b$, w-$\lim (a_\nu \dotplus b_\nu) = a \dotplus b$ und w-$\lim (a_\nu \cup b_\nu) = a \cup b$ in $\mathfrak{F}$.

Eine Folge a_ν, $\nu = 1, 2, \ldots$, von Elementen aus $\mathfrak{F}$ heißt eine *w-Nullfolge*, wenn gilt w-$\lim a_\nu = \emptyset$. Eine Nullfolge ist also nach ζ) eine Fundamentalfolge.

Es sei $\mathfrak{M}$ bzw. $\mathfrak{K}$ bzw. $\mathfrak{N}$ die Gesamtheit aller w-Fundamentalfolgen bzw. w-konvergenten Folgen bzw. w-Nullfolgen in $\mathfrak{F}$, dann gilt: $\mathfrak{M} \supset \mathfrak{K} \supset \mathfrak{N}$ und $\mathfrak{N}$ ist nicht leer.

η): Erklärt man in $\mathfrak{M}$ eine Gleichheit, wie folgt:

$$\{a_\nu\} = \{b_\nu\}, \text{ dann und nur dann, wenn } a_\nu = b_\nu,\ \nu = 1, 2, \ldots,$$

und zwei Operationen:

$$\{a_\nu\} \dotplus \{b_\nu\} = \{a_\nu \dotplus b_\nu\}; \quad \{a_\nu\} \cdot \{b_\nu\} = \{a_\nu\, b_\nu\},$$

so ist $\mathfrak{M}$ ein Boolering, $\mathfrak{K}$ ein Booleunterring von $\mathfrak{M}$ und $\mathfrak{N}$ ein Ideal in $\mathfrak{M}$ und $\mathfrak{K}$. Hierbei ist die konstante Folge $\{e\}$ bzw. $\{\emptyset\}$ die Einheit bzw. die Null des Booleringes $\mathfrak{M}$.

$\tilde{\mathfrak{F}} = \mathfrak{M}/\mathfrak{N}$, d. h. die Restklassen von $\mathfrak{M}$ mod. $\mathfrak{N}$ bilden auch einen Boolering. Entsprechend ist auch $\mathfrak{F}_0 = \mathfrak{K}/\mathfrak{N}$ ein Boolering, und zwar ein Booleunterring von $\tilde{\mathfrak{F}}$.

θ): Die *Abbildung* $\mathfrak{F}_0 \ni \{a\}/\mathfrak{N} \leftrightarrow a \in \mathfrak{F}$, wobei $\{a\}$ eine konstante w-Fundamentalfolge in $\mathfrak{F}$ bedeutet, ist ein Isomorphismus von $\mathfrak{F}$ auf $\mathfrak{F}_0$, d. h. $\mathfrak{F}_0$ ist eine isomorphe Einbettung von $\mathfrak{F}$ in $\tilde{\mathfrak{F}}$.

8.4. Wahrscheinlichkeit im Erweiterungsfeld $\tilde{\mathfrak{F}}$. Man zeigt leicht: 1. Ist $\{a_\nu\}$ eine Fundamentalfolge, so existiert stets $\lim\limits_{\nu \to \infty} w(a_\nu)$. 2. Gehören zwei Fundamentalfolgen $\{a_\nu\}$ und $\{b_\nu\}$ derselben Restklasse, so gilt: $\lim\limits_{\nu \to \infty} w(a_\nu) = \lim\limits_{\nu \to \infty} w(b_\nu)$. Durch die Festsetzung:

$$\tilde{w}\left(\{a_\nu\}/\mathfrak{N}\right) \underset{\text{Def}}{=} \lim_{\nu \to \infty} w(a_\nu)$$

wird deshalb eine eindeutige reellwertige Funktion $\tilde{w}$ auf $\tilde{\mathfrak{F}}$ definiert. Hiermit ist auch jedem Element aus $\mathfrak{F}_0$ ein Wert, und zwar:

(Δ): $$\tilde{w}(\{a\}/\mathfrak{N}) = w(a), \; a \in \mathfrak{F},$$

zugeordnet.

Satz 1. *$(\tilde{\mathfrak{F}}, \tilde{w})$ ist ein W-Feld, d. h. $\tilde{w}$ hat die Eigenschaften einer W.* (vgl. I, Nr. 1.1); *$(\mathfrak{F}_0, \tilde{w})$ ist ein W-Unterfeld von $(\tilde{\mathfrak{F}}, \tilde{w})$ und ist isometrisch zu $(\mathfrak{F}, w)$, d. h. eine isometrische Einbettung von $(\mathfrak{F}, w)$ in $(\tilde{\mathfrak{F}}, \tilde{w})$.*

Beweis. Daß $\tilde{w}$ strikt positiv und normiert ist, folgt unmittelbar aus der Definition von $\tilde{w}$. Wir zeigen also nur die Additivität von $\tilde{w}$. Es seien: $\{a_\nu\}, \{b_\nu\} \in \mathfrak{M}$ mit $\{a_\nu\}/\mathfrak{N} \cdot \{b_\nu\}/\mathfrak{N} = \{\emptyset\}/\mathfrak{N}$, also $\{a_\nu b_\nu\} \in \mathfrak{N}$. Dann haben wir

$$\tilde{w}(\{a_\nu\}/\mathfrak{N} \cup \{b_\nu\}/\mathfrak{N}) = \tilde{w}(\{a_\nu \cup b_\nu\}/\mathfrak{N}) = \lim w(a_\nu \cup b_\nu)$$
$$= \lim w((a_\nu \dotplus a_\nu b_\nu) \cup b_\nu) = \lim (w(a_\nu \dotplus a_\nu b_\nu) + w(b_\nu))$$
$$= \lim (w(a_\nu) + w(b_\nu)) - w(a_\nu b_\nu)) = \lim (w(a_\nu) + \lim w(b_\nu) - \lim w(a_\nu b_\nu)$$
$$= \lim w(a_\nu) + \lim w(b_\nu) = \tilde{w}(\{a_\nu\}/\mathfrak{N}) + \tilde{w}(\{b_\nu\}/\mathfrak{N}),$$

die Additivität ist also bewiesen.

Aus η) und θ) und (Δ) folgt nun, daß $(\mathfrak{F}_0, \tilde{w})$ eine isometrische Einbettung von $(\mathfrak{F}, w)$ in $(\tilde{\mathfrak{F}}, w)$ ist.

Bemerkung. Führt man im W-Feld $(\tilde{\mathfrak{F}}, \tilde{w})$ nach Nr. 8.1 eine Metrik und eine $\tilde{w}$-Konvergenz ein, so zeigt man in derselben Weise, wie in der Theorie der metrischen Räume, daß $\tilde{\mathfrak{F}}$, als metrischer Raum betrachtet, vollständig ist.

8.5. Eigenschaften der Wahrscheinlichkeit in $\tilde{\mathfrak{F}}$. Im folgenden werden die Elemente von $\tilde{\mathfrak{F}}$ mit kleinen deutschen Buchstaben bezeichnet.

Satz 2. *Aus* $(\tilde{\mathfrak{F}})$ $\mathfrak{a}_\nu \uparrow \mathfrak{a}$ bzw. $(\tilde{\mathfrak{F}})$ $\mathfrak{a}_\nu \downarrow \mathfrak{a}$ *folgt* $\tilde{w}$-$\lim \mathfrak{a}_\nu = \mathfrak{a}$.

Beweis. Es sei $(\tilde{\mathfrak{F}})$ $\mathfrak{a}_\nu \uparrow \mathfrak{a}$. Aus Nr. 8.2$\varkappa$) erhalten wir:

$$\lim \tilde{w}(\mathfrak{a}_\nu) \leqq \tilde{w}(\mathfrak{a}). \tag{I}$$

Außerdem gilt:

$$\tilde{w}(\mathfrak{a}_\nu) \leqq \tilde{w}(\mathfrak{a}_{\nu+1}) \leqq \tilde{w}(\mathfrak{a}), \; \nu = 1, 2, \ldots,$$

also wird $\tilde{w}(\mathfrak{a}_\nu \dotplus \mathfrak{a}_{\nu+k}) = \tilde{w}(\mathfrak{a}_{\nu+k}) - \tilde{w}(\mathfrak{a}_\nu)$ für genügend großes ν beliebig klein, d. h. $\{\mathfrak{a}_\nu\}_{\nu=1,2,\ldots}$ ist eine $\tilde{w}$-Fundamentalfolge in $\tilde{\mathfrak{F}}$. Wegen der Vollständigkeit des metrischen Raumes $\tilde{\mathfrak{F}}$ existiert ein $\mathfrak{a}^* \in \tilde{\mathfrak{F}}$, so daß $\tilde{w}$-$\lim \mathfrak{a}_\nu = \mathfrak{a}^*$ gilt. Setzen wir nun für festes μ $\mathfrak{b}_\nu \underset{\text{Def}}{=} \mathfrak{a}_\mu$, $\nu = 1, 2, \ldots$, so ist $\mathfrak{a}_\mu = \tilde{w}$-$\lim \mathfrak{b}_\nu$ also

$$\mathfrak{a}_\mu \mathfrak{a}^* = \mathfrak{a}_\mu \cdot \left(\tilde{w}\text{-}\lim_{\nu\to\infty} \mathfrak{a}_\nu\right) = \tilde{w}\text{-}\lim_{\nu\to\infty} \mathfrak{b}_\nu \cdot \tilde{w}\text{-}\lim_{\nu\to\infty} \mathfrak{a}_\nu$$
$$= \tilde{w}\text{-}\lim_{\nu\to\infty} (\mathfrak{b}_\nu \mathfrak{a}_\nu) = \tilde{w}\text{-}\lim_{\nu\to\infty} (\mathfrak{a}_\mu \mathfrak{a}_\nu) = \tilde{w}\text{-}\lim_{\nu\to\infty} \mathfrak{a}_\mu = \mathfrak{a}_\mu$$

letzteres, weil $\mathfrak{a}_\mu \mathfrak{a}_\nu = \mathfrak{a}_\mu$ für $\nu \geqq \mu$ gilt, wir haben also $\mathfrak{a}_\mu \mathfrak{a}^* = \mathfrak{a}_\mu$, hieraus folgt $\mathfrak{a}_\mu \subseteqq \mathfrak{a}^*$, $\mu = 1, 2, \ldots$, also

$$\mathfrak{a} \subseteqq \mathfrak{a}^*. \tag{II}$$

Es ist deshalb $\tilde{w}(\mathfrak{a}) \leqq \tilde{w}(\mathfrak{a}^*) = \lim \tilde{w}(\mathfrak{a}_\nu)$. Dies zusammen mit (I) ergibt $\tilde{w}(\mathfrak{a}) = \tilde{w}(\mathfrak{a}^*)$. Wegen (II) ist aber $\tilde{w}(\mathfrak{a} \dotplus \mathfrak{a}^*) = \tilde{w}(\mathfrak{a}^*) - \tilde{w}(\mathfrak{a}) = 0$, also $\mathfrak{a}^* \dotplus \mathfrak{a} = \emptyset$ und daher $\mathfrak{a}^* = \mathfrak{a}$, also $\tilde{w}$-lim $\mathfrak{a}_\nu = \mathfrak{a}$ in $\tilde{\mathfrak{F}}$. Dual beweist man den anderen Teil des Satzes.

Satz 3. Aus $\mathfrak{a}_\nu \subseteqq \mathfrak{a}_{\nu+1}$ bzw. $\mathfrak{a}_\nu \supseteqq \mathfrak{a}_{\nu+1}$, $\mathfrak{a}_\nu \in \tilde{\mathfrak{F}}$, $\nu = 1, 2, \ldots$, *folgt die Existenz eines* $\mathfrak{a} \in \tilde{\mathfrak{F}}$ *mit* $(\tilde{\mathfrak{F}})\ \mathfrak{a}_\nu \uparrow \mathfrak{a}$ bzw. $(\tilde{\mathfrak{F}})\ \mathfrak{a}_\nu \downarrow \mathfrak{a}$.

Beweis. Es sei $\mathfrak{a}_\nu \subseteqq \mathfrak{a}_{\nu+1}$, $\nu = 1, 2, \ldots$ Zuerst beweist man wie beim vorigen Satz, daß $\tilde{w}$-lim $\mathfrak{a}_\nu = \mathfrak{a}^*$ in $\tilde{\mathfrak{F}}$ existiert und daß

$$\mathfrak{a}_\mu \mathfrak{a}^* = \mathfrak{a}_\mu, \text{ d. h. } \mathfrak{a}_\mu \subseteqq \mathfrak{a}^* \text{ für } \mu = 1, 2, \ldots \tag{1}$$

gilt. Es gilt aber außerdem:

$$\text{Aus } \mathfrak{a}_\nu \mathfrak{b} = \mathfrak{a}_\nu,\ \nu = 1, 2, \ldots,\ \mathfrak{b} \in \tilde{\mathfrak{F}} \text{ folgt:} \tag{2}$$

$\mathfrak{a}^* \mathfrak{b} = (\tilde{w}\text{-lim } \mathfrak{a}_\nu) \cdot \mathfrak{b} = \tilde{w}\text{-lim } \mathfrak{a}_\nu \mathfrak{b} = \tilde{w}\text{-lim } \mathfrak{a}_\nu = \mathfrak{a}^*$, also $\mathfrak{a}^* \mathfrak{b} = \mathfrak{a}^*$, d. h. $\mathfrak{a}^* \subseteqq \mathfrak{b}$.

Wegen (1) und (2) ist aber $\mathfrak{a}^* = (\tilde{\mathfrak{F}}) \bigcup\limits_{\nu=1}^{\infty} \mathfrak{a}_\nu$, d. h. $(\tilde{\mathfrak{F}})\ \mathfrak{a}_\nu \uparrow \mathfrak{a}^*$. Dual beweist man den anderen Teil des Satzes.

Aus den beiden Sätzen 2 und 3 folgt, daß die W. $\tilde{w}$ stetig auf $\tilde{\mathfrak{F}}$ ist und daß $\tilde{\mathfrak{F}}$ ein σ-Boolering ist, d. h. es gilt der

Satz 4. $(\tilde{\mathfrak{F}}, \tilde{w})$ *ist ein* σ*-W-Feld.*

Das σ-W-Feld $(\tilde{\mathfrak{F}}, \tilde{w})$, das wir aus dem W-Feld $(\mathfrak{F}, w)$ durch metrische Vollständigung gewonnen haben, bezeichnen wir als die *w-Hülle* des W-Feldes $(\mathfrak{F}, w)$.

Mit Hilfe der Sätze und Definitionen von Nr. 8.2 beweist man den

Satz 5. Bei der Einbettung $(\mathfrak{F}_0, \tilde{w})$ *von* $(\mathfrak{F}, w)$ *in* $(\tilde{\mathfrak{F}}, \tilde{w})$ *bleiben w-stetige Vereinigungen bzw. Durchschnitte und Grenzelemente von algebraisch konvergenten Folgen, deren Konvergenz w-stetig ist, ungeändert. Die W.* $\tilde{w}$ *ist stets stetig auf* $\mathfrak{F}_0$ *relativ* $\tilde{\mathfrak{F}}$. *Ist insbesondere die W.* w *stetig auf* $\mathfrak{F}$ *vorausgesetzt, so ist die Einbettung* $\mathfrak{F}_0$ *von* $\mathfrak{F}$ *in* $\tilde{\mathfrak{F}}$ σ*-regulär, d. h. die W.* $\tilde{w}$ *stetig auf* $\mathfrak{F}_0$.

Ferner gilt folgender wichtiger

Satz 6. $\tilde{\mathfrak{F}}$ *ist der kleinste* σ*-Booleunterring von* $\tilde{\mathfrak{F}}$ *über* $\mathfrak{F}_0$, *und zwar gilt:* $\tilde{\mathfrak{F}} = \mathfrak{F}_0^{\sigma\delta} = \mathfrak{F}_0^{\delta\sigma} = \mathfrak{F}_0^{l}$[1].

[1] Ist $\mathfrak{B}$ ein σ-Boolering und $\mathfrak{K}$ eine nicht leere Teilmenge von $\mathfrak{B}$, so wird als $\mathfrak{K}^\sigma$ bzw. $\mathfrak{K}^\delta$ die Teilmenge von $\mathfrak{B}$ bezeichnet, die aus $\mathfrak{K}$ durch Adjunktion aller $(\mathfrak{B}) \bigcup\limits_{i \in I} a_i$ bzw. $(\mathfrak{B}) \bigcap\limits_{i \in I} a_i$ mit $a_i \in \mathfrak{K}$ und $|I| \leqq \aleph_0$ entsteht. $\mathfrak{K}^l$ entsteht aus $\mathfrak{K}$ durch Adjunktion aller Grenzwerte $(\mathfrak{B})$ lim alg $a_\nu = a$, mit $a_\nu \in \mathfrak{K}$, $\nu = 1, 2, \ldots$, $\mathfrak{K}^{\sigma\delta}$ bzw. $\mathfrak{K}^{\delta\sigma}$ ist dann $(\mathfrak{K}^\sigma)^\delta$ bzw. $(\mathfrak{K}^\delta)^\sigma$.

Beweis. Wir brauchen nur zu zeigen, daß $\mathfrak{F}_0^{\sigma\delta} \supseteqq \tilde{\mathfrak{F}}$ bzw. $\mathfrak{F}_0^{\delta\sigma} \supseteqq \tilde{\mathfrak{F}}$ bzw. $\mathfrak{F}_0^l \supseteqq \tilde{\mathfrak{F}}$ gilt. Es sei $\mathfrak{b} \in \tilde{\mathfrak{F}}$, dann kann man $\mathfrak{b} = \tilde{w}\text{-}\lim \mathfrak{a}_\nu$ mit $\mathfrak{a}_\nu \in \mathfrak{F}_0$, $\nu = 1, 2, \ldots$, setzen. O. B. d. A. kann angenommen werden, daß $\varrho(\mathfrak{a}_\nu, \mathfrak{a}_{\nu+1}) = \tilde{w}(\mathfrak{a}_\nu \dotplus \mathfrak{a}_{\nu+1}) < \frac{1}{2^\nu}$ gilt, denn jede w-Fundamentalfolge besitzt eine Teilfolge, die diese Bedingung erfüllt und diese Teilfolge kann bei der Darstellung von $\mathfrak{b}$ benutzt werden.

Wir setzen

$$\mathfrak{s}_k = \bigcup_{\nu=k}^{\infty} \mathfrak{a}_\nu, \text{ dann ist } \overline{\lim} \text{ alg } \mathfrak{a}_\nu = \bigcap_{k=1}^{\infty} \mathfrak{s}_k = \bar{\mathfrak{a}}.$$

Daraus folgt nach Satz 2 $\tilde{w}\text{-}\lim \mathfrak{s}_k = \bar{\mathfrak{a}}$. Da aber $\mathfrak{s}_k \dotplus \mathfrak{a}_k \subseteqq \bigcup_{\nu=k}^{\infty} (\mathfrak{a}_\nu \dotplus \mathfrak{a}_{\nu+1})$ gilt[1] und daher

$$\tilde{w}(\mathfrak{a}_k \dotplus \mathfrak{s}_k) \leqq \sum_{\nu=k}^{\infty} \tilde{w}(\mathfrak{a}_\nu \dotplus \mathfrak{a}_{\nu+1}) < \sum_{\nu=k}^{\infty} \frac{1}{2^\nu} = \frac{1}{2^{k-1}},$$

so ist $\{\mathfrak{a}_k \dotplus \mathfrak{s}_k\}_{k=1,2,\ldots}$ eine $\tilde{w}$-Nullfolge, d. h. die $\tilde{w}$-Fundamentalfolgen $\{\mathfrak{a}_k\}$ und $\{\mathfrak{s}_k\}$ haben denselben Grenzwert, d. h. $\bar{\mathfrak{a}} = \mathfrak{b}$.

Wir haben also für jedes $\mathfrak{b} \in \tilde{\mathfrak{F}}$ stets $\mathfrak{b} = \bigcap_{\nu=1}^{\infty} \bigcup_{\tau=0}^{\infty} \mathfrak{a}_{\nu+\tau}$ mit $\mathfrak{a}_\nu \in \mathfrak{F}_0$, $\nu = 1, 2, \ldots$, d. h. $\mathfrak{b} \in \mathfrak{F}_0^{\sigma\delta}$. Es ist deshalb $\tilde{\mathfrak{F}} \subseteqq \mathfrak{F}_0^{\sigma\delta}$.

Wir setzen nun

$$\mathfrak{d}_k = \bigcap_{\nu=k}^{\infty} \mathfrak{a}_\nu, \text{ dann ist } \underline{\lim} \text{ alg } \mathfrak{a}_\nu = \bigcup_{k=1}^{\infty} \mathfrak{d}_k = \underline{\mathfrak{a}}.$$

Nach Satz 2 ist dann $\tilde{w}\text{-}\lim \mathfrak{d}_k = \underline{\mathfrak{a}}$. Es gilt auch hier aus Dualitätsgründen, daß die Folge $\mathfrak{d}_k \dotplus \mathfrak{a}_k$, $k = 1, 2, \ldots$ eine $\tilde{w}$-Nullfolge ist, d. h. $\underline{\mathfrak{a}} = \tilde{w}\text{-}\lim \mathfrak{d}_k = \tilde{w}\text{-}\lim \mathfrak{a}_k = \mathfrak{b}$, also $\mathfrak{b} = \underline{\mathfrak{a}}$; dies bedeutet, daß $\mathfrak{b} = \bigcup_{\nu=1}^{\infty} \bigcap_{\tau=0}^{\infty} \mathfrak{a}_{\nu+\tau}$ mit $\mathfrak{a}_\nu \in \mathfrak{F}_0$, $\nu = 1, 2, \ldots$ gilt, d. h. $\tilde{\mathfrak{F}} \subseteqq \mathfrak{F}_0^{\delta\sigma}$. Es ist nun klar daß auch $\tilde{\mathfrak{F}} = \mathfrak{F}_0^l$ gilt.

8.5.1. Bemerkung. Aus Satz 2 und der Definition der algebraischen Konvergenz folgt:

I. Aus $(\tilde{\mathfrak{F}})$ lim alg $\mathfrak{a}_\nu = \mathfrak{a}$ folgt w-lim $\mathfrak{a}_\nu = \mathfrak{a}$.

Ist umgekehrt $\{\mathfrak{a}_\nu\}$ eine w-Fundamentalfolge in $\tilde{\mathfrak{F}}$, so existiert eine Teilfolge $\{\mathfrak{a}_{k_\nu}\}$ mit $\tilde{w}(\mathfrak{a}_{k_\nu} \dotplus \mathfrak{a}_{k_{\nu+1}}) < \frac{1}{2^\nu}$. Eine w-Fundamentalfolge $\{\mathfrak{a}_{k_\nu}\}$, die diese Bedingung erfüllt, konvergiert algebraisch, wie wir im Beweise des Satzes 6 gezeigt haben, und zwar gegen dasselbe Grenzelement wie die $\tilde{w}$-Fundamentalfolge $\{\mathfrak{a}_\nu\}$. Es gilt also

[1] Vgl. Haupt-Aumann-Pauc [1], Band III, S. 16 Formel III oder Kappos [6].

II. Aus $\tilde{w}$-lim $\mathfrak{a}_\nu = \mathfrak{a}$ in $\tilde{\mathfrak{F}}$ folgt die Existenz einer Teilfolge $\mathfrak{a}_{k_\nu}$, $\nu = 1, 2, \ldots$, mit $(\tilde{\mathfrak{F}})$ lim alg $\mathfrak{a}_{k_\nu} = \mathfrak{a}$.

8.6. Eindeutigkeit der Erweiterung. Ein σ-W-Feld $(\mathfrak{F}', w')$ heißt eine *σ-Erweiterung* eines W-Feldes $(\mathfrak{F}, w)$, wenn ein W-Unterfeld $(\mathfrak{F}_0', w')$ von $(\mathfrak{F}', w')$ mit folgenden Eigenschaften existiert:

1. $(\mathfrak{F}_0', w')$ ist zu $(\mathfrak{F}, w)$ isometrisch, d. h. $(\mathfrak{F}_0', w')$ ist eine isometrische Einbettung von $(\mathfrak{F}, w)$ in $(\mathfrak{F}', w')$.

2. $\mathfrak{F}_0'$ ist eine σ-erzeugende Basis von $\mathfrak{F}'$, d. h. der kleinste σ-Booleunterring von $\mathfrak{F}'$ über $\mathfrak{F}_0'$ fällt mit $\mathfrak{F}'$ zusammen[1].

Aus den Sätzen von Nr. 8.5 folgt nun:

Satz 7. Das σ-W-Feld $(\tilde{\mathfrak{F}}, \tilde{w})$, d. h. die metrische Hülle $(\tilde{\mathfrak{F}}, \tilde{w})$ des W-Feldes $(\mathfrak{F}, w)$ ist eine σ-Erweiterung des W-Feldes $(\mathfrak{F}, w)$.

Es sei $(\mathfrak{F}, w)$ ein σ-*W*-Feld und $(\mathfrak{F}_1, w)$ ein beliebiges W-Unterfeld von $(\mathfrak{F}, w)$, dann ist offenbar die W. w stetig auf $\mathfrak{F}_1$ relativ $\mathfrak{F}$. Es gilt:

Satz 8. Es sei $(\mathfrak{F}, w)$ ein σ-W-Feld und $(\mathfrak{F}_1, w)$ ein W-Unterfeld von $(\mathfrak{F}, w)$ derart, daß $\mathfrak{F}_1$ eine σ-erzeugende Basis von $\mathfrak{F}$ ist. Dann gilt:

$$\mathfrak{F} = \mathfrak{F}_1^{\sigma\delta} = \mathfrak{F}_1^{\delta\sigma} = \mathfrak{F}_1^{l} = \mathfrak{F}_1^{\mu}.$$ [2]

Beweis. $\mathfrak{F}$, aufgefaßt als Punktraum mit der Entfernung $\varrho(a, b) = w(a \dotplus b)$ ist ein vollständiger metrischer Raum. Denn ist $\{a_\nu\}$ eine w-Fundamentalfolge, so können wir annehmen, daß $\varrho(a_\nu, a_{\nu+1}) = w(a_\nu \dotplus a_{\nu+1}) < \frac{1}{2^\nu}$ gilt. Wir bilden $d_k = \bigcap_{\nu=k}^{\infty} a_\nu$, $s_k = \bigcup_{\nu=k}^{\infty} a_\nu$ und haben $d_k \subseteqq a_k \subseteqq s_k$. Die Folgen $\{d_k\}$ und $\{s_k\}$ sind w-Fundamentalfolgen. Man zeigt wie beim Beweise des Satzes 6, daß $\{d_k \dotplus a_k\}$ bzw. $\{s_k \dotplus d_k\}$ w-Nullfolgen sind. Da aber w-lim $d_k =$ lim alg d_k bzw. w-lim $s_k =$ lim alg s_k und w-lim $d_k = w$-lim s_k gilt, so ist w-lim a_ν vorhanden und $=$ lim alg a_ν, d. h. $\mathfrak{F}$ ist, als ein metrischer Raum betrachtet, vollständig. Wegen der Vollständigkeit von $(\mathfrak{F}, w)$ ist $(\mathfrak{F}_1^\mu, w)$ isometrisch zu der w-Hülle $(\tilde{\mathfrak{F}}_1, \tilde{w})$ von $(\mathfrak{F}_1, w)$. $(\mathfrak{F}_1^\mu, w)$ ist deshalb eine isometrische Einbettung von $(\tilde{\mathfrak{F}}_1, \tilde{w})$ in $(\mathfrak{F}, w)$. Da aber die W. $\tilde{w}$ auf $\tilde{\mathfrak{F}}_1$ stetig ist, so ist diese Einbettung σ-regulär. $\mathfrak{F}_1^\mu$ ist also der kleinste σ-Booleunterring von $\mathfrak{F}$ über $\mathfrak{F}_1$, also identisch mit $\mathfrak{F}$. Wendet man nun den Satz 6 an, so erhält man die Behauptung.

Satz 9. Alle σ-Erweiterungen eines W-Feldes $(\mathfrak{F}, w)$ sind isometrisch zueinander (m. a. W. *isometrisch zu der w-Hülle $(\tilde{\mathfrak{F}}, \tilde{w})$ von $(\mathfrak{F}, w)$*).

Beweis. Es sei $(\mathfrak{F}', w')$ eine beliebige σ-Erweiterung von $(\mathfrak{F}, w)$. Es sei ferner $(\mathfrak{F}_0', w')$ bzw. $(\mathfrak{F}_0, \tilde{w})$ eine isometrische Einbettung von $(\mathfrak{F}, w)$ in $(\mathfrak{F}', w')$ bzw. $(\tilde{\mathfrak{F}}, \tilde{w})$. Dann ist $(\mathfrak{F}_0, \tilde{w})$ isometrisch zu $(\mathfrak{F}_0', w')$. Es sei φ

[1] Bezüglich dieser Definition vgl. Anhang Nr. 5.5

[2] Hierbei entsteht $\mathfrak{F}_1^\mu$ aus $\mathfrak{F}_1$ durch Adjunktion aller Grenzelemente w-lim $a_\nu = a$ in $\mathfrak{F}$ mit $a_\nu \in \mathfrak{F}_1$, $\nu = 1, 2, \ldots$

diese Isometrie. Es gilt $\tilde{w}(a) = w'(\varphi(a))$ für jedes $a \in \mathfrak{F}_0$. Daraus folgt: $\{a_\nu\}$ ist eine Fundamentalfolge in $\mathfrak{F}_0$ dann und nur dann, wenn $\{\varphi(a_\nu)\}$ eine Fundamentalfolge in $\mathfrak{F}'_0$ ist. Es gilt: $\tilde{w}$-lim $a_\nu = a$ in $\mathfrak{F}_0$ dann und nur dann, wenn w'-lim $\varphi(a_\nu) = \varphi(a)$ in $\mathfrak{F}'_0$ ist. Setzt man φ zu einer Abbildung $\tilde{\varphi}$ von $\tilde{\mathfrak{F}}$ auf $\mathfrak{F}'$ fort durch die Festsetzung:

$$\text{für jedes } x \in \tilde{\mathfrak{F}} \text{ sei } \tilde{\varphi}(x) = w'\text{-lim}\,\varphi(x_\nu),$$

wobei $\{x_\nu\}$ eine Fundamentalfolge in $\mathfrak{F}_0$ mit $\tilde{w}$-lim $x_\nu = x$ ist, so ist diese Fortsetzung $\tilde{\varphi}$ eindeutig bestimmt (d. h. unabhängig von der Wahl der $\tilde{w}$-Fundamentalfolge in $\mathfrak{F}_0$, die gegen $x \in \tilde{\mathfrak{F}}$ $\tilde{w}$-konvergiert) und erklärt eine Isometrie zwischen $\tilde{\mathfrak{F}}$ und $\mathfrak{F}'$, die für die Booleunterringe $\mathfrak{F}_0$ und $\mathfrak{F}'_0$ mit φ zusammenfällt. Damit ist der Satz bewiesen.

Bemerkung. Die σ-Erweiterung (w-Hülle) $(\tilde{\mathfrak{F}}, \tilde{w})$ von $(\mathfrak{F}, w)$ ist von der W. w abhängig. Eine Änderung der W. kann auch die algebraische Struktur der Hülle $\tilde{\mathfrak{F}}$ ändern (vgl. 8.11, Bemerkung).

8.7. Stabilität. Wie wir bis jetzt gezeigt haben, kann man jedem W-Feld $(\mathfrak{F}, w)$ bis auf Isometrie eindeutig ein σ-W-Feld $(\tilde{\mathfrak{F}}, \tilde{w})$ zuordnen, welches eine σ-Erweiterung von $(\mathfrak{F}, w)$ ist. Es wurde gezeigt, daß $\tilde{\mathfrak{F}}$ ein σ-Boolering ist und $\tilde{w}$ eine stetige W. auf $\tilde{\mathfrak{F}}$ ist. Es gilt aber außerdem der:

Satz 10. *Es sei $(\mathfrak{F}', w')$ ein σ-W-Feld* (d. h. *$\mathfrak{F}'$ ein σ-Boolering und w' eine stetige W. auf $\mathfrak{F}'$), dann ist $\mathfrak{F}'$ ein Voll-Boolering, d. h. stabil für Vereinigungen und Durchschnitte von beliebig vielen Elementen*[1].

Beweis. Es sei $\{x_i\}_{i\in I}$ eine beliebige Familie aus $\mathfrak{F}'$. Es bezeichne $\mathfrak{E}$ das System aller endlichen Teilmengen von I und für jedes $E \in \mathfrak{E}$ $s_E = \bigcup\limits_{i\in E} x_i$, dann existiert offenbar:

$$\sup_{E\in\mathfrak{E}} w'(s_E) = \alpha \text{ und ist } \leqq 1.$$

Aus der Definition des Supremums folgt: Jedem ν können wir eine endliche Teilmenge $E_\nu \in \mathfrak{E}$ zuordnen, so daß $w'(s_{E_\nu}) \geqq \alpha - \frac{1}{2^\nu}$ gilt. Nun ist:

$$\varrho\left(s_{E_\nu}, s_{E_\mu}\right) \leqq \varrho\left(s_{E_\mu}, s_{E_\mu \cup E_\nu}\right) + \varrho\left(s_{E_\mu\cup E_\nu}, s_{E_\nu}\right)$$

$$= w'\left(s_{E_\mu\cup E_\nu}\right) - w'\left(s_{E_\mu}\right) + w'\left(s_{E_\mu\cup E_\nu}\right) - w'\left(s_{E_\nu}\right) \leqq \frac{1}{2^\mu} + \frac{1}{2^\nu},$$

d. h. $\left\{s_{E_\nu}\right\}_{\nu=1,2,\ldots}$ ist eine Fundamentalfolge in $\mathfrak{F}'$. Es sei w'-lim $s_{E_\nu} = s \in \mathfrak{F}'$ (der wegen der metrischen Vollständigkeit von $\mathfrak{F}'$ stets existiert). Es ist offensichtlich $w'(s) = \alpha$. Nun ist für ein beliebiges $i \in I$:

$$w'(x_i \cup s) - w'(s) = \lim_{\nu\to\infty}\left(w'\left(x_i \cup s_{E_\nu}\right) - w'\left(s_{E_\nu}\right)\right) \leqq \lim_{\nu\to\infty} \frac{1}{2^\nu} = 0. \qquad (1)$$

[1] Bezüglich dieses Begriffes vgl. Anhang Nr. 5.2.

Denn es ist $\alpha \geqq w'\left(x_i \cup s_{E_\nu}\right) \geqq w'\left(s_{E_\nu}\right) \geqq \alpha - \frac{1}{2^\nu}$, $\nu = 1, 2, \ldots$, also

$$w'\left(x_i \cup s_{E_\nu}\right) - w'\left(s_{E_\nu}\right) \leqq \frac{1}{2^\nu}, \ \nu = 1, 2, \ldots$$

Aus (1) aber folgt:

$$x_i \cup s = s, \text{ d. h. } x_i \subseteqq s \text{ für jedes } i \in I. \tag{2}$$

Es sei nun $y \in \mathfrak{F}'$ mit $y \supseteqq x_i$, $i \in I$, dann ist $y \supseteqq s_{E_\nu}$, $\nu = 1, 2, \ldots$, d. h. $y \cap s_{E_\nu} = s_{E_\nu}$, also auch $y \cap s = s$, d. h. $y \supseteqq s$. Es wurde also gezeigt:

$$\text{Für jedes } y \in \mathfrak{F}' \text{ mit } y \supseteqq x_i,\ i \in I, \text{ folgt } y \supseteqq s. \tag{3}$$

Aus (2) und (3) folgt nun, daß $\bigcup_{i \in I} x_i = s$ gilt. $\mathfrak{F}'$ ist also stabil gegenüber der Bildung von beliebigen Vereinigungen. Daraus aber folgt die Stabilität von $\mathfrak{F}'$ auch gegenüber von beliebigen Durchschnitten, d. h. $\mathfrak{F}'$ ist ein Voll-Boolering.

8.8. Verschiedene Bemerkungen. Es entsteht nun die Frage, wann ein Boolering, insbesondere also ein σ-Boolering eine stetige W. tragen kann. Zuerst bemerken wir, daß ein σ-Boolering, der nicht ein Voll-Boolering ist, keine stetige W. tragen kann. Dies folgt unmittelbar aus Satz 10. Es gibt außerdem Voll-Booleringe, die keine stetige W. tragen können, z. B. jeder Voll-Boolering der Form $\mathfrak{P}(E)$ mit einer Grundmenge E, deren Mächtigkeit $> \aleph_0$ ist. Dies folgt leicht aus der Striktpositivität der W. und der Tatsache, daß der Boolering $\mathfrak{P}(E)$ atomar mit überabzählbar vielen Atomen ist. Es gibt aber auch atomfreie Booleringe, die keine stetige W. tragen können.

α) Man kann nämlich folgenden Satz beweisen:

Satz 11. *Ein atomfreier und algebraisch separabler Boolering $\mathfrak{B}$ kann keine stetige W. tragen.*

Beweis. Es sei $\mathfrak{B}$ ein atomfreier und algebraisch separabler Boolering. Angenommen w ist eine stetige W. auf $\mathfrak{B}$. Es sei $\{x_1, x_2, \ldots\}$ ein abzählbares und algebraisch dichtes Teilsystem in $\mathfrak{B}$. Es seien ferner $\varepsilon_1, \varepsilon_2, \ldots$ abzählbar unendlich viele positive Zahlen mit $\sum_{\nu=1}^{\infty} \varepsilon_\nu < 1$. Zu jedem ν existiert ein $y_\nu \in \mathfrak{B}$ mit $y_\nu \subseteqq x_\nu$ und $w(y_\nu) < \varepsilon_\nu$, $y_\nu \neq \emptyset$. Aus der Tatsache nämlich, daß $\mathfrak{B}$ atomfrei ist, folgt zuerst die Existenz eines $z \in \mathfrak{B}$, $z \neq \emptyset$, mit $z \subset x_\nu$, dann ist aber $\emptyset \neq x_\nu - z = z' \subset x_\nu$ und offensichtlich die W. von z oder $z' \leqq \frac{1}{2} w(x_\nu)$. Es läßt sich deshalb eine absteigende Folge $z_k \supset z_{k+1}$, $k = 1, 2, \ldots$ mit $z_k \neq \emptyset$, $z_k \subset x_\nu$ für jedes $k = 1, 2, \ldots$, und $w(z_k) \geqq \frac{1}{2} w(z_{k+1})$ bilden. Dann existiert aber ein Index k_0 derart, daß $w(z_{k_0}) < \varepsilon_\nu$. Es genügt also $y_\nu = z_{k_0}$ zu wählen. Da nun $\sum_{\nu=1}^{\infty} w(y_\nu) < 1$ gelten soll, kann nicht $\bigcup_{\nu=1}^{\infty} y_\nu = e$ sein. Es existiert deshalb ein $x \in \mathfrak{B}$ mit $x \neq e$ und $y_\nu \subseteqq x$ für jedes $\nu = 1, 2, \ldots$ Dann ist aber $x^c \neq \emptyset$ und für kein $\nu = 1, 2, \ldots$ gilt $x^c \supseteqq x_\nu$, weil $x_\nu \supseteqq y_\nu \neq \emptyset$ ist. Dies ist aber ein Widerspruch zu der Annahme, daß $\{x_1, x_2, \ldots\}$ algebraisch dicht in $\mathfrak{B}$ liegt. Hiermit ist Satz 11 bewiesen.

Wir bemerken, daß die strikte Positivität der W. beim Beweise des Satzes 11 nicht benutzt wurde. *Ein atomfreier und algebraisch separabler Boolering kann deshalb auch keine stetige Quasi-Wahrscheinlichkeit tragen, also auch keine zweiwertige stetige Quasi-Wahrscheinlichkeit.* Ein wichtiges Beispiel eines Voll-Booleringes, der atomfrei und algebraisch separabel ist, ist der Restklassen-Boolering des σ-Körpers der Borel-Teilmengen des Intervalles $E = \{x: 0 \leqq x < 1\}$ mod. des Ideales aller Borel-Teilmengen der ersten Kategorie.

β) Man kann sehr leicht zeigen, daß jeder Boolering $\mathfrak{B}$, der mindestens ein Atom besitzt, stets eine stetige zweiwertige Quasi-W. tragen kann; ist insbesondere $\mathfrak{B}$ ein atomarer Boolering, so kann für jedes Element $a \neq \emptyset$ in $\mathfrak{B}$ die stetige Quasi-W. derart definiert werden, daß $w(a) = 1$ gilt. Zum Beweise dieser Tatsache bemerken wir, wenn $b = a$ ein Atom in $\mathfrak{B}$ ist, und eine Funktion v in $\mathfrak{B}$ folgendermaßen erklärt wird: $v(x) = 0$ oder $v(x) = 1$ je nachdem $b \subseteqq x^c$ oder $b \subseteqq x$ gilt, so ist v eine zweiwertige stetige Quasi-W. auf $\mathfrak{B}$ mit $v(b) = 1$. Ist a beliebig und existiert ein Atom in $\mathfrak{B}$ mit $b \subseteqq a$, dann erklären wir: $v(x) = 0$ oder $v(x) = 1$ auch je nachdem $b \subseteqq x^c$ oder $b \subseteqq x$ gilt. v ist auch dann eine stetige zweiwertige Quasi-W. auf $\mathfrak{B}$ und es gilt $v(a) = 1$.

Aus β) und Satz 11 folgt nun:

γ) Ein algebraisch separabler Boolering kann dann und nur dann eine stetige Quasi-W. tragen, wenn er mindestens ein Atom besitzt.

8.9. Einiges über die algebraische Struktur der W-Felder mit stetiger Wahrscheinlichkeit: Es sei $(\mathfrak{F}, w)$ ein σ-W-Feld, dann ist $\mathfrak{F}$ ein Voll-Boolering (vgl. Nr. 8.7). In $\mathfrak{F}$ gilt aber nicht stets das σ-distributive Gesetz im erweiterten Sinne (vgl. Anhang Nr. 5.10). Man kann aber zeigen, daß in $\mathfrak{F}$ das schwache σ-distributive Gesetz (vgl. Anhang Nr. 5.10) gilt. Dies folgt aus folgendem Satz:

Satz 12. Jeder Boolering $\mathfrak{B}$, der eine stetige W. tragen kann, ist schwach σ-distributiv.

Beweis: Es sei $a_{i,j}$ eine Doppelfolge von Elementen aus $\mathfrak{B}$ mit $a_{i,j} \subseteqq a_{i,j+1}$ für $i, j = 1, 2, 3, \ldots$ Es bezeichne N die Gesamtheit aller unendlichen Folgen $n = \{n_1, n_2, \ldots\}$ von natürlichen Zahlen. Es sei ferner

$$(\mathfrak{B}) \bigcup_{j=1}^{\infty} a_{i,j} = a_i \in \mathfrak{B} \quad \text{bzw.} \quad (\mathfrak{B}) \bigcap_{i=1}^{\infty} a_i \in \mathfrak{B}, \quad (\mathfrak{B}) \bigcap_{i=1}^{\infty} a_{i,n_i} \in \mathfrak{B}$$

für jedes $n \in N$.

Wir zeigen: Es existiert $(\mathfrak{B}) \bigcup_{n \in N} \bigcap_{i=1}^{\infty} a_{i,n_i} \in \mathfrak{B}$ und es gilt:

$$(\mathfrak{B}) \bigcap_{i=1}^{\infty} \bigcup_{j=1}^{\infty} a_{i,j} = \bigcup_{n \in N} \bigcap_{i=1}^{\infty} a_{i,n_i}. \tag{D}$$

Wir setzen $a = (\mathfrak{B}) \bigcap_{i=1}^{\infty} a_i$ und betrachten eine strikt positive und σ-additive W. w auf $\mathfrak{B}$, die nach Voraussetzung vorhanden ist, dann haben wir wegen der Stetigkeit von w:

$$w(a_i) = \lim_{j\to\infty} w(a_{i,j}) \text{ für jedes } i = 1, 2, \ldots$$

Zu beliebigen $\varepsilon > 0$ und $i = 1, 2, \ldots$ existiert deshalb eine natürliche Zahl k_i derart, daß

(1): $$w(a_{i,k_i}) > w(a_i) - \frac{\varepsilon}{2^i}, \text{ also auch } w(a_i\, a^c_{i,k_i}) < \frac{\varepsilon}{2^i}$$

gilt; da $\{k_1, k_2, \ldots\} \in N$, so existiert $(\mathfrak{B}) \bigcap_{i=1}^{\infty} a_{i,k_i} = b_k \in \mathfrak{B}$ und wir haben:

$$d \underset{\text{Def}}{=\!=} a \cdot b^c_k = a \cdot \bigcup_{i=1}^{\infty} a^c_{i,k_i}.$$

Die Existenz aber von $(\mathfrak{B}) \bigcup_{i=1}^{\infty} a^c_{i,k_i}$ in $\mathfrak{B}$ sichert bekanntlich die Existenz von $(\mathfrak{B}) \bigcup_{i=1}^{\infty} a \cdot a^c_{i,k_i}$ in $\mathfrak{B}$, und es gilt:

$$d = a\, b^c_k = a \cdot \bigcup_{i=1}^{\infty} a^c_{i,k_i} = \bigcup_{i=1}^{\infty} a \cdot a^c_{i,k_i}.$$ [1]

Daraus und aus $a \subseteqq a_i$ mit Berücksichtigung von (1) folgt:

$$w(d) \leqq \sum_{i=1}^{\infty} w(a \cdot a^c_{i,k_i}) \leqq \sum_{i=1}^{\infty} w(a_i\, a^c_{i,k_i}) < \varepsilon.$$

Wir betrachten nun ein $x \in \mathfrak{B}$ mit $x \supseteqq \bigcap_{i=1}^{\infty} a_{i,n_i}$, für jedes $n \in N$, dann ist auch $x \supseteqq \bigcap_{i=1}^{\infty} a_{i,k_i} = b_k = a - d$, also

$$w(x) \geqq w\left(\bigcap_{i=1}^{\infty} a_{i,k_i}\right) = w(a) - w(d) > w(a) - \varepsilon$$

und weil $\varepsilon > 0$ beliebig klein gewählt werden kann, so ist $w(x) \geqq w(a)$. Da die linke Seite in (D) in jedem Verband die rechte stets enthält, so ist

$$a \supseteqq \bigcap_{i=1}^{\infty} a_{i,n_i} \text{ für jedes } n \in N.$$

Da diese Eigenschaft auch x hat, so gilt $a\,x \supseteqq \bigcap_{i=1}^{\infty} a_{i,n_i}$ für jedes $n \in N$. Dann zeigt man aber, wie vorher, daß $w(a\,x) \geqq w(a)$ gilt. Aus $w(a\,x) \geqq$

[1] Die Operationen sind als in $\mathfrak{B}$ durchgeführt zu verstehen.

$w(a) \geqq w(a\,x)$ folgt aber $w(a\,x) = w(a)$, was gleichbedeutend mit $a\,x = a$, d. h. $a \subseteqq x$ ist. a ist deshalb die kleinste obere Schranke von allen $\bigcap_{i=1}^{\infty} a_{i,n_i}$, $n \in N$. (D) ist also bewiesen und damit auch unser Satz.

Es ist jetzt sehr leicht folgenden Satz zu beweisen (vgl. HORN-TARSKI [1]).

Satz 13. Für jeden algebraisch separablen Boolering sind folgende Aussagen äquivalent:

I. $\mathfrak{B}$ *kann eine σ-additive W. tragen.*

II. $\mathfrak{B}$ *ist atomar.*

III. *In* $\mathfrak{B}$ *gilt das schwache σ-distributive Gesetz.*

8.9.1. In der oben genannten Arbeit von HORN-TARSKI, wie auch in den folgenden Arbeiten: DOROTHY MAHARAM [1], S. ENOMOTO [1], E. G. SMITH and A. TARSKI [1] werden weitere Kriterien angegeben, die ein Boolering erfüllen muß, um σ-additive Wahrscheinlichkeiten tragen zu können.

8.9.2. Bekanntlich (vgl. 6.1) kann jeder Boolering $\mathfrak{B}$ auf einen Körper $\mathfrak{K}$ von Teilmengen einer Grundmenge Ω isomorph abgebildet werden. Trägt nun $\mathfrak{B}$ eine W. bzw. Quasi-W. w, so wird durch $\mu\,(\varphi(x)) = w(x)$, $\varphi(x) \in \mathfrak{K}$ für jedes $x \in \mathfrak{B}$, wobei φ die Isomorphie von $\mathfrak{B}$ auf $\mathfrak{K}$ bedeutet, auch eine W. bzw. Quasi-W. μ auf $\mathfrak{K}$ definiert. Das W-Feld bzw. Quasi-W-Feld $(\mathfrak{B}, w)$ ist dann isometrisch zu $(\mathfrak{K}, \mu)$. E. HEWITT [1] und H. BAUER [1] haben nun folgenden Satz bewiesen.

Satz 14. Es sei $(\mathfrak{F}, w)$ *ein Quasi-W-Feld, wobei* $\mathfrak{F}$ *ein Booleunterring eines Booleringes* $\mathfrak{F}'$ *ist, dann ist die Quasi-W.* w *auf* $\mathfrak{F}$ *stetig (σ-additiv) relativ* $\mathfrak{F}'$*, dann und nur dann, wenn für jeden separierten Isomorphismus* ψ *von* $\mathfrak{F}'$ *auf einen Körper* $\mathfrak{K}'$ *von Teilmengen einer Grundmenge* Ω (vgl. Nr. 6.3) *(der auch den Boolering* $\mathfrak{F}$ *auf einen Unterkörper* $\mathfrak{K}$ *von* $\mathfrak{K}'$ *abbildet), die durch:*

$$\mu\,(\psi(x)) = w(x),\ \psi(x) \in K \text{ für jedes } x \in \mathfrak{B}$$

definierte Quasi-W. μ *auf* $\mathfrak{K} = \psi(\mathfrak{F})$ *mengentheoretisch stetig (σ-additiv) ist.*

Im Satz 14 kann auch $\mathfrak{F} = \mathfrak{F}'$ vorausgesetzt werden.

8.9.3. Bei vielen wichtigen Booleringen, die keine σ-Booleringe sind und eine W. bzw. Quasi-W. tragen, stellt man fest, daß die W. nicht σ-additiv ist, z. B. kann man zu jedem Intervallfeld, das keine Atome besitzt, eine W. zuordnen, die nicht σ-additiv ist. I. L. HODGES (vgl. HORN-TARSKI [1]) hat ein Beispiel eines Booleringes gegeben, der kein σ-Boolering ist und eine stetige W. tragen kann. Der Boolering $\mathfrak{B}$ von HODGES besteht aus den endlichen Teilmengen der Menge der natürlichen Zahlen und deren Komplementärmengen, ist also ein Booleunterring, des Booleringes $\mathfrak{F}^{\aleph_0}$ aller Teilmengen der Menge der natürlichen

Zahlen. $\mathfrak{B}$ ist algebraisch separabel, aber atomar und kein σ-Boolering. Man zeigt leicht, daß $\mathfrak{B}$ ein σ-regulärer Booleunterring des Booleringes $\mathfrak{F}^{\aleph_0}$ ist. Jede stetige W. auf $\mathfrak{F}^{\aleph_0}$ ist deshalb nach Satz 1 Nr. 7.3 auch stetig auf $\mathfrak{B}$. Daß $\mathfrak{B}$ algebraisch separabel und atomar ist, hat auch als Folgerung die Existenz einer stetigen W. auf $\mathfrak{B}$.

8.10. Rein endlich additive Wahrscheinlichkeit bzw. Quasi-Wahrscheinlichkeit. Es sei $\mathfrak{B}$ ein Booleunterring eines Booleringes $\mathfrak{B}'$. Auf $\mathfrak{B}$ sei eine W. bzw. Quasi-W. w definiert. Wir betrachten alle auf $\mathfrak{B}$ definierten reellen Funktionen μ, die nicht negativ und additiv sind, mit $\mu(e) \leqq 1$. Eine solche Funktion μ bezeichnen wir kurz als ein Maß auf $\mathfrak{B}$. Insbesondere ist jede Quasi-W. auf $\mathfrak{B}$ ein Maß. Ein Maß auf $\mathfrak{B}$ heißt σ-additiv relativ $\mathfrak{B}'$, wenn für jede Folge $a_1, a_2, \ldots$ aus $\mathfrak{B}$ mit $a_i \cap a_j = \emptyset$, für $i \neq j$, und $(\mathfrak{B}') \bigcup\limits_{i=1}^{\infty} a_i = a \in \mathfrak{B}$ gilt $\mu(a) = \sum\limits_{i=1}^{\infty} \mu(a_i)$.

Eine W. bzw. eine Quasi-W. bzw. allgemein ein Maß w auf $\mathfrak{B}$ heißt nun *rein endlich additiv relativ* $\mathfrak{B}'$, wenn aus $0 \leqq \mu \leqq w$ [1] folgt $\mu = 0$ für jedes relativ $\mathfrak{B}'$ σ-additive Maß μ auf $\mathfrak{B}$. E. HEWITT [1] und H. BAUER [1] haben gezeigt, daß jede W. bzw. Quasi-W. bzw. allgemein jedes Maß w, das auf $\mathfrak{B}$ definiert ist, sich auf genau eine Weise als Summe eines relativ $\mathfrak{B}'$ σ-additiven Maßes μ_c und eines relativ $\mathfrak{B}'$ rein-endlich additiven Maßes μ_p darstellen läßt. Man bezeichnet μ_c als den relativ $\mathfrak{B}'$ σ-additiven und μ_p als den relativ $\mathfrak{B}'$ rein-endlich additiven Teil von w. Nach H. BAUER [1] kann der relativ $\mathfrak{B}'$ σ-additive Teil μ_c von w wie folgt berechnet werden:

Man definiert auf $\mathfrak{B}'$ mit Hilfe von w auf $\mathfrak{B}$ ein äußeres Maß w^* wie folgt: Für jedes $a \in \mathfrak{B}$ wird gesetzt:

$$w^*(a) = \inf \sum_{i=1}^{\infty} w(x_i), \quad a = (\mathfrak{B}') \bigcup_{i=1}^{\infty} x_i, \quad x_i \in \mathfrak{B}, \quad x_i \cap x_j = \emptyset, \quad i \neq j,$$

d.h. das Infimum über alle Summen $\sum w(x_i)$, welche sich für Folgen $x_1, x_2, \ldots$ von paarweise fremden Elementen aus $\mathfrak{B}$ ergeben, deren Vereinigung in $\mathfrak{B}'$ gleich $a \in \mathfrak{B}$ ist. Dann gilt, wie BAUER bewiesen hat:

$$\mu_c(a) = w^*(a) \text{ für jedes } a \in \mathfrak{B}.$$

Aus diesem Satz folgt nun:

α) Ein Maß w auf $\mathfrak{B}$ ist dann und nur dann relativ $\mathfrak{B}'$ rein-endlich additiv, wenn zu beliebigen $\varepsilon > 0$ eine Folge $\{x_i\}_{i=1,2,\ldots}$ paarweise fremder Elemente aus $\mathfrak{B}$ existiert mit: $a = (\mathfrak{B}') \bigcup\limits_{i=1}^{\infty} x_i$ und $\sum\limits_{i=1}^{\infty} w(x_i) < \varepsilon$.

Wir erwähnen auch folgendes Kriterium für die rein-endliche Additivität (vgl. BAUER [1]).

[1] $0 \leq \mu \leq w$ bedeutet $0 \leq \mu(x) \leq w(x)$ für alle $x \in \mathfrak{B}$.

β) Ein Maß w auf $\mathfrak{B}$ ist dann und nur dann relativ $\mathfrak{B}'$ rein-endlich additiv, wenn für mindestens einen separierten Isomorphismus ψ von $\mathfrak{B}'$ auf einen Körper $\mathfrak{K}'$ von Teilmengen einer Grundmenge Ω, das Maß $\mu\big(\psi(x)\big) = w(x)$, $\psi(x) \in \mathfrak{K}$, für alle $x \in \mathfrak{B}$ mengentheoretisch (d. h. relativ $\mathfrak{P}(\Omega)$) rein-endlich additiv auf $\mathfrak{K}$ ist. Hierbei ist $\mathfrak{K}$ der Unterkörper von $\mathfrak{K}'$, der aus allen $\psi(x)$ für $x \in \mathfrak{B}$ besteht.

8.11. Topologische Bemerkungen. Es sei $(\mathfrak{F}, w)$ ein σ-W-Feld; dann induziert die w-Konvergenz eine Topologie auf $\mathfrak{F}$. $\mathfrak{F}$ ist bezüglich dieser Topologie ein vollständiger metrischer Raum, und zwar ist diese Topologie unabhängig von der Wahl der W. auf $\mathfrak{F}$. Es gilt nämlich folgender

Satz. 14. *Es sei $\mathfrak{F}$ ein σ-Boolering und w bzw. v stetige (σ-additive) Wahrscheinlichkeiten auf $\mathfrak{F}$. Es sei ferner a_ν, $\nu = 1, 2, \ldots$, eine Folge aus $\mathfrak{F}$, dann gilt:*

Es ist w-$\lim a_\nu = a$ in $\mathfrak{F}$ dann und nur dann, wenn v-$\lim a_\nu = a$ in $\mathfrak{F}$ ist.

Beweis. Aus w-$\lim a_\nu = a$ folgt (vgl. 8.5.1, II) die Existenz einer Teilfolge a_{k_ν}, $\nu = 1, 2, \ldots$, mit $\lim \operatorname{alg} a_{k_\nu} = a$. Nach Nr. 8.5.1 ist aber dann v-$\lim a_{k_\nu} = a$, d. h. $\lim v(a_{k_\nu} \dotplus a) = 0$. Ist allgemeiner a_{μ_ν}, $\nu = 1, 2, \ldots$, eine beliebige Teilfolge von a_ν, $\nu = 1, 2, \ldots$, so existiert eine Teilfolge $a_{\mu_{\varrho_\nu}}$, $\nu = 1, 2, \ldots$, mit $\lim v(a_{\mu_{\varrho_\nu}} \dotplus a) = 0$. Letzteres aber ist gleichbedeutend mit $\lim v(a_\nu \dotplus a) = 0$, d. h. v-$\lim a_\nu = a$. Die Umkehrung beweist man analog.

Bemerkung. Wenn $\mathfrak{F}$ ein Boolering, aber kein σ-Boolering ist, und w und v zwei Wahrscheinlichkeiten auf $\mathfrak{F}$, die verschieden sind, dann braucht die w-Hülle $(\tilde{\mathfrak{F}}_w, \tilde{w})$ nicht zu der v-Hülle $(\tilde{\mathfrak{F}}_v, \tilde{v})$ isometrisch zu sein (vgl. auch Bemerkung zu Nr. 8.6), sogar der σ-Boolering $\tilde{\mathfrak{F}}_w$ braucht nicht zum σ-Boolering $\tilde{\mathfrak{F}}_v$ isomorph zu sein (vgl. Beispiele Nr. 11.6, Bemerkung 2).

Aus Satz 14 folgt:

Satz 15. *Es seien $(\mathfrak{F}, w)$ und $(\mathfrak{G}, v)$ zwei σ-W-Felder, dann ist jeder Isomorphismus φ von $\mathfrak{F}$ auf $\mathfrak{G}$ ein Homöomorphismus zwischen den metrischen Räumen $\mathfrak{F}$ und $\mathfrak{G}$.*

Es gilt ferner

Satz 16. *Ist der σ-Boolering $\mathfrak{F}$ eines σ-W-Feldes $(\mathfrak{F}, w)$ atomar, so ist der metrische Raum $\mathfrak{F}$ kompakt.*

Beweis. $\mathfrak{F}$ kann bekanntlich höchstens abzählbar viele Atome haben. Ist die Anzahl der Atome endlich, so ist auch die Anzahl der Elemente von $\mathfrak{F}$ endlich, also $\mathfrak{F}$ ist kompakt. Es seien also unendlich viele Atome; die wir, wie folgt, numeriert denken:

(A): $$a_1, a_2, a_3, \ldots$$

Es genügt zu zeigen, daß $\mathfrak{F}$ homöomorph zum Cantorschen Diskontinuum C ist, das man bekanntlich als die Menge derjenigen Punkte ξ der Zahlengerade definiert, die eine Entwicklung in einen triadischen Bruch

$$(\mathrm{T}): \quad \xi = \frac{\psi_1}{3} + \frac{\psi_2}{3^2} + \cdots + \frac{\psi_\nu}{3^\nu} + \cdots, \text{wobei } \psi_\nu = 0 \text{ oder } 2,\ \nu = 1, 2, \ldots,$$

zulassen. Einen Homöomorphismus von C auf $\mathfrak{F}$ erhalten wir dann durch die Abbildung f, die jedem $\xi \in C$ als Bild ein Element $f(\xi) = x \in \mathfrak{F}$ zuordnet, wobei x die Vereinigung von allen Atomen a_ν aus (A) ist, für welche die entsprechende Ziffer ψ_ν der Darstellung (T) von ξ gleich 2 ist. Diese Abbildung ist offenbar eineindeutig und stetig, also ein Homöomorphismus von C auf $\mathfrak{F}$. Damit ist der Satz bewiesen.

Man kann auch die Umkehrung dieses Satzes beweisen (vgl. Nr. 11.7, Satz VII).

Kapitel III

9. Wahrscheinlichkeitsräume

9.1. Mengentheoretische Stetigkeit (σ-Additivität). Es sei Ω eine Grundmenge (ein Raum). Dann bezeichnen wir durch $\mathfrak{P}(\Omega)$ den Boolering aller Teilmengen der Grundmenge Ω. Es sei ferner $\mathfrak{R}$ ein Booleunterring von $\mathfrak{P}(\Omega)$, also im klassischen Sinne (vgl. Kolmogoroff [1]) ein Körper von Teilmengen der Grundmenge Ω, der Ω als Element enthält.

Eine Quasi-W. v auf $\mathfrak{R}$ heißt *mengentheoretisch stetig* (vgl. Kolmogoroff [1], S. 15) auf $\mathfrak{R}$, wenn gilt:

(M_S) Für jede Folge $A_\nu \supseteqq A_{\nu+1}$, $A_\nu \in \mathfrak{R}$, $\nu = 1, 2, \ldots$ mit

$$\left(\mathfrak{P}(\Omega)\right) \bigcap_{\nu=1}^{\infty} A_\nu = \emptyset \text{ gilt } \lim_{\nu\to\infty} v(A_\nu) = 0,$$

d. h. wenn sie stetig auf $\mathfrak{R}$ relativ $\mathfrak{P}(\Omega)$ ist (vgl. Nr. 7.4 und 7.5). Die Eigenschaft (M_S) ist gleichwertig zu der mengentheoretischen σ-Additivität (Totaladditivität) der Quasi-W. v auf $\mathfrak{R}$, d. h.:

(M_T) Für jede Folge $A_\nu \in \mathfrak{R}$, $\nu = 1, 2, \ldots$, mit $\left(\mathfrak{P}(\Omega)\right) \bigcup_{\nu=1}^{\infty} A_\nu =$ $A \in \mathfrak{R}$ und $A_j A_i = \emptyset$ für $i \neq j$ gilt $v(A) = \sum_{\nu=1}^{\infty} v(A_\nu)$.

9.2. Der Begriff des Wahrscheinlichkeitsraumes. Darstellung von W-Feldern durch Wahrscheinlichkeitsräume. Bedeutet Ω eine (nicht leere) Grundmenge, $\mathfrak{R}$ einen Booleunterring von $\mathfrak{P}(\Omega)$, der Ω enthält und v eine mengentheoretisch *stetige* Quasi-W. auf $\mathfrak{R}$, so bezeichnen wir $(\Omega, \mathfrak{R}, v)$ als einen *Wahrscheinlichkeitsraum*, kurz *W-Raum*[1]. Es gilt folgender

[1] Kolmogoroff bezeichnet dann $(\mathfrak{R}, v)$ als ein Wahrscheinlichkeitsfeld die Punkte von Ω als elementare Ereignisse und jedes $X \in \mathfrak{R}$ als ein Ereignis.

Satz 1. Jedes W-Feld bzw. Quasi-W-Feld $(\mathfrak{F}, w)$ *kann stets durch einen W-Raum* $(\Omega, \mathfrak{K}, v)$ *dargestellt werden, derart, daß der Körper* $\mathfrak{K}$ *isomorph zum Feld* $\mathfrak{F}$ *ist und* $(\mathfrak{K}, v)$ *isometrisch zu* $(\mathfrak{F}, w)$ *ist.* $(\Omega, \mathfrak{K}, v)$ *heißt dann eine Darstellung von* $(\mathfrak{F}, w)$ *durch einen W-Raum.*

Beweis. Nach Satz 2 in 6.1 existiert ein Grundraum Ω und ein Körper $\mathfrak{K}$ von Teilmengen der Grundmenge Ω, der zum Booleriug $\mathfrak{F}$ isomorph ist. Es sei φ die Isomorphie von $\mathfrak{F}$ auf $\mathfrak{K}$, dann definieren wir: $v(\varphi(x)) = w(x)$, $\varphi(x) \in \mathfrak{K}$ für jedes $x \in \mathfrak{F}$. Hiermit erhalten wir eine Funktion v auf $\mathfrak{K}$, die eine Quasi-W. ist. $(\mathfrak{F}, w)$ ist offenbar isometrisch zu $(\mathfrak{K}, v)$. Es bleibt nun zu zeigen, daß v mengentheoretisch stetig ist. Ω ist (nach 6.3) ein total unzusammenhängender kompakter (HAUSDORFF-) Raum, wenn man $\mathfrak{K}$ als eine offene Basis der Topologie von Ω betrachtet. $\mathfrak{K}$ ist das System aller zugleich offenen und abgeschlossenen Mengen in Ω. Es gibt deshalb keine Menge $X \in \mathfrak{K}$, die in unendlich viele nicht leere Mengen aus $\mathfrak{K}$, die fremd zueinander sind, zerlegt werden kann. Denn ist: $X = \bigcup_{i=1}^{\infty} X_i$, $X_i X_j = \emptyset$ für $i \neq j$, so ist $X = \bigcup_{i=1}^{n} X_i$ für ein n und $X_i = \emptyset$ für $i > n$. Damit ist aber gezeigt worden, daß v auf $\mathfrak{K}$ (trivialerweise) mengentheoretisch σ-additiv, also auch mengentheoretisch stetig auf $\mathfrak{K}$ ist.

9.3. Darstellung eines W-Feldes mit geordneter Basis. Beim Beweise des Satzes 1 haben wir die Stonesche Darstellung $(\Omega, \mathfrak{K})$ für den Boolering $\mathfrak{F}$ des W-Feldes $(\mathfrak{F}, w)$ benutzt, die man unabhängig von der W. w des Feldes konstruiert. Das Problem der Darstellung eines W-Feldes durch einen W-Raum ist nicht stets eindeutig lösbar, d. h. es existieren mehrere W-Räume, die ein W-Feld darstellen. Für W-Felder mit geordneter Basis lassen sich leicht Darstellungs-W-Räume bestimmen. So entspricht dem W-Feld $(\mathfrak{A}(K), \pi)$ des Beispieles 1 von Nr. 2.4 als Darstellungsraum der W-Raum $(E, \mathfrak{A}(K), \pi)$, wobei $E = \{\xi : 0 \leqq \xi < 1\}$, d. h. die Menge aller Punkte des halboffenen Intervalles $[0, 1)$ der Zahlengerade ist, denn die W. π ist mengentheoretisch stetig auf $\mathfrak{A}(K)$. Dem W-Feld $(\mathfrak{A}(\overline{R}), \overline{\pi})$ des Beispieles 2 derselben Nr. 2.4 entspricht als Darstellungsraum der W-Raum $(\overline{E}, \mathfrak{A}(R), \overline{\pi})$, wobei $\overline{E}$ die Gesamtheit aller Punkte der Zahlengeraden mit dem Punkt $-\infty$ einschließlich ist. Wegen der Stetigkeit der Verteilungsfunktion $\varphi(\xi)$ ist die W. π mengentheoretisch stetig auf $\mathfrak{A}(\overline{R})$. Es gilt aber allgemeiner folgender

Satz 2. Jedes W-Feld $(\mathfrak{F}, w)$ *mit einer geordneten Basis* $\mathfrak{B}$ *ist zu einem W-Unterfeld des Intervallfeldes* $(\mathfrak{A}(K), \pi)$ *isometrisch.*

Beweis: Es bedeute $\mathfrak{S}$ die geordnete Basis von $\mathfrak{A}(K)$ (vgl. Beispiel 1, Nr. 2.4). Wir ordnen jedem $b \in \mathfrak{B}$ das Element $I_{w(b)}$ in $\mathfrak{S}$ zu. Es sei $\mathfrak{B}_0$ die Gesamtheit aller $I_{w(b)}$ mit $b \in \mathfrak{B}$. Die so erklärte Abbildung $b \to I_{w(b)}$

ist eine Isometrie von $\mathfrak{B}$ in $\mathfrak{S}$, d. h. eine Isomorphie, bei welcher entsprechende Elemente gleiche W. haben. Es gilt nämlich $w(b) = \pi(I_{w(b)})$. Diese Isometrie kann zu einer Isometrie von $(\mathfrak{F}, w)$ in $(\mathfrak{A}(K), \pi)$ erweitert werden. Es sei $(\mathfrak{F}_0, \pi)$ das isometrische Bild von $(\mathfrak{F}, w)$ in $(\mathfrak{A}(K), \pi)$ bei dieser Isometrie. Der Boolering $\mathfrak{F}_0$ ist ein Booleunterring von $\mathfrak{A}(K)$ und dementsprechend von $\mathfrak{P}(E)$ und hat $\mathfrak{B}_0$ als eine erzeugende Basis, also ist $(\mathfrak{F}_0, \pi)$ ein Booleunterring von $(\mathfrak{A}(K), \pi)$ und isometrisch zu $(\mathfrak{F}, w)$. Damit ist Satz 2 bewiesen.

Als Darstellungsraum des W-Feldes $(\mathfrak{F}, w)$ des Satzes 2 kann man nun den W-Raum $(E, \mathfrak{F}_0, \pi)$ nehmen.

Das W-Feld $(\mathfrak{B}_{\mathfrak{m}}, w)$ eines Systems $\mathfrak{m}$ freien Ereignissen mit $\mathfrak{m} = \aleph_0$ (vgl. Nr. 2.3) besitzt abzählbar viele Ereignisse, die algebraisch dicht in $\mathfrak{B}_{\mathfrak{m}}$ liegen, ist also algebraisch separabel und deshalb ein W-Feld mit einer geordneten Basis. Es hat deshalb eine Darstellung mit dem halboffenen Intervall $[0, 1)$ als Grundraum.

Bemerkungen. Es sei $\mathfrak{W}$ die Gesamtheit aller Wahrscheinlichkeiten, die auf $\mathfrak{A}(K)$ definierbar sind. Jeder W. $w \in \mathfrak{W}$ ordnen wir eine Funktion $\varphi_w(\beta) = w(I_\beta)$ für alle β mit $0 \leqq \beta \leqq 1$ zu. φ_w ist eine streng monoton wachsende Funktion mit $\varphi_w(0) = 0$, $\varphi_w(1) = 1$. Bedeutet umgekehrt Φ die Gesamtheit aller Funktionen $\varphi(\beta) \mid 0 \leqq \beta \leqq 1$, die streng monoton wachsend sind, mit $\varphi(0) = 0$, $\varphi(1) = 1$, so entspricht jeder Funktion $\varphi \in \Phi$ eine $w_\varphi \in \mathfrak{W}$, die man wie in Nr. 2.4 durch:

$$w_\varphi(X) = \sum_{i=0}^{n-1} w_\varphi\left(I_{\beta_{2i+1}} I^c_{\beta_{2i}}\right) = \sum_{i=0}^{n-1} \left(\varphi(\beta_{2i+1}) - \varphi(\beta_{2i})\right), \quad w(\emptyset) = 0$$

erklärt (vgl. Formel (π), Nr. 2.4), für jedes $X \in \mathfrak{A}(K)$, wobei man die eindeutige Darstellung $(\varDelta^*)$ aus Nr. 2.4 benutzt. Die so zugeordnete W. w_φ auf $\mathfrak{A}(K)$ ist dann und nur dann σ-additiv auf $\mathfrak{A}(K)$ relativ $\mathfrak{P}(E)$, d. h. mengentheoretisch σ-additiv, wenn die Funktion φ linksseitig stetig auf $[0, 1)$ ist. Ist also φ linksseitig stetig auf $[0, 1)$, so ist $(E, \mathfrak{A}(K), w_\varphi)$ ein W-Raum, der das W-Feld $(\mathfrak{A}(K), w_\varphi)$ darstellt. Hat nun die Funktion φ an gewissen Stellen linksseitige Unstetigkeiten, so wird bei Anwendung des Satzes 2 das W-Feld $(\mathfrak{A}(K), w_\varphi)$ durch einen W-Raum $(E, \mathfrak{A}_0, \pi)$ dargestellt, wobei der Körper $\mathfrak{A}_0$ ein echter Unterkörper von $\mathfrak{A}(K)$ und zu diesem isomorph ist. Allgemein, wenn $(\mathfrak{A}(K), w)$ ein W-Feld mit $w \in \mathfrak{W}$ und $(E, \mathfrak{A}_0, \pi)$ der W-Raum ist, der, nach Satz 2, $(\mathfrak{A}(K), w)$ darstellt, so ist $\mathfrak{A}_0$ ein echter Booleunterring von $\mathfrak{A}(K)$, dann und nur dann, wenn die der W. w zugeordnete Funktion φ_w linksseitige Unstetigkeiten besitzt. $\mathfrak{A}_0$ fällt deshalb nur dann mit $\mathfrak{A}(K)$ zusammen, wenn φ_w linksseitig stetig auf $[0, 1)$ ist. Die Abbildung $I_\alpha \to I_{w(\alpha)}$ für α mit $0 \leqq \alpha \leqq 1$ ist dann ein Automorphismus von $\mathfrak{S}$ auf sich.

10. Erweiterungen eines W-Raumes

10.1. Borelsche bzw. Lebesguesche Erweiterung. Es sei $(\Omega, \mathfrak{K}, v)$ ein W-Raum. Es bedeute $B\,\mathfrak{K}$ den kleinsten σ-Booleunterring (σ-Körper) von $\mathfrak{P}(\Omega)$ über $\mathfrak{K}$, d. h. den sogenannten Borelkörper über $\mathfrak{K}$. Dann ist bekannt aus der klassischen Maßtheorie (vgl. Kolmogoroff [1]), daß die auf $\mathfrak{K}$ definierte Quasi-W. v auf alle Mengen (Elemente) von $B\,\mathfrak{K}$ mit Erhaltung der Eigenschaft der σ-Additivität erweitert werden kann, und zwar nur auf eine einzige Weise. Man kann also jedem W-Raum $(\Omega, \mathfrak{K}, v)$ *eindeutig* einen sogenannten Borel-W-Raum $(\Omega, B\,\mathfrak{K}, v)$ zuordnen. Man bezeichnet $(\Omega, B\,\mathfrak{K}, v)$ auch als die Borelsche Erweiterung des W-Raumes $(\Omega, \mathfrak{K}, v)$. Allgemein bezeichnen wir einen W-Raum $(\Omega, \mathfrak{K}, v)$, wobei $\mathfrak{K}$ ein σ-Booleunterring (also σ-Körper) von $\mathfrak{P}(\Omega)$ ist, als einen σ-*W-Raum*. Für einen σ-W-Raum fällt die Borelsche Erweiterung mit ihm zusammen.

Ein σ-W-Raum $(\Omega, \mathfrak{K}, v)$ heißt *komplett* (auch *vollständig*) oder ein Lebesgue-W-Raum, wenn gilt:

(L) Aus $N \in \mathfrak{K}$ mit $v(N) = 0$ und $X \in \mathfrak{P}(\Omega)$ mit $X \subseteq N$ folgt $X \in \mathfrak{K}$.

Man kann jeden σ-W-Raum stets eindeutig zu einem kompletten W-Raum erweitern. Man adjungiert zu $\mathfrak{K}$ alle $X \in \mathfrak{P}(\Omega)$ mit der Eigenschaft:

(E) Es existiert ein $N \in \mathfrak{K}$ mit $v(N) = 0$ und $X \subseteq N$.

Dann bildet die Gesamtheit aller $A \cup X$, wobei $A \in \mathfrak{K}$ und X die Eigenschaft (E) besitzt, einen σ-Booleunterring $L\,\mathfrak{K}$ von $\mathfrak{P}(\Omega)$ (also einen σ-Körper) über den σ-Boolering $\mathfrak{K}$. Definiert man nun für jedes $A \cup X$: $v(A \cup X) = v(A)$, wenn $A \in \mathfrak{K}$ und X die Eigenschaft (E) besitzt, so ist dann v eine Quasi-W. auf $L\,\mathfrak{K}$, also $(\Omega, L\,\mathfrak{K}, v)$ ein kompletter σ-W-Raum. Wir bezeichnen ihn als die *Lebesguesche Erweiterung* des W-Raumes $(\Omega, \mathfrak{K}, v)$.

Auch jedem W-Raum $(\Omega, \mathfrak{K}, v)$ kann stets eindeutig seine Lebesguesche Erweiterung zugeordnet werden. Man bildet nämlich zuerst die Borelsche Erweiterung $(\Omega, B\,\mathfrak{K}, v)$ von $(\Omega, \mathfrak{K}, v)$ und dann die ihr zugeordnete Lebesguesche Erweiterung $(\Omega, L\,B\,\mathfrak{K}, v)$. Man bezeichnet $(\Omega, L\,B\,\mathfrak{K}, v)$ auch als die Lebesguesche Erweiterung des ursprünglichen W-Raumes $(\Omega, \mathfrak{K}, v)$ und schreibt kurz $(\Omega, L\,\mathfrak{K}, v)$.

10.2. Borelsche bzw. Lebesguesche Erweiterung eines W-Feldes. Es sei $(\mathfrak{F}, w)$ ein W-Feld bzw. ein Quasi-W-Feld, dann existiert stets eine Darstellung von $(\mathfrak{F}, w)$ durch einen W-Raum $(\Omega, \mathfrak{K}, v)$ derart, daß $(\mathfrak{K}, v)$ zu $(\mathfrak{F}, w)$ isometrisch ist. Man bezeichnet nun die Borelsche bzw. Lebesguesche Erweiterung $(\Omega, B\,\mathfrak{K}, v)$ bzw. $(\Omega, L\,\mathfrak{K}, v)$ von $(\Omega, \mathfrak{K}, v)$ als eine Borelsche bzw. Lebesguesche Erweiterung von $(\mathfrak{F}, w)$. Es ist klar, daß $(\mathfrak{F}, w)$ isometrisch in $(B\,\mathfrak{K}, v)$ bzw. $(L\,\mathfrak{K}, v)$ eingebettet werden kann. Da die Darstellung von $(\mathfrak{F}, w)$ durch $(\Omega, \mathfrak{K}, v)$ nicht eindeutig ist, so ist seine Borelsche bzw. Lebesguesche Erweiterung $(\Omega, B\,\mathfrak{K}, v)$ bzw. $(\Omega, L\,\mathfrak{K}, v)$ auch nicht eindeutig. Man zeigt aber leicht:

Satz 1. Es sei $(\mathfrak{F}, w)$ *ein W-Feld. Es bedeute* $(\tilde{\mathfrak{F}}, \tilde{w})$ *die w-Hülle von* $(\mathfrak{F}, w)$ (vgl. Nr. 2.5). *Es sei ferner* $(\Omega, \mathfrak{K}, v)$ *ein W-Raum, welcher* $(\mathfrak{F}, w)$ *darstellt, und* $(\Omega, B\,\mathfrak{K}, v)$ *bzw.* $(\Omega, L\,\mathfrak{K}, v)$ *die zu dieser Darstellung entsprechende Borelsche bzw. Lebesguesche Erweiterung von* $(\mathfrak{F}, w)$. *Es bedeute* $\mathfrak{N}$ *bzw.* $\mathfrak{N}^*$ *das* σ*-Ideal der Nullmengen* (= Mengen mit der Quasi-W. Null) *in* $B\,\mathfrak{K}$ *bzw.* $L\,\mathfrak{K}$ *und* $\mathfrak{R} = B\,\mathfrak{K}/\mathfrak{N}$ *bzw.* $\mathfrak{R}^* = L\,\mathfrak{K}/\mathfrak{N}^*$ *den Restklassen* σ*-Boolering von* $B\,\mathfrak{K}$ *bzw.* $L\,\mathfrak{K}$ mod $\mathfrak{N}$ *bzw.* $\mathfrak{N}^*$. *Es sei durch* $\tilde{v}(X/\mathfrak{N}) = v(X)$ *bzw.* $v^*(X/\mathfrak{N}^*) = v(X)$ *für jede Restklasse* $X/\mathfrak{N}$ *bzw.* $X/\mathfrak{N}^*$ *aus* $\mathfrak{R}$ *bzw.* $\mathfrak{R}^*$ *mit dem Repräsentanten* $X \in B\,\mathfrak{K}$ *bzw.* $L\,\mathfrak{K}$ *eine Funktion* $\tilde{v}$ *bzw.* v^* *auf* $\mathfrak{R}$ *bzw.* $\mathfrak{R}^*$ *definiert. Dann ist* $\tilde{v}$ *bzw.* v^* *eine strikt positive und* σ*-additive W. auf* $\mathfrak{R}$ *bzw.* $\mathfrak{R}^*$ *und das* σ*-W-Feld* $(\mathfrak{R}, \tilde{v})$ *bzw.* $(\mathfrak{R}^*, v^*)$ *ist zu der w-Hülle* $(\mathfrak{F}, w)$ *von* $(\tilde{\mathfrak{F}}, \tilde{w})$ *isometrisch.*

10.3. Loomisscher Darstellungssatz. In Nr. 6, Kap. I haben wir gezeigt, daß jeder Boolering $\mathfrak{B}$ auf einen Körper $\mathfrak{K}$ von Teilmengen einer Grundmenge Ω isomorph abgebildet werden kann. Bei dieser Isomorphie φ, die $\mathfrak{B}$ auf $\mathfrak{K}$ abbildet, bleiben Operationen mit unendlich vielen Gliedern, relativ des Ober-Booleringes $\mathfrak{P}(\Omega)$ vom Boolering (Körper) $\mathfrak{K}$ betrachtet, nicht notwendig invariant, d. h.

$$\text{aus} \quad (\mathfrak{B}) \bigcup_{i \in I} a_i = a \in \mathfrak{B} \text{ bzw. } (\mathfrak{B}) \bigcap_{i \in I} a_i = a \in \mathfrak{B} \text{ mit } |I| \geqq \aleph_0$$

folgt *nicht notwendig*:

$$(\mathfrak{P}(\Omega)) \bigcup_{i \in I} \varphi(a_i) = \varphi(a) \in \mathfrak{P}(\Omega) \text{ bzw. } (\mathfrak{P}(\Omega)) \bigcap_{i \in I} \varphi(a_i) = \varphi(a) \in \mathfrak{P}(\Omega).$$

Anders gesagt, die Einbettung von $\mathfrak{B}$ in $\mathfrak{P}(\Omega)$ geschieht nicht $\mathfrak{m}$-regulär für $\mathfrak{m} \geqq \aleph_0$. Es erhebt sich nun die Frage nach Darstellungen eines Booleringes durch einen Mengenkörper, bei welcher unendliche Operationen, insbesondere σ-Operationen invariant bleiben. Die Antwort auf diese Frage ist im allgemeinen negativ. Es gilt nämlich folgender

Satz 2. Ist $\mathfrak{B}$ *ein* σ*-Boolering, so existiert dann und nur dann eine Grundmenge* Ω *derart, daß* $\mathfrak{B}$ *auf einen* σ*-Körper* $\mathfrak{K}$ *von Teilmengen von* Ω σ*-regulär bezüglich* $\mathfrak{P}(\Omega)$ *abgebildet werden kann, wenn für jedes* $a \in \mathfrak{B}$, $a \neq \emptyset$, *eine zweiwertige* σ*-additive Quasi-W.* v *auf* $\mathfrak{B}$ *mit* $v(a) = 1$ *existiert.*

Nun kann man Beispiele von σ-Booleringen geben, die keine σ-additive Quasi-W. v tragen können. Wir wollen uns mit Fragen dieser Art nicht beschäftigen und verweisen den Leser auf folgende Literatur: Horn and Tarski [1], R. Sikorski [1], Enomoto [1]. Wir geben aber eine andere Art von Darstellung eines σ-Booleringes durch einen Restklassen-σ-Boolering eines σ-Mengenkörpers mod. eines σ-Mengenideals, die von Loomis [1] stammt. Es gilt nämlich folgender

Satz 3 (von LOOMIS). *Jeder σ-Boolering $\mathfrak{B}$ ist isomorph zum Restklassen-σ-Boolering $\mathfrak{K}/\mathfrak{J}$ eines σ-Mengenkörpers $\mathfrak{K}$ von Teilmengen einer Grundmenge Ω mod. eines σ-Mengenideals $\mathfrak{J}$ in $\mathfrak{K}$.*

Beweis[1]: 1. Es sei $\mathfrak{B}^*$ ein Körper von Teilmengen einer Grundmenge Ω, der zum σ-Boolering $\mathfrak{B}$ isomorph ist[2]. Es bedeute $\mathfrak{K}$ den kleinsten σ-Booleunterring von $\mathfrak{P}(\Omega)$ über $\mathfrak{B}^*$. $\mathfrak{K}$ kann man bekanntlich folgendermaßen konstruieren:

Man konstruiert eine transfinite Folge

$$\mathfrak{K}_0 \subseteqq \mathfrak{K}_1 \subseteqq \mathfrak{K}_2 \subseteqq \cdots \subseteqq \mathfrak{K}_\xi \subseteqq \cdots$$

von Körpern (Booleunterringen von $\mathfrak{P}(\Omega)$) $\mathfrak{K}_\xi$, $\xi < \omega_1$ wie folgt: (o) $\mathfrak{K}_0 = \mathfrak{B}^*$: ($\eta$) Ist $\mathfrak{K}_\xi$ für $\xi < \eta$ schon definiert, so setze man $\mathfrak{S}_\eta = \bigcup_{\xi<\eta} \mathfrak{K}_\xi$ (hierbei ist die Vereinigung mengentheoretisch zu denken) und bilde das System $\mathfrak{S}_\eta^\sigma$ in $\mathfrak{P}(\Omega)$ (über den σ-Prozeß vgl. Anhang). Man bilde dann innerhalb $\mathfrak{P}(\Omega)$ das System $\mathfrak{S}_\eta^{\sigma\cap +}$. Dies ist ein Körper (Booleunterring von $\mathfrak{P}(\Omega)$). Wir setzen $\mathfrak{K}_\eta = \mathfrak{S}_\eta^{\sigma\cap +}$. Damit ist die obige Folge allgemein definiert. Wegen der bekannten Eigenschaft der Ordinalzahlen $\xi < \omega_1$ ist dann $\mathfrak{K} = \bigcup_{\xi<\omega_1} \mathfrak{K}_\xi$ ein Körper und offenbar der kleinste σ-Körper $\mathfrak{K}$ über $\mathfrak{B}^*$.

2. Wir betrachten nun die Gesamtheit $\mathfrak{D}$ aller Mengen:

$D = (\mathfrak{B}^*) \bigcup A_n \dotplus (\mathfrak{P}(\Omega)) \bigcup A_n$ für alle abzählbaren Folgen A_n mit $A_n \in \mathfrak{B}^*$. $\mathfrak{D}$ besteht dann und nur dann aus der leeren Menge, wenn die Einbettung $\mathfrak{B}^*$ von $\mathfrak{B}$ in $\mathfrak{P}(\Omega)$ σ-regulär ist. Wir erweitern $\mathfrak{D}$ innerhalb $\mathfrak{P}(\Omega)$, oder was dasselbe bedeutet, innerhalb $\mathfrak{K}$ zum kleinsten σ-Ideal (σ-Mengenideal) $\mathfrak{J}$ über $\mathfrak{D}$. Die Elemente $I \in \mathfrak{J}$ haben die Gestalt:

$I = (\mathfrak{K}) \bigcup K_j D_j$, oder was dasselbe ist $I = (\mathfrak{P}(\Omega)) \bigcup K_j D_j$ mit abzählbar vielen $K_j D_j$, $K_j \in \mathfrak{K}$, $D_j \in \mathfrak{D}$.

3. Wir behaupten: der σ-Boolering $\mathfrak{B}$ ist zum Restklassen-σ-Boolering $\mathfrak{K}/\mathfrak{J}$ isomorph. Wir zeigen zuerst folgenden

Hilfssatz: *Jedes $K \in \mathfrak{K}$ hat genau eine Darstellung*

$$K = A \dotplus I \text{ mit } A \in \mathfrak{B}^* \text{ und } I \in \mathfrak{J}.$$

I. *Existenz einer solchen Darstellung*: Für ein $K \in \mathfrak{K}_0 = \mathfrak{B}^*$ ist die Existenz einer solchen Darstellung trivial. Es sei für $K \in \mathfrak{K}_\xi$ mit $\xi < \eta$ schon eine solche Darstellung nachgewiesen. Dann haben wir für eine beliebige Folge $K_i \in \mathfrak{S}_\eta$, $i = 1, 2, \ldots$, Darstellungen

$$K_i = A_i \dotplus I_i \text{ mit } I_i \in \mathfrak{J},\ A_i \in \mathfrak{B}^*.$$

[1] Vgl. AUMANN [1].

[2] Der Vorteil des Beweises von AUMANN ist, daß die Art der Darstellung von $\mathfrak{B}$ durch einen Körper $\mathfrak{B}^*$ beim Beweise nicht benutzt wird. Man braucht also nicht die Stonesche Darstellung, sondern irgendeine andere vorhandene isomorphe Darstellung des Booleringes $\mathfrak{B}$ durch einen Mengenkörper, zu nehmen.

Daraus folgt:

$K_i \cup A_i I_i = A_i \dotplus I_i \dotplus A_i I_i = A_i \cup I_i$, d. h. $K_i \cup A_i I_i = A_i \cup I_i$

und deshalb:

$$(\mathfrak{K}) \bigcup (K_i \cup A_i I_i) = (\mathfrak{K}) \bigcup (A_i \cup I_i),$$

d. h.

$$(\mathfrak{K}) \bigcup K_i \cup (\mathfrak{K}) \bigcup A_i I_i = (\mathfrak{K}) \bigcup A_i \cup (\mathfrak{K}) \bigcup I_i$$

wobei

$$(\mathfrak{K}) \bigcup A_i I_i \in \mathfrak{J} \text{ und } (\mathfrak{K}) \bigcup I_i \in \mathfrak{J}$$

ist. Da ferner $(\mathfrak{K}) \bigcup A_i = A \dotplus D$ mit $D \in \mathfrak{D} \subseteqq \mathfrak{J}$ und $A \in \mathfrak{B}^*$ ist, so erhalten wir

$$(\mathfrak{K}) \bigcup K_i = A \dotplus I \text{ mit } (\mathfrak{B}^*) \bigcup A_i = A \in \mathfrak{B}^* \text{ und } I \in \mathfrak{J}.$$

Damit ist die Behauptung für jedes $X \in \mathfrak{S}^\sigma_{\eta}$, also $X = (\mathfrak{K}) \bigcup K_i$, $K_i \in \mathfrak{S}_\eta$ bewiesen.

Unter Benutzung der Körpereigenschaften von $\mathfrak{B}^*$ und der Idealeigenschaften von $\mathfrak{J}$ folgt dann, daß die Behauptung zugleich für jedes $X \in \mathfrak{K}_\eta = \mathfrak{S}^{\sigma}_{\eta}{}^{\cap +}$. Damit ist durch transfinite Induktion die Behauptung für alle $X \in \mathfrak{K}$ bewiesen.

II. *Eindeutigkeit der Darstellung.* Es genügt zu zeigen, daß $\mathfrak{B}^*$ und $\mathfrak{J}$ nur die leere Menge gemeinsam haben; denn dann folgt aus einer Gleichung $A \dotplus I = A' \dotplus I'$ notwendig $A = A'$, $I = I'$. Es gehöre etwa I sowohl in $\mathfrak{J}$ als auch in $\mathfrak{B}^*$. Wir dürfen in der Darstellung $I = \big((\mathfrak{P}\,\Omega)\big) \bigcup K_i D_i$ mit $K_i \in \mathfrak{K}$, $D_i \in \mathfrak{D}$, die Glieder paarweise fremd voraussetzen; andernfalls betrachten wir die Darstellung $I = K_1 D_1 \cup (K_2 - K_2 K_1 D_1) D_2 \cup \cdots$.

Wir setzen $R = \big(\mathfrak{P}(\Omega)\big) \bigcup\limits_{j=2}^{\infty} K_j D_j$, so daß $I = K_1 D_1 \cup R$ mit $K_1 D_1$ fremd zu R ist. Es sei dabei

$$D_1 = L_1 - \big(\mathfrak{P}(\Omega)\big) \bigcup A_{1j}, \text{ wobei } L_1 = (\mathfrak{B}^*) \bigcup A_{1j}.$$

Dann ist für $j = 1, 2, \ldots$ $D_1 A_{1j} = \emptyset$ und $I A_{1j} = R A_{1j} \in \mathfrak{B}^*$, mithin auch $(\mathfrak{B}^*) \bigcup\limits_{j=1}^{\infty} R A_{1j} = R L_1 \in \mathfrak{B}^*$. Aus $I L_1 = K_1 D_1 \cup R L_1$ folgt somit $K_1 D_1 \in \mathfrak{B}^*$. Da aber für alle $j = 1, 2, \ldots$ gilt: $A_{1j} \subseteqq L_1 - K_1 D_1$, so muß $K_1 D_1 = \emptyset$, sonst wäre L_1 nicht gleich $(\mathfrak{B}^*) \bigcup A_{1j}$. Analog zeigt man $K_j D_j = \emptyset$ für jedes $j = 2, 3, \ldots$ Es muß also $I = \emptyset$ sein. Damit ist der Hilfssatz bewiesen.

4. Wegen der im Hilfssatz bewiesenen Darstellung hat man eine eineindeutige Abbildung von $\mathfrak{K}/\mathfrak{J}$ auf $\mathfrak{B}$, denn zu jeder beliebigen Restklasse $K/\mathfrak{J} \in \mathfrak{K}/\mathfrak{J}$ existiert ein eindeutig bestimmter Repräsentant $A \in B^*$ dieser

Klasse, denn wir haben $K = A \dotplus I$, also $A/\mathfrak{J} = K/\mathfrak{J}$. Es gilt außerdem offenbar:

$$K_1 \dotplus K_2 = A_1 \dotplus A_2 \dotplus I_1 \dotplus I_2 = A_1 \dotplus A_2 \dotplus I,$$

$$K_1 K_2 = (A_1 \dotplus I_1)(A_2 \dotplus I_2) = A_1 A_2 \dotplus I.$$

Also $(\mathfrak{P}(\Omega)) \bigcup K_j = \mathfrak{P}(\Omega) \bigcup (A_j \dotplus I_j) = (\mathfrak{B}^*) \bigcup A_j \dotplus I$, wegen der letzten Gleichung vgl. die Überlegungen in 3.

10.4. Der lineare Lebesguesche W-Raum bzw. das lineare Lebesguesche σ-W-Feld. Es sei $(\mathfrak{A}(K), \pi)$ das Intervallfeld, welches der geordneten Menge $E = \{\xi: 0 \leqq \xi < 1\}$ der reellen Zahlen des halboffenen Intervalles $[0, 1)$ entspricht (vgl. Nr. 2.4, Beisp. 1). Diesem Intervallfeld entspricht als Darstellungsraum der W-Raum $(E, \mathfrak{A}(K), \pi)$ (vgl. Nr. 9.3). Es bedeute $(E, B\,\mathfrak{A}(K), l)$ bzw. $(E, L\,\mathfrak{A}(K), l)$ die Borelsche bzw. die Lebesguesche Erweiterung von $(E, \mathfrak{A}(K), \pi)$. Wir bezeichnen $(E, B\,\mathfrak{A}(K), l)$ bzw. $(E, L\,\mathfrak{A}(K), l)$ kurz durch $(E, \mathfrak{B}, l)$ bzw. $(E, \mathfrak{L}, l)$ und nennen diesen Raum den *linearen* Borel-*W-Raum* bzw. *linearen* Lebesgue-*W-Raum*. Die π-Hülle des W-Feldes $(\mathfrak{A}(K), \pi)$ wird im folgenden durch $(\mathfrak{J}, \mu)$ bezeichnet und das lineare Lebesgue-σ-W-Feld genannt. Bezeichnet man mit $\mathfrak{N}$ bzw. $\mathfrak{N}^*$ das σ-Ideal aller Elemente $N \in \mathfrak{B}$ bzw. $N^* \in \mathfrak{L}$ mit $l(N) = 0$ bzw. $l(N^*) = 0$, so ist das σ-W-Feld $(\mathfrak{J}, \mu)$ isometrisch zum W-Feld $(\mathfrak{B}/\mathfrak{N}, \lambda)$ bzw. $(\mathfrak{L}/\mathfrak{N}^*, \lambda)$, wobei $\lambda(X/\mathfrak{N})$ bzw. $\lambda(X/\mathfrak{N}^*) = l(X)$ für jede Restklasse $X/\mathfrak{N} \in \mathfrak{B}/\mathfrak{N}$ bzw. $X/\mathfrak{N}^* \in \mathfrak{L}/\mathfrak{N}^*$ definiert ist.

Der lineare Lebesgue-W-Raum und das lineare Lebesgue-σ-W-Feld spielen in der W-Theorie eine sehr wichtige Rolle, denn viele wichtige Probleme der W-Theorie können im W-Raum $(E, \mathfrak{L}, l)$ bzw. im σ-W-Feld $(\mathfrak{J}, \mu)$ formuliert und gelöst werden.

10.5. Atomare σ-W-Felder. Es sei $(\mathfrak{F}, w)$ ein atomares σ-W-Feld; dann besitzt $\mathfrak{F}$ höchstens abzählbar viele Atome. Die Gesamtheit also der Atome von $\mathfrak{F}$ kann eineindeutig auf einen Abschnitt $\{1, 2, \ldots, k\}$ der Menge N der natürlichen Zahlen bzw. auf N abgebildet werden, letzteres, wenn es unendlich viele Atome gibt. Betrachtet man diesen Abschnitt $\{1, 2, \ldots, k\}$ bzw. N als Grundmenge E, so ist $\mathfrak{F}$ isomorph zum Boolering $\mathfrak{P}(E)$. Bezeichnet man φ die Isomorphie von $\mathfrak{F}$ auf $\mathfrak{P}(E)$ und setzt man $v(\varphi(x)) = w(x)$, $\varphi(x) \in \mathfrak{P}(E)$, $x \in \mathfrak{F}$, so ist $(E, \mathfrak{P}(E), v)$ ein W-Raum, der das σ-W-Feld $(\mathfrak{F}, w)$ darstellt.

Für das σ-W-Feld $(\mathfrak{F}, w)$ kann man auch einen W-Raum bestimmen mit der Grundmenge $E = \{\xi: 0 \leqq \xi < 1\}$. Es seien $a_1, a_2, \ldots$ die Atome von $\mathfrak{F}$, dann gilt offenbar $\sum w(a_\nu) = 1$. Man bilde jedes Atom a_ν auf das halboffene Interval

$$I_\nu = [w(a_1) + \cdots + w(a_{\nu-1}), w(a_1) + \cdots + w(a_{\nu-1}) + w(a_\nu))$$

ab und setze $v(I_\nu') = w(a_\nu)$. Dann erzeugt das System I_ν, $\nu = 1, 2, \ldots$, einen σ-Körper $\mathfrak{K}$ $(\sigma$-Booleunterring von $\mathfrak{P}(E))$, der isomorph zu $\mathfrak{F}$ ist.

Der W-Raum $(E, \mathfrak{K}, v)$ ist dann ebenfalls ein Darstellungsraum für das W-Feld $(\mathfrak{F}, w)$.

10.6. Empirische W-Felder. Empirische w-Basis bzw. Borel-Basis eines W-Feldes. Es sei $(\mathfrak{F}, w)$ ein W-Feld und $\mathfrak{M}$ irgendeine Teilmenge von $\mathfrak{F}$, die e enthält; fällt der kleinste Booleunterring $\mathfrak{M}^{\cap \dotplus} = \mathfrak{M}^{\cup \dotplus} = b(\mathfrak{M})$ von $\mathfrak{F}$ über $\mathfrak{M}$ mit $\mathfrak{F}$ zusammen, d. h. gilt $b(\mathfrak{M}) = \mathfrak{F}$, so heißt $\mathfrak{M}$ eine *algebraische Basis* von $\mathfrak{F}$. Liegt $b(\mathfrak{M})$ w-dicht in $\mathfrak{F}$, so bezeichnen wir $\mathfrak{M}$ als eine *w-Basis* von $(\mathfrak{F}, w)$. Existiert eine abzählbare w-Basis von $(\mathfrak{F}, w)$, so heißt $(\mathfrak{F}, w)$ ein *empirisches* (auch *w-separables*) W-Feld (vgl. auch Nr. 5.4).

Es sei nun $(\mathfrak{F}, w)$ ein σ-W-Feld und $\mathfrak{M}$ eine Teilmenge von $\mathfrak{F}$, die e enthält; fällt der kleinste σ-Booleunterring $b_\sigma(\mathfrak{M}) = [b(\mathfrak{M})]^{\sigma\delta} = [b(\mathfrak{M})]^{\delta\sigma} = [b(\mathfrak{M})]^{\lambda}$ von $\mathfrak{F}$ über $\mathfrak{M}$ mit $\mathfrak{F}$ zusammen, d. h. gilt $b_\sigma(\mathfrak{M}) = \mathfrak{F}$, so heißt $\mathfrak{M}$ eine BOREL-*Basis* des σ-W-Feldes $(\mathfrak{F}, w)$. Ist $\mathfrak{M}$ eine BOREL-Basis eines σ-W-Feldes $(\mathfrak{F}, w)$, so liegt offensichtlich $b(\mathfrak{M})$ w-dicht (metrisch dicht) in $\mathfrak{F}$, d. h. $\mathfrak{M}$ ist eine w-Basis von $(\mathfrak{F}, w)$. Es gilt auch:

Ein σ-W-Feld $(\mathfrak{F}, w)$ ist dann und nur dann ein empirisches W-Feld, wenn eine abzählbare BOREL-Basis $\mathfrak{M}$ von $\mathfrak{F}$ existiert.

Wir zeigen nun folgenden

Satz 4. Jedes empirische σ-W-Feld $(\mathfrak{F}, w)$ ist isometrisch zu einem σ-W-Unterfeld des linearen Lebesgue-W-Feldes $(\mathfrak{L}, \mu)$. Ist insbesondere $(\mathfrak{F}, w)$ atomfrei, so ist $(\mathfrak{F}, w)$ isometrisch zu $(\mathfrak{L}, \mu)$.

Beweis: Es sei $\mathfrak{M}$ eine abzählbare w-Basis von $\mathfrak{F}$, die das Element $\emptyset$ nicht enthält. O. B. d. A. können wir annehmen, daß alle Atome des Feldes $\mathfrak{F}$ zu $\mathfrak{M}$ gehören, falls solche existieren; denn die Anzahl der Atome kann höchstens abzählbar sein[1]. Es sei nun $\{a_1, a_2, \ldots\} \subseteq \mathfrak{M}$ die Menge der Atome und $\{e, b_1, b_2, \ldots\} = \mathfrak{M} - \{a_1, a_2, \ldots\}$, d. h. die Menge der übrigen Elemente von $\mathfrak{M}$. Wir können annehmen, daß jedes b_j, $j = 1, 2, \ldots$, zu allen Atomen fremd ist, d. h. $b_j \cap a_i = \emptyset$, $i, j = 1, 2, \ldots$ gilt. Denn andernfalls können wir b_j in $\mathfrak{M}$ durch $b_j \dotplus (\mathfrak{F}) \bigcap\limits_{a_i \subseteq b_j} a_i$ ersetzen, ohne die w-Basis-Eigenschaft von $\mathfrak{M}$ zu zerstören. Ist $(\mathfrak{F}, w)$ nicht atomar, so ist die Menge $\{b_1, b_2, \ldots\}$ nicht leer und besteht aus unendlich vielen Elementen. Ist die Menge $\{b_1, b_2, \ldots\}$ nicht leer, so ersetzen wir sie durch eine Menge von Ereignissen $b_{k,j}$, die wir folgendermaßen konstruieren:

Beim 1. Schritt bilden wir $b_{11} = b_1$. Beim 2. Schritt:

$$b_{21} = b_{11}\, b_2,\ b_{22} = b_{11} - b_{11}\, b_2,\ b_{23} = b_2 - b_{11}\, b_2.$$

Es seien nun beim k-ten Schritt schon die $n_k = 2^k - 1$ Elemente

$$b_{k,1}, b_{k,2}, \ldots, b_{k,n_k},\quad n_k \geqq 1,$$

[1] Die Annahme nämlich, daß die Anzahl der Atome des Feldes $\mathfrak{F}$ überabzählbar ist, führt zum Widerspruch zu der Striktpositivität der W. w.

gebildet, dann besteht der $(k+1)$-te Schritt in der Bildung von $2^{k+1}-1$ Elementen $b_{k+1,j}$ vermöge:

$$\left.\begin{aligned} b_{k+1,2m-1} &= b_{k,m}\, b_{k+1} \\ b_{k+1,2m} &= b_{k,m} - b_{k,m}\, b_{k+1} \end{aligned}\right\} \quad m = 1, 2, \ldots, n_k$$

sowie von dem Element:

$$b_{k+1,2n_k+1} = b_{k+1} - (b_{k,1} \cup b_{k,2} \cup \cdots \cup b_{k,n_k})\, b_{k+1},$$

also von im ganzen $n_{k+1} = 2\,n_k + 1 = 2^{k+1} - 1$ Elementen. Es ist:

$$b_{k,m} = b_{k+1,2m-1} \cup b_{k+1,2m}, \quad 1 \leqq m \leqq n_k.$$

Jedes $b_{k,m} \neq \emptyset$ wird also beim $(k+1)$-ten Schritt entweder in zwei fremde nicht leere Elemente, nämlich $b_{k+1,2m-1}$ und $b_{k+1,2m}$ zerlegt oder fällt mit einem dieser Elemente zusammen (wenn nämlich das andere leer ist). Sind

$$b_{k,r_1}, b_{k,r_2}, \ldots, b_{k,r_{p_k}}, \text{ wobei } 1 \leqq r_1 < r_2 < \cdots < r_{p_k} < n_k \qquad \text{(I)}$$

sämtliche nicht leere Elemente unter den $b_{k,1}, b_{k,2}, \ldots, b_{k,n_k}$, so sind sie paarweise fremd. Wir ersetzen nun in $\mathfrak{M}$ die Menge $\{b_1, b_2, \ldots\}$ durch die Menge aller verschiedenen $b_{k,j}$, die in (I) für alle $k = 1, 2, \ldots$ vorkommen und erhalten in

$$\mathfrak{M}_* = \{e, a_1, a_2, \ldots, b_{k,j}, \ldots\}$$

wieder eine empirische w-Basis von $\mathfrak{F}$, d. h. es gilt

$$\mathfrak{F} = b_\sigma(\mathfrak{M}_*) = \mathfrak{M}_*^{\cap + \sigma\delta}.$$

Die isomorphe Abbildung von $\mathfrak{F}$ in $\mathfrak{J}$ erklären wir folgendermaßen:

Es werden zuerst abgebildet: $\mathfrak{M}_*$ in $\mathfrak{A}(K)$ (vgl. Nr. 2.4, Beisp. 1) wie folgt:

I. $\mathfrak{M}_* \ni e \to E = [0, 1) \in \mathfrak{A}(K)$,

II. $\mathfrak{M}_* \ni a_\nu \to A_i = \left[\sum_{i=1}^{\nu-1} w(a_i), \sum_{i=1}^{\nu} w(a_i)\right) \in \mathfrak{A}(K)$.

Ist das W-Feld $(\mathfrak{F}, w)$ nicht atomar, so ist die Vereinigung $\bigcup_\nu a_\nu = a$ aller Atome ein echter Teil von e, also $\lim_{\nu\to\infty} \sum_{i=1}^{\nu} w(a_i) = \xi < 1$. Es existieren in diesem Falle in $\mathfrak{M}_*$ Elemente $b_{k,j} \neq \emptyset$ und es wird abgebildet:

III. jedes b_{k,r_i}, $i = 1, 2, \ldots, p_k$ aus (I) auf das halboffene Intervall

$$B_{k,r_i} = \left[\xi + \sum_{\nu=1}^{i-1} w(b_{k,r_\nu}), \xi + \sum_{\nu=1}^{i} w(b_{k,r_\nu})\right) \in \mathfrak{A}(K), \quad k = 1, 2, \ldots$$

Hierbei ist $\sum_{\nu=1}^{0} = 0$ gesetzt und das Intervall liegt immer zwischen ξ und 1.

Die so erklärte Menge der Bilder der Elemente von $\mathfrak{M}^*$ in $\mathfrak{A}(K)$ bezeichnen wir mit $M = \{E, A_1, A_2, \ldots, B_{k,j}, \ldots\}$. Die Abbildung von $\mathfrak{M}_*$ auf $M \subseteq \mathfrak{A}(K)$ ist eineindeutig. Da außerdem die Bilder der Atome a_i paarweise fremd sind, das volle Element e auf das volle Element $E \in \mathfrak{A}(K)$ abgebildet wird, und da ferner gilt: 1. Aus $b_{p,q} \subseteq b_{r,s}$ folgt $B_{p,q} \subseteq B_{r,s}$ und 2. $b_{p,q}\, b_{r,s} = \emptyset$ dann und nur dann, wenn $B_{p,q}\, B_{r,s} = \emptyset$, so bleibt bei der Abbildung die Relation $\subseteq$ und „Fremdsein" erhalten. Aus der Definition der Bilder folgt dann die Isometrie der Abbildung. Aus den Eigenschaften 1. und 2. der Abbildung folgt weiter leicht, daß sich die Isometrie zwischen $\mathfrak{M}_*$ und M in eine Isometrie zwischen $b(\mathfrak{M}_*)$ und $b(M)$ erweitern läßt. Da $b(M)$ ein Booleunterring von $\mathfrak{A}(K)$ ist, so kann er und damit auch der Boolering $b(\mathfrak{M}_*)$ in die π-Hülle $(\mathfrak{J}, \mu)$ des W-Feldes $(\mathfrak{A}(K), \pi)$ isometrisch abgebildet werden. Es sei $(\mathfrak{B}^\circ, \mu)$ das Bild des W-Feldes $(b(M), \pi)$ bzw. $(b(\mathfrak{M}_*), w)$ in $(\mathfrak{J}, \mu)$. Es bezeichne dann $(\mathfrak{B}^\circ_\sigma, \mu)$ das kleinste σ-W-Unterfeld von $(\mathfrak{J}, \mu)$ über $(\mathfrak{B}^\circ, \mu)$; dann ist offenbar $(\mathfrak{B}^\circ_\sigma, \mu)$ isometrisch zu $(\mathfrak{F}, w)$. Es bleibt noch zu zeigen: wenn $\mathfrak{F}$ keine Atome hat, dann ist $(\mathfrak{F}, w)$ isometrisch zu $(\mathfrak{J}, \mu)$. Es genügt zu zeigen, daß $(b(M), \pi)$ in diesem Falle π-dicht in $(\mathfrak{A}(K), \pi)$ liegt, denn dann ist die π-Hülle von $(b(M), \pi)$ isometrisch zu der π-Hülle von $(\mathfrak{A}(K), \pi)$, d. h. zum σ-W-Feld $(\mathfrak{J}, \mu)$. Angenommen $b(M)$ liege nicht π-dicht in $\mathfrak{A}(K)$, dann wäre die Menge $\{\xi_1, \xi_2, \ldots\}$ der Endpunkte der halboffenen Intervalle, aus welchen M besteht, nicht dicht im halboffenen Intervall $[0, 1)$. Die abgeschlossene Hülle der Menge $\{\xi_1, \xi_2, \ldots\}$ in $[0, 1)$ wäre dann verschieden von $[0, 1]$. Es gäbe also zwei Häufungspunkte ξ, ξ' mit $\xi < \xi'$ der Menge $\{\xi_1, \xi_2, \ldots\}$ derart, daß das Intervall (ξ, ξ') keine Punkte der Menge $\{\xi_1, \xi_2, \ldots\}$ enthält. Adjungiert man nun zu der Menge M das Intervall $[\xi, \xi')$, so ist $M' = M \cup \{[\xi, \xi')\}$ auch eine Basis für die π-Hülle von $(b(M), \pi,)$ d. h. die π-Hülle von $(b(M'), \pi)$ und die π-Hülle von $(b(M), \pi)$ sind isometrisch zu $(\mathfrak{F}, w)$. Die π-Hülle von $(b(M'), \pi)$ hätte dann aber ein Atom, nämlich die Restklasse, deren Repräsentant das halboffene Intervall $[\xi, \xi')$ ist, was ein Widerspruch wäre zu der Voraussetzung, daß $(\mathfrak{F}, w)$ atomfrei ist.

10.7. Klassifikation der W-Felder mit einer empirischen Basis. Es sei $(\mathfrak{F}, w)$ ein σ-W-Feld. Es sei $\mathfrak{B}$ ein Booleunterring von $\mathfrak{F}$, der eine w-Basis von $\mathfrak{F}$ ist, d. h. es gilt $b_\sigma(\mathfrak{B}) = \mathfrak{B}_{\sigma\delta} = \mathfrak{F}$[1]. Es bedeute $\mathfrak{m}(\mathfrak{B})$ die Mächtigkeit von $\mathfrak{B}$. Durchläuft $\mathfrak{B}$ alle möglichen w-Basen von $\mathfrak{F}$, so existiert unter allen Mächtigkeiten $\mathfrak{m}(\mathfrak{B})$ eine kleinste, die wir als den *Charakter* $c_{\mathfrak{F}}$ von $\mathfrak{F}$ bezeichnen. Für ein empirisches σ-W-Feld ist $c_{\mathfrak{F}} \leqq \aleph_0$. Ist $c_{\mathfrak{F}} = \aleph_0$, so folgt aus der Definition der w-Basis, daß $\mathfrak{m}(\mathfrak{F}) \leqq \mathfrak{c}$ (= Mächtigkeit des Kontinuums) ist, da aber außerdem jedes σ-W-Feld $(\mathfrak{F}, w)$ mit $c_{\mathfrak{F}} = \aleph_0$ ein σ-W-Unterfeld besitzt, das ato-

[1] Für den Fall eines σ-W-Feldes $(\mathfrak{F}, w)$ fallen die Begriffe Borelsche Basis und w-Basis zusammen.

mar mit abzählbar unendlich vielen Atomen ist, also isomorph zum Boolering aller Teilmengen der Menge der natürlichen Zahlen ist, so ist $\mathfrak{m}(\mathfrak{F}) \geqq \mathfrak{c}$, d. h. $\mathfrak{m}(\mathfrak{F}) = \mathfrak{c}$. Es gibt σ-W-Felder mit einem Charakter $> \aleph_0$, z. B. die w-Hülle des W-Feldes von $\mathfrak{m}$ freien Ereignissen (vgl. Nr. 2.3), wenn $\mathfrak{m} > \aleph_0$. Für σ-W-Felder mit $\mathfrak{m}(\mathfrak{F}) > \mathfrak{c}$ fallen Charakter und Mächtigkeit des W-Feldes, wegen der Beziehung $\mathfrak{B}^{\sigma\delta} = \mathfrak{F}$ immer zusammen.

Ein σ-W-Feld $(\mathfrak{F}, w)$ heißt σ-streckungsisomorph zu einem σ-Maßverband $(\mathfrak{M}, \mu)$ (d. h. einem σ-Boolering $\mathfrak{M}$ mit strikt positivem σ-additiven endlichen Maß), wenn $(\mathfrak{F}, w)$ isometrisch zu $(\mathfrak{M}, m)$ ist, wobei $m(x) = \mu(x) : \mu(e)$, $x \in \mathfrak{M}$ und e die Einheit von $\mathfrak{M}$ bedeutet.

Für ein σ-W-Feld $(\mathfrak{F}, w)$ mit $c_{\mathfrak{F}} = \aleph_0$ können wir nach dem Darstellungssatz 4 von Nr. 10.6 drei verschiedene Isometrietypen von σ-W-Feldern unterscheiden (s. Kappos [3]):

I. *Stetiger Typus*, wenn $(\mathfrak{F}, w)$ isometrisch zu $(\mathfrak{J}, \mu)$ ist.

II. *Gemischter Typus*, wenn $(\mathfrak{F}, w)$ Atome besitzt, aber die Summe der Wahrscheinlichkeiten der Atome kleiner als 1 ist.

III. *Diskreter Typus*, wenn $(\mathfrak{F}, w)$ atomar ist, d. h. die Summe der Wahrscheinlichkeiten der Atome gleich 1 ist.

Bezeichnet man bei Typus II mit $\mathfrak{A} = \{a_1, a_2, \ldots\}$ die Gesamtheit der Atome von $\mathfrak{F}$, ferner mit $\mathfrak{B}$ den kleinsten σ-Booleunterring von $\mathfrak{F}$ über $\mathfrak{A}$, der als volles Element (Einheit) die Vereinigung $a = \bigcup_{a_i \in \mathfrak{A}} a_i$ der Atome hat, und mit $\mathfrak{S}$ der σ-Booleunterring von $\mathfrak{F}$ der aus allen Elementen $x \in \mathfrak{F}$ mit $x \subseteq s$ besteht, wobei $s = e - \bigcup a_i$ ist, also s das volle Element von $\mathfrak{S}$ ist[1], so gilt:

jedes $y \in \mathfrak{F}$ ist eindeutig in der Form $y = a_i \cup t$ mit $a_i \in \mathfrak{A}$, $t \in \mathfrak{S}$ darstellbar.

Es gilt also: $(\mathfrak{B} \cup \mathfrak{S})^{\cup} = \mathfrak{F}$, hierbei bedeutet $\mathfrak{B} \cup \mathfrak{S}$ die mengentheoretische Vereinigung. Wir bezeichnen $\mathfrak{B}$ als den diskreten (unstetigen) und $\mathfrak{S}$ als den stetigen Teil des Feldes $\mathfrak{F}$.

Bei Typus I ist $\mathfrak{B}$ leer und bei Typus III $\mathfrak{S}$ leer.

$(\mathfrak{B}, w)$ bzw. $(\mathfrak{S}, w)$ ist ein σ-Maßverband und es gilt: Das σ-W-Feld $(\mathfrak{J}, \mu)$ ist streckungsisomorph zu $(\mathfrak{S}, w)$. Definiert man $v(x) = w(x) : w(a)$ für jedes $x \in \mathfrak{B}$, so ist $(\mathfrak{B}, v)$ ein atomares σ-W-Feld mit endlich vielen oder abzählbar vielen Atomen.

Wir setzen nun folgende Rangordnung zwischen diesen Typen I, II, III fest. Es sei I (rang-) höher als II und II höher als III[2]. Dann gilt:

[1] Hier ist $\mathfrak{B}$ bzw. $\mathfrak{S}$ ein σ-Booleunterring von $\mathfrak{F}$, jedoch nicht im Sinne von Nr. 1.5, denn die Einheit ist bei $\mathfrak{B}$ bzw. $\mathfrak{S}$ verschieden von der Einheit $e \in \mathfrak{F}$.

[2] Wir setzen noch fest, daß $(\mathfrak{F}, w)$ zum Typus III gerechnet werden soll, wenn $c_{\mathfrak{F}}$ endlich ist.

Satz 5. Ein σ-W-Unterfeld $(\mathfrak{F}^*, w)$ *von* $(\mathfrak{F}, w)$, *wobei* $c_{\mathfrak{F}} \leqq \aleph_0$, *ist nicht von einem höheren Typus als* $(\mathfrak{F}, w)$.

Der Beweis folgt aus der Darstellung von $(\mathfrak{F}^*, w)$ durch ein Unterfeld von $(\mathfrak{I}, \mu)$.

Kapitel IV

11. Cartesische Produkte von W-Feldern

11.1. Cartesische Produkte von Booleringen. Es sei $\mathfrak{F}_i$, $i \in I$ eine Familie von Booleringen, wobei die Menge I der Indizes von einer beliebigen Mächtigkeit $\mathfrak{m}(I) \geqq 1$ sein kann. Ein Boolering Φ heißt *cartesisches Produkt* der Booleringe $\mathfrak{F}_i$, $i \in I$, in Zeichen $\underset{i \in I}{P} \mathfrak{F}_i$, wenn es eine Familie Φ_i, $i \in I$, von Booleunterringen Φ_i von Φ derart gibt, daß folgendes gilt:

I. Die mengentheoretische Vereinigung $\bigcup_{i \in I} \Phi_i$ ist eine algebraische Basis von Φ, d. h. erzeugt Φ.

II. Für jedes $i \in I$ ist Φ_i isomorph zu $\mathfrak{F}_i$.

III. Bedeutet φ_i für jedes $i \in I$ einen Homomorphismus von Φ_i in einem Boolering $\mathfrak{B}$, so existiert ein Homomorphismus φ von Φ in $\mathfrak{B}$, der eine gemeinsame Fortsetzung von allen Homomorphismen φ_i, $i \in I$, ist, d. h. es gilt $\varphi_i(x) = \varphi(x)$ für jedes $x \in \Phi_i$, $i \in I$.

Man bezeichnet die $\mathfrak{F}_i$, $i \in I$, als die Faktoren des Produktes $\underset{i \in I}{P} \mathfrak{F}_i$. Aus der Definition des cartesischen Produktes Φ folgt, daß jeder Boolering, der zu Φ isomorph ist, auch als das cartesische Produkt der $\mathfrak{F}_i$, $i \in I$, betrachtet werden kann. Man beweist auch leicht, daß zwei Booleringe Φ und Φ', die cartesische Produkte der $\mathfrak{F}_i$, $i \in I$ sind, stets isomorph sind. Das cartesische Produkt $\underset{i \in I}{P} \mathfrak{F}_i$ ist deshalb, falls vorhanden ist, bis auf Isomorphie eindeutig bestimmt. Es gilt ferner für das cartesische Produkt das allgemeine kommutative und assoziative Gesetz[1], d. h.

1. Bedeutet $j = j(i)$ eine beliebige eineindeutige Abbildung von I auf sich, so sind die cartesischen Produkte $\underset{i \in I}{P} \mathfrak{F}_i$ und $\underset{i \in I}{P} \mathfrak{F}_{j(i)}$ isomorph und

2. Bedeutet $I = \bigcup_{\nu \in N} I_\nu$ eine Zerlegung von I in paarweise fremde Teilmengen I_ν von I mit $I_\nu \neq \emptyset$ und $\mathfrak{m}(I_\nu) \geqq 2$ für jedes $\nu \in N$, und ist Φ_ν das cartesische Produkt $\underset{i \in I_\nu}{P} \mathfrak{F}_i$ für jedes $\nu \in N$ bzw. Φ' das cartesische Produkt $\underset{\nu \in N}{P} \Phi_\nu$, so ist Φ' isomorph zum cartesischen Produkt

[1] Vgl. R. Sikorski [4].

$\underset{i\in I}{P}\mathfrak{F}_i$. Für $\mathfrak{F}_i = \{\emptyset, x_i, x_i^c, e\}$, $i \in I$, ist das cartesische Produkt $\underset{i\in I}{P}\mathfrak{F}_i$ isomorph zum freien Boolering $\mathfrak{B}_{\mathfrak{m}}$ von $\mathfrak{m}(I)$ freien Ereignissen $\{x_i\}$, $i \in I$ (vgl. Nr. 2.3). Das cartesische Produkt von Booleringen kann also als eine Verallgemeinerung des Begriffes eines freien Booleringes betrachtet werden.

11.2. Existenz des cartesischen Produktes von Booleringen. Es sei $\mathfrak{F}_i$, $i \in I$, $\mathfrak{m}(I) \geqq 2$ eine Familie von Booleringen. Eine Familie $\alpha = \{a_i\}_{i\in I}$, $a_i \in \mathfrak{F}_i$ oder kurz $\alpha = P\, a_i$, wobei $a_i = e_i$ für jedes $i \in I$ ist, ausgenommen (höchstens) endlich viele $i \in I$, bezeichnen wir als ein Produktelement (kurz: *P*-Element)[1] mit den Faktoren (Komponenten) $a_i \in \mathfrak{F}_i$, dabei bedeutet e_i bzw. $\emptyset_i$ die Einheit bzw. die Null des Booleringes $\mathfrak{F}_i$, $i \in I$.

Es sei K das System (die Gesamtheit) aller P-Elemente. In K führen wir nun folgende Beziehungen ein:

α) Zwei P-Elemente $\alpha = P\, a_i$, $\beta = P\, b_i$ bezeichnen wir als fremd (unvereinbar), wenn $a_i \cap b_i = \emptyset_i$ für mindestens ein $i \in I$ gilt.

β) Zwei P-Elemente $\alpha = P\, a_i$, $\beta = P\, b_i$ bezeichnen wir als gleich, in Zeichen $\alpha = \beta$ dann und nur dann, wenn entweder beide (mindestens) einen Faktor $a_i = \emptyset_i$ bzw. $b_j = \emptyset_j$ haben oder wenn $a_i = b_i$ für jedes $i \in I$ gilt.

Das Produkt-Element $\varepsilon = P\, e_i$ wird als die Produkteinheit bezeichnet und jedes Produkt-Element $P\, a_i$ mit mindestens einem Faktor $a_i = \emptyset_i$ stellt die Produkt-Null dar, die wir kurz mit o bezeichnen. Die Gleichheitsaxiome sind erfüllt. In K kann man eine Operation: $\alpha \cap \beta = P\, a_i \cap P\, b_i \underset{\text{Def.}}{=} P\, a_i \cap b_i$ definieren. Sie ist idempotent, kommutativ und assoziativ. Erklärt man mit Hilfe dieser Operation: $\alpha \subseteqq \beta$ dann und nur dann, wenn $\alpha \cap \beta = \alpha$ gilt, so wird K zu einer geordneten Menge (zu einem Verein), in welcher $\alpha \cup \beta$ für je zwei Elemente α, β existiert. K ist also bezüglich der Relation $\subseteqq$ ein Verband, jedoch aber, wie man leicht bestätigt, nicht ein Booleverband (Boolering). Um K zu einem Boolering Φ zu erweitern, betrachten wir die Gesamtheit Φ aller (nicht geordneten) endlichen Komplexe:

$\mathfrak{a} = \{\alpha_1, \alpha_2, \ldots, \alpha_k\}$ mit $\alpha_j = P\, a_{ji} \in K$, $j = 1, 2, \ldots, k$, wobei $\alpha_1, \alpha_2, \ldots, \alpha_k$ paarweise fremde P-Elemente sind. Wir bezeichnen die $\mathfrak{a} \in \Phi$ als *Aggregatelemente* (kurz: *Aggregate*), speziell für $k = 1$ liefert jedes $\alpha \in K$ ein Aggregat $\{\alpha\}$. Ein Aggregat $\{\alpha_1, \alpha_2, \ldots, \alpha_n\}$ mit $\alpha_j = P\, a_{ji} \in K$, $j = 1, 2, \ldots, n$, wird als *gitterartig*, kurz *g-Aggregat* bezeichnet, wenn gilt:

$a_{ji} \cap a_{ki} = \emptyset_i$ oder $a_{ji} = a_{ki}$ für jedes Paar (j, k) aus $\{1, 2, \ldots, n\}$ und jedes $i \in I$.

[1] Sind $\mathfrak{F}_i$, $i \in I$, Felder, so bezeichnet man $P\, a_i$ als ein Produktereignis.

Gitterartige Darstellungen für Aggregate erhält man folgendermaßen:

I. Es sei zuerst $\alpha = P\, a_i \in K$, und es seien endlich viele Komponenten von α etwa $a_{i_1}, a_{i_2}, \ldots, a_{i_n}$ Vereinigungen von paarweise unvereinbaren Ereignissen aus $\mathfrak{F}_{i_1}, \mathfrak{F}_{i_2}, \ldots, \mathfrak{F}_{i_n}$ etwa:

$$a_{i_k} = a_{1,i_k} \cup a_{2,i_k} \cup \cdots \cup a_{r_k,i_k}, \quad 1 \leqq r_k < +\infty, \; k = 1, 2, \ldots, n.$$

Aus dem Ausdruck

$$(a_{1,i_1} \cup a_{2,i_1} \cup \cdots \cup a_{r_1,i_1}) \times \cdots \times (a_{1,i_n} \cup a_{2,i_n} \cup \cdots \cup a_{r_n,i_n})$$

erhalten wir durch formale Entwicklung nach dem distributiven Gesetz insgesamt $r = r_1 r_2 \cdots r_n$ n-Tupel der Form:

$$a_{k_1,i_1} \times \cdots \times a_{k_n,i_n} \text{ mit } 1 \leqq k_m \leqq r_m, \; m = 1, 2, \ldots, n. \tag{1}$$

Jedem n-Tupel (1) ordnen wir das P-Element $\alpha_{k_1,k_2,\ldots,k_n}$ zu, das wir aus $P\, a_i$ erhalten, in dem wir die Komponenten $a_{i_1}, a_{i_2}, \ldots, a_{i_n}$ durch $a_{k_1,i_1}, a_{k_2,i_2}, \ldots, a_{k_n,i_n}$ ersetzen. Die r P-Elemente $\alpha_{k_1 k_2 k_3 \cdots k_n}$, $1 \leqq k_m \leqq r_m$, $m = 1, 2, \ldots, n$, sind paarweise unvereinbar und bestimmen ein Aggregat $\{\alpha_1, \alpha_2, \ldots, \alpha_r\}$, das wir als eine Zerlegung $\{\alpha_1, \alpha_2, \ldots, \alpha_n\}$ des P-Elementes α bzw. des Aggregates $\{\alpha\}$ in r *feinere* P-Elemente bezeichnen.

Die in dieser Weise erklärten Zerlegungen von α in feinere P-Elemente sind immer gitterartige Aggregate. Das Aggregat $\{\alpha\}$ selbst betrachten wir ebenfalls als eine solche Zerlegung; wir erhalten nämlich diese Zerlegung, wenn wir $r_m = 1$, $m = 1, 2, \ldots, n$, setzen.

II. Es sei nun $\{\alpha_1, \alpha_2, \ldots, \alpha_m\}$ ein beliebiges Aggregat. Jedes Aggregat $\{\alpha_1^*, \alpha_2^*, \ldots, \alpha_n^*\}$, $n \geqq m$, welches wir aus diesem durch Zerlegung der α_j, $j = 1, 2, \ldots, m$ in feinere P-Elemente erhalten, nennen wir eine Zerlegung von $\{\alpha_1, \alpha_2, \ldots, \alpha_m\}$ in feinere P-Elemente $\{\alpha_1^*, \alpha_2^*, \ldots, \alpha_n^*\}$, $n \geqq m$. Es ist klar, daß eine Zerlegung von $\{\alpha_1, \alpha_2, \ldots, \alpha_m\}$ nicht immer ein gitterartiges Aggregat zu sein braucht. Eine Zerlegung $\{\alpha_1^*, \alpha_2^*, \ldots, \alpha_n^*\}$, $n \geqq m$, von $\{\alpha_1, \alpha_2, \ldots, \alpha_m\}$ in feinere P-Elemente, die ein gitterartiges Aggregat bildet, bezeichnen wir als eine zu $\{\alpha_1, \alpha_2, \ldots, \alpha_m\}$ *gehörige Gitterzerlegung* oder als eine *gitterartige Darstellung* von $\{\alpha_1, \alpha_2, \ldots, \alpha_m\}$. Wir überlassen dem Leser, die Existenz von gitterartigen Darstellungen eines Aggregates $\{\alpha_1, \alpha_2, \ldots, \alpha_m\}$ nachzuweisen (vgl. D. KAPPOS [2]). Man kann auch zeigen, daß zu je zwei Aggregaten $\{\alpha_1, \alpha_2, \ldots, \alpha_m\}$ und $\{\beta_1, \beta_2, \ldots, \beta_l\}$ gitterartige Darstellungen $\{\alpha_1^*, \alpha_2^*, \ldots, \alpha_n^*\}$, $n \geqq m$, und $\{\beta_1^*, \beta_2^*, \ldots, \beta_h^*\}$, $h \geqq l$, derart gehören, daß je zwei der α_p^*, β_q^* entweder unvereinbar oder gleich sind. Wir definieren jetzt eine Gleichheit in Φ. Zwei Aggregate $\{\alpha_1, \alpha_2, \ldots, \alpha_m\}$ und $\{\beta_1, \beta_2, \ldots, \beta_k\}$ heißen gleich, wenn entweder jedes nur aus der P-Null besteht, oder zu beiden eine und dieselbe gitterartige Darstellung gehört. Die Gleichheitsaxiome sind erfüllt. Nach dieser Definition ist speziell jedes Aggregat gleich einer jeden seiner Gitterzerlegungen. Die Ordnung in Φ definieren wir nun, wie folgt:

Wir schreiben $\{\alpha_1, \alpha_2, \ldots, \alpha_m\} \subseteqq \{\beta_1, \beta_2, \ldots, \beta_k\}$, wenn zu diesen beiden Aggregaten gitterartige Darstellungen $\{\alpha_1^*, \alpha_2^*, \ldots, \alpha_n^*\}$, $n \geqq m$, bzw. $\{\beta_1^*, \beta_2^*, \ldots, \beta_h^*\}$, $h \geqq k$, $h \geqq n$, derart gehören, daß jedes α_j^* gleich genau einem β_q^* ist. Die definierte Gleichheit und Ordnung in Φ sind unabhängig von der Wahl der Elementen-Gitterzerlegungen und führen in Φ die algebraische Struktur eines Booleringes ein. In Φ wird jetzt K bezüglich $\subseteqq$ und $=$ isomorph eingebettet. Man ordne nämlich jedem $\alpha \in K$ als Bild in Φ diejenige Aggregatenklasse zu, die das Aggregat $\{\alpha\}$ als Repräsentant hat. Diese Abbildung ist bezüglich $=, \subseteqq, \cap$ eine Isomorphie von K in Φ. Offenbar aber nicht für die Operation $\cup$.

Im folgenden identifizieren wir K mit seiner Einbettung in Φ. Außerdem benutzen wir allgemein zur Bezeichnung der Aggregatklassen in Φ griechische Buchstaben. $\alpha \in \Phi$ soll also immer eine Klasse α in Φ von gleichen Aggregaten bedeuten. Ist nun $\{\alpha_1, \alpha_2, \ldots, \alpha_k\}$ mit $\alpha_j \in K$, $j = 1, 2, \ldots, k$, ein Aggregat dieser Klasse α, so dürfen wir schreiben $\alpha = \alpha_1 \cup \alpha_2 \cup \cdots \cup \alpha_k$, d. h. wir dürfen die Klasse α durch die Vereinigung $\alpha_1 \cup \alpha_2 \cup \cdots \cup \alpha_k$ der paarweise unvereinbaren P-Elemente $\alpha_j \in K \subseteqq \Phi$ repräsentieren. Wir bemerken außerdem, daß K als ein Untersystem von Φ betrachtet, abgeschlossen für die Operation $\cap$ ist und daher $K^{\dagger} = \Phi$ gilt, d. h. Φ fällt mit dem kleinsten Booleunterring von Φ über K zusammen. In Φ kann man jeden Boolering $\mathfrak{F}_j$, $j \in I$, totalregulär einbetten. Man ordne nämlich jedem $x \in \mathfrak{F}_j$ die Aggregatklasse in Φ, die als Repräsentant das P-Element $\alpha = P\, a_i \in K \subset \Phi$ hat, wobei $a_j = x$ und $a_i = e_i$ für jedes $i \neq j$, $i \in I$, gilt. Es sei Φ_j die totalreguläre Einbettung von $\mathfrak{F}_j$ in Φ, für $j \in I$, dann ist die mengentheoretische Vereinigung $S = \bigcup_{j \in I} \Phi_j$ eine algebraische Basis von Φ, denn $S^{\cap} = K$ also $S^{\cap \dagger} = K^{\dagger} = \Phi$. Φ besitzt also die Eigenschaften I und II von Nr. 11.1 des cartesischen Produktes $\underset{i \in I}{P}\, \mathfrak{F}_i$. Es ist nun leicht zu zeigen, daß Φ die Eigenschaft III von Nr. 11.1 besitzt. Bedeutet nämlich φ_j ein Homomorphismus von Φ_j in einen Boolering $\mathfrak{B}$ für jedes $j \in I$, so ist die Abbildung φ, die man folgendermaßen erklärt:

1. $\varphi(\alpha) \underset{\text{Def.}}{=} \varphi_j(\alpha)$ für jedes $\alpha \in \Phi_j$, $i \in I$.

2. $\varphi(\alpha_{j_1} \cap \alpha_{j_2} \cap \cdots \cap \alpha_{j_k}) \underset{\text{Def.}}{=} \varphi_{j_1}(\alpha_{j_1}) \cap \varphi_{j_2}(\alpha_{j_2}) \cap \cdots \cap \varphi_{j_k}(\alpha_{j_k})$ für jedes $\alpha_{j_1} \cap a_{j_2} \cap \cdots \cap \alpha_{j_k} \in S^{\cap} = K$ mit $\alpha_{j_\varrho} \in \Phi_{j_\varrho}$, $\varrho = 1, 2, \ldots, k$.

3. $\varphi(\beta_{j_1} \dotplus \beta_{j_2} \dotplus \cdots \dotplus \beta_{j_m}) \underset{\text{Def.}}{=} \varphi(\beta_{j_1}) \dotplus \varphi(\beta_{j_2}) \dotplus \cdots \dotplus \varphi(\beta_{j_m})$ für jedes $\beta_{j_1} \dotplus \beta_{j_2} \dotplus \cdots \dotplus \beta_{j_m} \in S^{\cap \dagger} = \Phi$ mit $\beta_{j_k} \in K$, $k = 1, 2, \ldots, m$, eine eindeutige Abbildung von Φ in $\mathfrak{B}$, und zwar ein Homomorphismus. Die Existenz eines cartesischen Produktes $\underset{i \in I}{P}\, \mathfrak{F}_i$ ist damit bewiesen[1].

[1] Für einen anderen Beweis, der aber die klassische Theorie der Produkträume als bekannt voraussetzt vgl. Nr. 12.4 Bemerkung.

Ist Φ ein cartesisches Produkt der Booleringe $\mathfrak{F}_i$, $i \in I$, so schreiben wir im folgenden $\Phi = \underset{i \in I}{P} \mathfrak{F}_i$.

11.3. Das cartesische Produkt von W-Feldern. Es sei $(\mathfrak{F}_i, w_i)$ eine Familie von W-Feldern mit $i \in I$ und $\mathfrak{m}(I) \geqq 1$, und $\Phi = \underset{i \in I}{P} \mathfrak{F}_i$ das cartesische Produkt der Booleringe (Felder) $\mathfrak{F}_i$, $i \in I$. In Φ kann man eine W. π folgendermaßen erklären:

1. Für jedes $\alpha = P\, a_i \in K$ ist nach Definition $a_i \neq e_i$ für höchstens endlich viele Indizes etwa höchstens für die Indizes $i_1, i_2, \ldots, i_k$. Wir definieren dann

$$\pi(\alpha) = w_{i_1}(a_{i_1})\, w_{i_2}(a_{i_2}) \cdots w_{i_k}(a_{i_k}),$$

der P-Einheit ε ordnen wir die W. $\pi(\varepsilon) = 1$ zu. Für die P-Null o ist dann offenbar $\pi(o) = 0$.

2. Ist $\alpha \in \Phi$, also $\alpha = \alpha_1 \cup \alpha_2 \cup \cdots \cup \alpha_k$ mit $\alpha_j \in K$, $j = 1, 2, \ldots, k$, und $\alpha_i \alpha_j = 0$ für $i \neq j$, so definieren wir

$$\pi(\alpha) = \pi(\alpha_1) + \pi(\alpha_2) + \cdots + \pi(\alpha_k),$$

somit ist $\pi(\alpha)$ unabhängig von dem gewählten Repräsentanten $\alpha_1 \cup \alpha_2 \cup \cdots \cup \alpha_k$ von α.

Daß π eine W. auf Φ ist, ist leicht zu beweisen. (Φ, π) ist also ein W-Feld. Wir setzen:

$$(\Phi, \pi) = \underset{j \in I}{P} (\mathfrak{F}_i, w_i)$$

und bezeichnen (Φ, π) als das W-Produktfeld der W-Felder $(\mathfrak{F}_i, w_i)$, $i \in I$. $(\mathfrak{F}_i, w_i)$, $i \in I$, heißen die Faktoren (oder Komponenten) von (Φ, π). Ist eine Komponente $(\mathfrak{F}_i, w_i)$ ein σ-W-Feld, so ist seine Einbettung (Φ_i, π) ein σ-W-Unterfeld von (Φ, π), da ja die Einbettung Φ_i von $\mathfrak{F}_i$ in Φ totalregulär ist.

Wir bemerken, daß, wenn jede Komponente $(\mathfrak{F}_i, w_i)$ ein σ-W-Feld ist, so auch jedes Einbettungsfeld (Φ_i, π) ein σ-W-Unterfeld von (Φ, π) ist; die W. π braucht aber nicht auf Φ stetig (σ-additiv) zu sein.

11.4. Erweiterung eines W-Produktfeldes. Eigenschaften. Es sei $(\Phi, \pi) = \underset{i \in I}{P} (\mathfrak{F}_i, w_i)$, das W-Produktfeld der W-Felder $(\mathfrak{F}_i, w_i)$, $i \in I$. Es sei $(\tilde{\Phi}, \tilde{\pi})$ die π-Hülle (σ-Erweiterung) von (Φ, π). Wir setzen $(\tilde{\Phi}, \tilde{\pi}) = \underset{i \in I}{\tilde{P}} (\mathfrak{F}_i, w_i)$ und bezeichnen dies als das σ-W-*Produktfeld* der W-Felder $(\mathfrak{F}_i, w_i)$, $i \in I$. Dieses σ-W-Produktfeld ist ein σ-W-Feld. Es bedeute $(\Phi_0, \tilde{\pi})$ die isometrische Einbettung von (Φ, π) in $(\tilde{\Phi}, \tilde{\pi})$. Sie induziert für jedes $j \in I$ eine Einbettung $(\Phi_j^0, \tilde{\pi})$ von $(\mathfrak{F}_j, w_j)$ in $(\tilde{\Phi}, \tilde{\pi})$, die man als eine Einbettung von $(\mathfrak{F}_j, w_j)$ in $(\tilde{\Phi}, \tilde{\pi})$ betrachten kann. Die W. $\tilde{\pi}$ ist *stetig* auf Φ_0 bzw. auf Φ_j^0 *relativ* $\tilde{\Phi}$. Ist insbesondere w_j stetig auf $\mathfrak{F}_j$, so ist auch $\tilde{\pi}$ auf Φ_j^0 stetig, und zwar unabhängig vom Oberfeld Φ_0 bzw. $\tilde{\Phi}$,

d. h. die Einbettung Φ_j^0 von $\mathfrak{F}_j$ in $\tilde{\Phi}$ ist in diesem Falle σ-regulär. Jedoch ist die Einbettung Φ_0 von Φ in $\tilde{\Phi}$ im allgemeinen nicht σ-regulär. Setzt man $S_0 = \bigcup_{j\in I} \Phi_j^0$, so ist S_0 eine π-Basis (Borel-Basis) von Φ_0. Man kann leicht zeigen:

Wenn $(\tilde{\mathfrak{F}}_j, \tilde{w}_j)$ die w_j-Hülle von $(\mathfrak{F}_j, w_j)$ für jedes $j \in I$ bedeutet und $(\Phi^*, \pi^*) = \underset{j\in I}{P} (\tilde{\mathfrak{F}}_j, \tilde{w}_j)$ das W-Produktfeld bzw. $(\tilde{\Phi}^*, \tilde{\pi}^*) = \underset{j\in I}{\tilde{P}} (\tilde{\mathfrak{F}}_i, \tilde{w}_i)$ das σ-W-Produktfeld der $(\tilde{\mathfrak{F}}_i, \tilde{w}_i), i \in I$, ist, dann ist $(\tilde{\Phi}^*, \tilde{\pi}^*)$ isometrisch zu $(\tilde{\Phi}, \tilde{\pi}) = \underset{j\in I}{\tilde{P}} (\mathfrak{F}_i, w_i)$.

Es sei $(\mathfrak{F}_i, w_i)$ ein W-Feld mit einer empirischen Basis $(\mathfrak{F}_i^0, w_i)$, $i \in I$, und dabei sei I eine abzählbare Menge. Es sei ferner K bzw. K^0, die Menge aller P-Elemente gebildet aus den $\mathfrak{F}_i$ bzw. $\mathfrak{F}_i^0$, $i \in I$. Wir setzen:

$$(\Phi, \pi) = \underset{i\in I}{P} (\mathfrak{F}_i, w_i) \quad \text{bzw.} \quad (\Phi^0, \pi^0) = \underset{i\in I}{P} (\mathfrak{F}_i^0, w_i),$$

dann kann (Φ^0, π^0) in (Φ, π) isometrisch eingebettet werden und die Einbettung bildet offensichtlich eine empirische Basis von (Φ, π). Da aber K^0 abzählbar ist, so ist Φ^0 abzählbar; somit ist auch die Einbettung von Φ^0 in Φ abzählbar. (Φ, π) ist also ein W-Feld mit einer empirischen Basis. Es ist nun klar, daß die σ-W-Produktfelder $(\tilde{\Phi}^0, \tilde{\pi}^0) = \underset{i\in I}{\tilde{P}} (\mathfrak{F}_i^0, w_i)$ und $(\tilde{\Phi}, \tilde{\pi}) = \underset{i\in I}{\tilde{P}} (\mathfrak{F}_i, w_i)$ isometrisch sind. Es gilt deshalb der

Satz 1. Besitzt jedes W-Feld $(\mathfrak{F}_i, w_i)$, $i \in I$, eine empirische Basis (abzählbare w_i-Basis) und ist I abzählbar, so besitzt $(\Phi, \pi) = \underset{i\in I}{P} (\mathfrak{F}_i, w_i)$ ebenfalls eine empirische Basis (abzählbare π-Basis) und deshalb ist $(\tilde{\Phi}, \tilde{\pi}) = \underset{i\in I}{\tilde{P}} (\mathfrak{F}_i, w_i)$ ein empirisches σ-W-Feld.

Bei hinreichend großer Kardinalzahl der Komponenten ist das W-Produktfeld bzw. σ-W-Produktfeld atomfrei, genauer:

Satz 2. Vor. Es seien $(\mathfrak{F}_i, w_i)$, $i \in I$, W-Felder, wobei die Mächtigkeit von $I \geqq \aleph_0$.

Beh. 1. *Es besitzt $(\Phi, \pi) = \underset{i\in I}{P} (\mathfrak{F}_i, w_i)$ keine Atome.*

2. *Es besitzt sogar $(\tilde{\Phi}, \tilde{\pi}) = \underset{i\in I}{\tilde{P}} (\mathfrak{F}_i, w_i) \equiv \underset{i\in I}{\tilde{P}} (\tilde{\mathfrak{F}}_i, \tilde{w}_i)$ keine Atome,*

wenn

A. die Mächtigkeit von $I > \aleph_0$ ist oder

B. es zwei Konstanten ξ_1, ξ_2 und eine Teilmenge I' von I mit abzählbar unendlich vielen Elementen gibt, so daß für jedes $i \in I' \subset I$ mindestens ein $a_i \in \mathfrak{F}_i$ existiert mit $0 < \xi_1 \leqq w_i(a_i) \leqq \xi_2 < 1$.

***Zusatz.** Gilt für eine Teilmenge I' von I mit der Mächtigkeit $\mathfrak{m}(I') \geqq \aleph_0$, daß $(\mathfrak{F}_i, w_i)$ für jedes $i \in I'$ isometrisch zu einem beliebigen aber von i*

unabhängigen W-Feld $(\mathfrak{F}, w)$ *ist, so ist die Bedingung B erfüllt und folglich gilt die Beh.* 2 *des obigen Satzes.*

Beweis des Satzes. Betr. Beh. 1. Es genügt zu beweisen, daß kein $\alpha \in K$ ein Atom in Φ ist, denn jedes $\alpha \in \Phi$ ist in der Form $\alpha_1 \cup \alpha_2 \cup \cdots \cup \alpha_k$ mit $\alpha_i \in K$, $i = 1, 2, \ldots, k$, darstellbar, wobei die Glieder paarweise fremd sind. Es sei also $\alpha = P\, a_i \in K$, $\alpha \neq o$, wobei $a_i = e_i$ für jedes $i \in I$ ausgenommen nur endlich viele Indizes, etwa $i_1, i_2, \ldots, i_n \in I$. Für jedes $i \in I$ existiert ein $b_i \in \mathfrak{F}_i$ mit $0 < w_i(b_i) < 1$. Ferner existiert ein $i' \neq i_1, i_2, \ldots, i_n$ in I. Das Element $\delta = P\, d_i$ mit $d_{i'} = b_{i'}$, sonst $d_i = a_i$ für $i \in I$ mit $i \neq i'$ ist also verschieden von o und echter Teil von α, d. h. α kein Atom.

Betr. Beh. 2, A. Es sei $\alpha \in \Phi^{\sigma\delta} = \tilde{\Phi}$, $\alpha \neq o$. Dann ist $\alpha = \bigcap \alpha_j$ mit $\alpha_j \in \Phi^\sigma$ und $\alpha_j \supseteqq \alpha_{j+1}$, $j = 1, 2, \ldots$, außerdem $\alpha_j = \bigcup\limits_n \alpha_{j_n}$, wobei $\alpha_{j_n} \in K$, $j, n = 1, 2, \ldots$, und $\alpha_{j_k} \alpha_{j_n} = o$, $k \neq n$. Nun betrachten wir jedes $a_{j_n} = P\, a_i^{j_n}$. Es existieren endlich viele Indizes i für jedes j, n, so daß $a_i^{j_n} \neq e_i$, sonst aber $a_i^{j_n} = e_i$. Für alle j, n existieren deshalb höchstens abzählbar viele Indizes i, so daß $a_i^{j_n} \neq e_i$, sonst aber $a_i^{j_n} = e_i$. Da die Möglichkeit der Indexmenge I größer als $\aleph_0$ ist, so existiert ein $i_0 \in I$, so daß $a_{i_0}^{j_n} = e_{i_0}$ für alle $j, n = 1, 2, \ldots$ gilt. Nun setzen wir $\alpha'_{j_n} = \underset{i \in I}{P}\, a_i'^{j_n}$ mit $a_{i_0}'^{j_n} = a_{i_0}$ sonst $a_i'^{j_n} = a_i^{j_n}$. Hierbei soll a_{i_0} fest für alle j, n sein und außerdem sei $0 < w_{i_0}(a_{i_0}) < w_{i_0}(e_{i_0}) = 1$. Das Element $\alpha' = \bigcap \alpha'_i$ mit $\alpha'_i = \bigcup\limits_n \alpha'_{j_n}$ ist dann in α enthalten und verschieden von o und weil $\pi(\alpha') = w_{i_0}(a_{i_0})\, \pi(\alpha) < \pi(\alpha)$ gilt, so ist α' echter Teil von α, also α kein Atom.

Betr. Beh. 2, B. I. Wir zeigen zuerst: zu jedem $\alpha \in \Phi^\sigma$, $\alpha \neq o$ existiert ein $\beta \in \Phi^\sigma$ derart, daß β echter Teil von α ist und $\xi_1 \pi(\alpha) \leqq \pi(\beta) \leqq \xi_2 \pi(\alpha)$ gilt. Da α in der Form $\alpha = \bigcup \alpha_j$ mit $\alpha_k \alpha_m = o$, $k \neq m$, $\alpha_j \in K$, $j = 1, 2, \ldots$, darstellbar ist, so brauchen wir I. nur für jedes $\alpha \in K$, $\alpha \neq 0$ zu beweisen. Es sei also $\alpha \in K$, wie in Beh. 1 gegeben. Nach Voraussetzung (B) existiert zu jedem $i \in I' \subset I$ ein $a'_i \in \mathfrak{F}_i$, so daß $\xi_1 \leqq w_i(a'_i) \leqq \xi_2$ gilt. Ferner existiert ein festes $i' \in I$ verschieden von den Indizes $i_1, i_2, \ldots, i_n$. Das Element $\beta = P\, b_i$ mit $b_{i'} = a'_{i'}$ sonst $b_i = a_i$ für $i \in I$, $i \neq i'$ ist, also verschieden von o und echter Teil von α, wobei noch $\xi_1 \pi(\alpha) \leqq \pi(\beta) \leqq \pi(\alpha)\, \xi_2$ ist. Damit ist die Beh. I auch für $\alpha \in \Phi^\sigma$ bewiesen.

II. Es sei nun $\alpha \in \Phi^{\sigma\delta} = \tilde{\Phi}$, also $\alpha = \bigcap \alpha_n$ mit $\alpha_n \in \Phi^\sigma$ und $\alpha_n \supseteqq \alpha_{n+1}$ $n = 1, 2, \ldots$ Dann gilt $\pi(\alpha) = \lim \pi(\alpha_n)$ und $0 \leqq \pi(\alpha) < \pi(\alpha_n)$. Wir ordnen jedem α_n ein β_n nach I. zu, so daß β_n echter Teil von α_n, verschieden von o ist und $0 < \xi_1 \pi(\alpha_n) \leqq \pi(\beta_n) \leqq \xi_2 \pi(\alpha_n) < 1$, $n = 1, 2, \ldots$, gilt. Dann ist $o \neq \lim \operatorname{alg} \beta_n = \beta$ echter Teil von α, denn es gilt $\beta_n \subset \alpha_n$ und $0 < \xi_1 \pi(\alpha) \leqq \pi(\beta) \leqq \xi_2 \pi(\alpha) < \pi(\alpha)$. Damit ist aber gezeigt, daß $\alpha \in \tilde{\Phi}$ kein Atom ist.

11.5. Darstellung von Atomen in einem W-Produktfeld. Es sei $(\Phi, \pi) = \tilde{P}_{i \in I} (\mathfrak{F}_i, w_i)$ ein σ-W-Produktfeld mit den Komponenten $(\mathfrak{F}_i, w_i)$ σ-W-Felder für jedes $i \in I$. Nach Satz 2 ist für die Existenz von Atomen notwendig, daß $\mathfrak{m}(I) \leqq \aleph_0$ ist. Wir wollen nun im Falle $\mathfrak{m}(I) = \aleph_0$ untersuchen, wie sich in $(\tilde{\Phi}, \pi)$ eventuell vorhandene Atome darstellen lassen. Die Gesamtheit K aller P-Elemente bildet bekanntlich, als Untersystem von $\tilde{\Phi}$ betrachtet, ein $\cap$-Untersystem und es gilt $K^{+\sigma\delta} = K^{+\delta\sigma} = \tilde{\Phi}$. Der Booleunterring $K^+ = \Phi$ von $\tilde{\Phi}$ ist eine BORELbasis von $\tilde{\Phi}$ und besitzt keine Atome. Aus der Darstellung $\tilde{\Phi} = K^{+\delta\sigma}$ von $\tilde{\Phi}$ folgt: wenn in $\tilde{\Phi}$ Atome existieren, so sind sie als Durchschnitte $\alpha = (\tilde{\Phi}) \bigcap_{\nu=1}^{\infty} \alpha_\nu$ mit $\alpha_\nu \in \Phi$ und $\alpha \supset \alpha_{\nu+1}$, $\nu = 1, 2, \ldots$, darstellbar, sie gehören also zu $\Phi_\delta = K^{+\delta}$ und es gilt: $\pi(\alpha) = \lim \pi(\alpha_\nu) \neq 0$. Hierbei kann die streng absteigende Folge $\alpha_1, \alpha_2, \ldots$ nicht aus endlich vielen Gliedern bestehen, denn kein $\alpha_\nu \in \Phi$ ist ein Atom in $\tilde{\Phi}$. Wir setzen $\alpha_k = \alpha_{k,1} \cup \alpha_{k,2} \cup \cdots \cup \alpha_{k,r_k}$ mit $\alpha_{k,m} \in K$, $m = 1, 2, \ldots, r_k$, $k = 1, 2, \ldots$, wobei bei gleichem ersten Index k die $\alpha_{k,m}$ paarweise fremd sind. O. B. d. A. kann angenommen werden, daß jedes $\alpha_{k+1,m}$ in genau einem $\alpha_{k,l}$ enthalten ist. Wir betrachten nun

$$(\tilde{\Phi}) \bigcap_{k=1}^{\infty} (\alpha_{k,1} \cup \alpha_{k,2} \cup \cdots \cup \alpha_{k,r_k}). \tag{2}$$

Durch formale distributive Entwicklung der linken Seite von (2) entstehen Durchschnitte der Form $\alpha_{1,t_1} \cap \alpha_{2,t_2} \cap \cdots$ Ihre Vereinigung ist im allgemeinen nicht gleich α, denn das allgemeine distributive Gesetz braucht in $\tilde{\Phi}$ nicht zu gelten; jedoch ist diese Vereinigung in α enthalten. Nun bemerken wir, daß jeder Durchschnitt $\alpha_{1,t_1} \cap \alpha_{2,t_2} \cap \cdots$ entweder für ein ν abbricht, wenn nämlich in α_{ν,t_ν} kein $\alpha_{\nu+1,m}$ enthalten ist, oder nicht abbricht. Da $\alpha_1, \alpha_2, \ldots$ streng absteigt und nicht abbricht, so gibt es nicht abbrechende Durchschnitte $\bigcap_{\nu=1}^{\infty} \alpha_{\nu,t_\nu}$ und für diese Durchschnitte gilt offensichtlich:

$$\alpha_{\nu,t_\nu} \supseteqq \alpha_{\nu+1,t_{\nu+1}} \text{ und } \alpha_{\nu,t_\nu} \cap \alpha \neq o, \; \nu = 1, 2, \ldots \tag{3}$$

Nehmen wir zuerst an, daß ein nicht abbrechender Durchschnitt, als Element in $\Phi^\delta \subseteqq \tilde{\Phi}$ betrachtet, nicht leer ist, so daß also $(\tilde{\Phi}) \bigcap_{\nu=1}^{\infty} \alpha_{\nu,t_\nu} = \beta \neq o$ gilt. Dann ist $\beta \subseteqq \alpha$, und weil α ein Atom ist, so muß $\beta = \alpha$ sein. Man kann also in diesem Falle α durch $\bigcap_{\nu=1}^{\infty} \alpha_{\nu,t_\nu}$ mit $\alpha_{\nu,t_\nu} \in K$ darstellen. Andererseits kann ein nicht abbrechender Durchschnitt, als

Element von $\Phi^\delta \subseteqq \tilde{\Phi}$ betrachtet, nicht leer sein. Denn aus $\bigcap\limits_{\nu=1}^{\infty} \alpha_{\nu,t_\nu} = o$ folgt $\lim\limits_{\nu\to\infty} \pi\left(\alpha_{\nu,t_\nu}\right) = 0$, so daß für genügend großes ν gilt $\pi\left(\alpha_{\nu,t_\nu}\right) < \pi(\alpha)$. Daraus folgt $\pi\left(\alpha_{\nu,t_\nu} \cap \alpha\right) < \pi(\alpha)$ und wegen $\alpha_{\nu,t_\nu} \cap \alpha \neq o$ auch $\pi\left(\alpha_{\nu,t_\nu} \cap \alpha\right) > 0$, d. h. $\alpha_{\nu,t_\nu} \cap \alpha \subset \alpha$, also α kein Atom (Widerspruch!). Es gibt also genau einen nicht abbrechenden Durchschnitt $(\tilde{\Phi}) \bigcap\limits_{\nu=1}^{\infty} \alpha_{\nu,t_\nu}$ mit $\alpha_{\nu,t_\nu} \in K$, der das Atom α darstellt. Es wurde also gezeigt:

1. Zu jedem Atom $\alpha \in \tilde{\Phi}$ existiert stets eine Darstellung $\alpha = \bigcap\limits_{\nu=1}^{\infty} \alpha_\nu$ mit $\alpha_\nu \in K$, also mit $\alpha_\nu = \underset{i\in I}{P}\, \alpha_i^\nu$. Hierbei kann angenommen werden, daß $\alpha_\nu \supset \alpha_{\nu+1}$, $\nu = 1, 2, \ldots$, gilt, d. h. daß die Darstellungsfolge $\alpha_1, \alpha_2, \ldots$ streng absteigend ist[1].

2. Bei der Darstellung 1. eines Atomes $\alpha \in \tilde{\Phi}$ gilt: Zu jedem $j \in I$ existiert ein ν derart, daß die j-te Komponente a_j^ν von $\alpha_\nu = \underset{i\in I}{P}\, a_i^\nu$ verschieden von e_j und $\emptyset_j$ ist.

Denn gälte für ein $j \in I$ 2. nicht, so gäbe es ein Element $\beta = P\, b_i$ mit $b_j \neq e_j$, $\emptyset_j$ und $b_i = e_i$ für alle $i \neq j$, $i \in I$; dann wäre $0 < w(b_j) = \pi(\beta) < 1$. Da aber $\beta\,\alpha = (\tilde{\Phi}) \bigcap\limits_{\nu=1}^{\infty} \beta\,\alpha_\nu$ gilt, so ist $\pi(\beta\,\alpha) = \lim \pi(\beta\,\alpha_\nu) = \pi(\beta) \lim \pi(\alpha_\nu) = \pi(\beta)\,\pi(\alpha) < \pi(\alpha)$ also $\beta\,\alpha$ echter Teil von α und verschieden von o, d. h. α kein Atom (Widerspruch!).

3. Bei der Darstellung 1. eines Atoms $\alpha \in \tilde{\Phi}$ gilt:

$$(\mathfrak{F}_j) \bigcap_{j=1}^{\infty} a_j^\nu \text{ ist } \neq \emptyset_j \text{ und ein echter Teil von } e_j.$$

Daß dieser Durchschnitt echter Teil von e_j ist, folgt aus 2. Wir zeigen nun, daß dieser Durchschnitt nicht leer ist. Wir setzen dazu $\beta_\nu = P\, b_i^\nu$ mit $b_j^\nu = a_j^\nu$ und $b_i^\nu = e_i$ für alle $i \neq j$; dann ist $\beta_\nu \supseteqq \alpha_\nu$ also $(\tilde{\Phi}) \bigcap\limits_{\nu=1}^{\infty} \beta_\nu \supseteqq (\tilde{\Phi}) \bigcap\limits_{\nu=1}^{\infty} \alpha_\nu = \alpha \neq o$, d. h. $(\tilde{\Phi}) \bigcap\limits_{\nu=1}^{\infty} \beta_\nu$ ist nicht leer. Es gilt aber $(\tilde{\Phi}) \bigcap\limits_{\nu=1}^{\infty} \beta_\nu \in K$ nämlich $= \underset{i\in I}{P}\, x_i$ mit $x_j = (\mathfrak{F}_j) \bigcap\limits_{\nu=1}^{\infty} a_j^\nu$ und $x_i = e_i$ für alle $i \neq j$. $(\mathfrak{F}_j) \bigcap\limits_{\nu=1}^{\infty} a_j^\nu$ kann daher nicht leer sein. Wir bezeichnen einen Ausdruck $\underset{i\in I}{P}\, x_i$ mit $\emptyset_i \subset x_i \subset e_i$, $x_i \in \mathfrak{F}_i$, $i \in I$, als ein Grenzproduktelement. In einem Grenzproduktelement sind also alle Komponenten x_i verschieden

[1] Letztere Annahme kann gemacht werden, weil $\alpha_\nu \in K$, $\nu = 1, 2, \ldots$, keine Atome in $\tilde{\Phi}$ sind.

von $\emptyset_i$ und e_i, $i \in I$. Nach 3. gilt, daß das Element $x_j = (\mathfrak{F}_j) \bigcap_{\nu=1}^{\infty} a_j^{\nu}$ für jedes $j \in I$ verschieden von $\emptyset_j$ und e_j ist, d. h. der Ausdruck $\underset{i \in I}{P}\, x_i$ mit diesen Komponenten ein Grenzproduktelement ist.

Wir denken nun die Menge I in irgendeiner Weise numeriert, also $\{i_1, i_2, \ldots\} = I$ und betrachten folgende Folge:

$\gamma_\nu = \underset{i \in I}{P}\, c_i^{\nu}$ mit $c_i^{\nu} = x_i = (\mathfrak{F}_i) \bigcap_{\nu=1}^{\infty} a_i^{\nu}$ für $i = i_1, i_2, \ldots, i_\nu$ und $c_i^{\nu} = e_i$ sonst; dann ist offenbar $\gamma_\nu \supset \gamma_{\nu+1}$, $\nu = 1, 2, \ldots$ Den Durchschnitt $(\tilde{\Phi}) \bigcap_{\nu=1}^{\infty} \gamma_\nu$ bezeichnen wir dann mit dem Grenzproduktelement $\underset{i \in I}{P}\, x_i$, also

$$(\tilde{\Phi}) \bigcap_{\nu=1}^{\infty} \gamma_\nu \underset{\text{Def.}}{=} \underset{i \in I}{P}\, x_i\,.$$

Wir behaupten: Es gilt $(\tilde{\Phi}) \bigcap_{\nu=1}^{\infty} \gamma_\nu = \alpha$.

Es ist nämlich offenbar $\gamma_\nu \geqq \alpha$, $\nu = 1, 2, \ldots$ Es genügt daher zu zeigen: Für jedes $\nu = 1, 2, \ldots$ existiert ein m derart, daß $\alpha_\nu \geqq \gamma_m$ gilt.

Bei der Darstellung $\alpha_\nu = \underset{i \in I}{P}\, a_i^{\nu}$ existieren höchstens endlich viele Indizes $\{j_1, j_2, \ldots, j_k\} \subseteq I$ mit $a_{j_q}^{\nu} \neq e_{j_q}$, $q = 1, 2, \ldots, k_\nu$, sonst $a_i^{\nu} = e_i$. Die Menge $\{j_1, j_2, \ldots, j_{k_\nu}\}$ ist in einem Abschnitt der abzählbaren Menge $\{i_1, i_2, \ldots\}$ enthalten. Es sei $\{i_1, i_2, \ldots i_m\}$ dieser Abschnitt, dann gilt offensichtlich $\alpha_\nu \geqq \gamma_m$. Hiermit ist gezeigt worden, daß $(\tilde{\Phi}) \bigcap_{\nu=1}^{\infty} \gamma_\nu = \alpha$ gilt. Wir haben also bis jetzt folgenden Satz bewiesen:

Satz 3. Es sei das σ-W-Produktfeld $(\tilde{\Phi}, \pi) = \underset{i \in I}{\tilde{P}}\, (\mathfrak{F}_i, w_i)$, *wobei* $\mathfrak{m}(I) = \aleph_0$ *und* $(\mathfrak{F}_i, w_i)$ *ein σ-W-Feld für jedes* $i \in I$. *Es sei ferner* $\alpha \in \tilde{\Phi}$, $\alpha \neq o$ *und* α *ein Atom in* $\tilde{\Phi}$. *Dann existiert stets ein Grenzproduktelement* $\underset{i \in I}{P}\, x_i$ *mit* $\emptyset_i \subset x_i \subset e_i$, $i \in I$, *derart, daß* $\alpha = \underset{i \in I}{P}\, x_i$, *d. h.* $\alpha = (\tilde{\Phi}) \bigcap_{\nu=1}^{\infty} \gamma_\nu$ *mit* $\gamma_\nu = \underset{i \in I}{P}\, c_i^{\nu}$, $c_i^{\nu} = x_i$ *für* $i = i_1, i_2, \ldots, i_\nu$, *und* $c_i^{\nu} = e_i$ *sonst gilt. Hierbei bedeutet* $\{i_1, i_2, \ldots\}$ *irgendeine Numerierung von* I.

Wir zeigen nun außerdem:

Zusatz 1. *Bei der Darstellung des Atoms* α *vom vorigen Satz ist im Grenzproduktelement* $\underset{i \in I}{P}\, x_i$ *jedes* $x_i \in \mathfrak{F}_i$ *ein Atom in* $\mathfrak{F}_i$, $i \in I$.

2\. *Es gilt* $\pi(\alpha) = \prod_{\nu=1}^{\infty} w_{i_\nu}(x_{i_\nu})$.

3\. *Die Darstellung ist eindeutig bestimmt.*

Beweis betr. 1. Es sei für ein $j \in I$, x_j kein Atom, dann existiert ein y_j mit $\emptyset_j \subset y_j \subset x_j$, also $0 < w_j(y_j) < w_j(x_j) < 1$. Wir betrachten dann

$\beta = \underset{i\in I}{P}\, b_i$ mit $b_j = y_j$, sonst $b_i = e_i$ für jedes $i \neq j$, dann ist $\beta\,\alpha = (\tilde{\Phi}) \bigcap_{\nu=1}^{\infty} \beta\,\gamma_\nu$ also $\pi(\beta\,\alpha) = \pi(\beta) \lim \pi(\gamma_\nu) = \pi(\beta)\,\pi(\alpha) \neq 0$, also $\pi(\beta\,\alpha) < \pi(\alpha)$, d. h. $\beta\,\alpha \neq o$ und echter Teil von α, d. h. α kein Atom (Widerspruch!).

Betr. 2. Klar, denn $\pi(\gamma_\nu) = w_{i_1}(x_{i_1})\, w_{i_2}(x_{i_2}) \cdots w_{i_\nu}(x_{i_\nu})$.

Betr. 3. Gäbe es nämlich eine zweite Darstellung von α durch $\underset{i\in I}{P}\, y_i$ mit $y_i \neq x_j$ für ein $j \in I$, dann wäre $y_j \cap x_j = \emptyset_j$. Wenn wir also $\gamma'_\nu = \underset{i\in I}{P}\, c'^{\nu}_i$ mit $c'^{\nu}_i \neq y_i$ für $i = i_1, i_2, \ldots, i_\nu$ und sonst $c'^{\nu}_i = e_i$ setzen, dann ist $\gamma'_\nu \cap \gamma_\nu = o$, d. h. $\gamma = \bigcap \alpha_\nu \cap \bigcap \gamma'_\nu = o$ (Widerspruch!).

Es gilt auch umgekehrt:

Satz 4. *Es sei* $(\tilde{\Phi}, \pi) = \underset{i\in I}{\tilde{P}}\, (\mathfrak{F}_i, w_i)$, *wobei* $\mathfrak{m}(I) = \aleph_0$ *und* $(\mathfrak{F}_i, w_i)$ *für jedes* $i \in I$ *ein* σ-*W-Feld ist. Es sei* $\underset{i\in I}{P}\, x_i$ *ein Grenzproduktelement mit* $\emptyset_i \subset x_i \subset e_i$, $i \in I$, *und* x_i *ein Atom in* $\mathfrak{F}_i$, $i \in I$. *Es gelte ferner für eine Numerierung* $\{i_1, i_2, \ldots\}$ *von* I: $\prod_{\nu=1}^{\infty} w_{i_\nu}(x_{i_\nu}) \neq 0$; *dann stellt der Durchschnitt* $(\tilde{\Phi}) \bigcap_{\nu=1}^{\infty} \gamma_\nu$, *wobei* $\gamma_\nu = \underset{i\in I}{P}\, c^\nu_i$, $c^\nu_i = x_i$ *für* $i = i_1, i_2, \ldots, i_\nu$ *und* $c^\nu_i = e_i$ *sonst ein Atom* α *in* $\tilde{\Phi}$ *dar und es gilt* $\pi(\alpha) = \prod_{\nu=1}^{\infty} w_{i_\nu}(x_{i_\nu})$.

Der Beweis ist klar.

11.6. Das Wahrscheinlichkeitsfeld eines Systems von freien Versuchen als W-Produktfeld und seine Eigenschaften. Es bedeute $\mathfrak{F}_i$ den Boolering, den zwei Atome a_{i_1}, a_{i_2} erzeugen, also es sei $\mathfrak{F}_i = \{\emptyset, a_{i_1}, a_{i_2}, e\}$, $i \in I$ mit $\mathfrak{m}(I) = \mathfrak{m}$. Dann ist der Produkt-Boolering $\Phi = \underset{i\in I}{P}\, \mathfrak{F}_i$ isomorph zum freien Boolering $\mathfrak{B}_\mathfrak{m}$ von $\mathfrak{m}$ freien Ereignissen $\{x_i\}_{i\in I}$ (vgl. auch Nr. 11.1). Man braucht nämlich nur jedem Monom $y_{i_1} \cap y_{i_2} \cap \cdots \cap y_{i_n} \in \mathfrak{B}_\mathfrak{m}$ das Produktelement $P\, z_i$ mit $z_{i_k} = a_{i_k,1}$, wenn $y_{i_k} = x_{i_k}$ und $z_{i_k} = a_{i_k,2}$, wenn $y_{i_k} = x^c_{i_k}$ ist $k = 1, 2, \ldots, n$, sonst $z_i = e_i$, zuzuordnen. Durch geeignete Wahl der W. auf jedem $\mathfrak{F}_i$ und auf $\mathfrak{B}_\mathfrak{m}$ kann man erreichen, daß $(\Phi, \pi) = \underset{i\in I}{P}\, (\mathfrak{F}_i, w_i)$ isometrisch zu $(\mathfrak{B}_\mathfrak{m}, w)$ ist.

Es gilt nun:

Satz 5. *Vor. Es sei* $(\tilde{\Phi}, \pi) = \underset{i\in I}{\tilde{P}}\, (\mathfrak{F}_i, w_i)$ *ein* σ-*W-Produktfeld, wobei* $\mathfrak{m}(I) = \aleph_0$ *und* $\mathfrak{F}_i$ *der Boolering* $\mathfrak{F}_i = \{\emptyset, a_{i,0}, a_{i,1}, e\}$, $i \in I$, *sei, den zwei Atome* $a_{i,0}, a_{i,1}$, $i \in I$ *erzeugen. Es gelte* $w_i(a_{i,0}) \leq \frac{1}{2}$ *für alle* $i \in I$.

Beh.: Folgende Aussagen sind gleichwertig:

1. *Das* σ-*W-Produktfeld* $(\tilde{\Phi}, \pi)$ *ist atomar, d. h.* $\tilde{\Phi}$ *zum Boolering aller Teilmengen der Menge der natürlichen Zahlen isomorph.*

2. *Die Reihe* $\sum_{\nu=1}^{\infty} w_{i_\nu}(a_{i_\nu,0})$ *konvergiert für eine Numerierung* $\{i_1, i_2, \ldots\} = I$.

Dieser Satz ist eine Folgerung des Satzes:

Satz 6. *Es sei* $(\tilde{\Phi}, \pi) = \tilde{P}_{i\in I}(\mathfrak{F}_i, w_i)$ *ein* σ*-W-Produktfeld, wobei* $\mathfrak{m}(I) = \aleph_0$ *und* $\mathfrak{F}_i$ *der* σ*-Boolering, den die Atome* $\{a_{i,0}, a_{i,1}, a_{i,2}, \ldots\}$, $i \in I$ *erzeugen. Es gelte* $w_i(a_{i,0}) \geqq w_i(a_{i,k})$ *für alle* $i \in I$ *und* $k = 1, 2, \ldots$

Beh. Folgende Aussagen sind gleichwertig:

1. *Das* σ*-W-Produktfeld* $(\tilde{\Phi}, \pi)$ *ist atomar, d. h.* $\tilde{\Phi}$ *zum Boolering aller Teilmengen der Menge der natürlichen Zahlen isomorph.*

2. *Die Doppelreihe*

$$\sum_{\nu, k=1}^{\infty} w_{i_\nu}(a_{i_\nu,k}) \tag{1}$$

konvergiert, wobei $I = \{i_1, i_2, \ldots\}$ *eine Numerierung von* I.

Beweis. Nach 11.5 existieren Atome in $\tilde{\Phi}$ dann und nur dann, wenn Grenzproduktereignisse $\underset{i\in I}{P}\, x_i$ existieren, wobei jedes $x_i = a_{i,k}$ für ein $k = 0, 1, 2, \ldots$, und $i \in I$ ist und außerdem $\prod_{\nu=1}^{\infty} w_{i_\nu}(x_{i_\nu})$, bei einer Numerierung $\{i_1, i_2, \ldots\} = I$, gegen eine Zahl $\xi \neq 0$ konvergiert. Wir betrachten nun das unendliche Produkt $\prod_{\nu=1}^{\infty}\left\{\sum_{k=0}^{\infty} w_{i_\nu}(a_{i_\nu,k})\right\} = 1$. Durch formale distributive Entwicklung des Produktes links erhält man überabzählbar viele unendliche Produkte der Form

$$\prod_{\nu=1}^{\infty} w_{i_\nu}(x_{i_\nu}) \text{ mit } x_{i_\nu} = a_{i_\nu,k}. \tag{2}$$

Nach einem Satz von GRUMMICH [1] (vgl. auch BOREL [1] und KAPPOS [3]) gilt: Falls die Doppelreihe (1) konvergiert, dann existieren höchstens abzählbar viele solche Produkte, die gegen Zahlen $\xi \neq 0$ konvergieren und die Summe dieser Zahlen ist gleich 1.

Falls die Doppelreihe (1) divergiert, dann existiert überhaupt kein Produkt der Form (2), das gegen eine Zahl $\xi \neq 0$ konvergiert. Jedem $\prod_{\nu=1}^{\infty} w_{i_\nu}(x_{i_\nu}) \neq \xi$ entspricht ein Grenzproduktelement $\underset{i\in I}{P}\, x_i$, das ein Atom in $\tilde{\Phi}$ bestimmt und weil die Summe der Wahrscheinlichkeiten solcher Atome gleich 1 ist, so ist $\tilde{\Phi}$ atomar. Im Falle der Divergenz der Doppelreihe (1) haben wir keine Atome, d. h. $\tilde{\Phi}$ ist von Typus I. Nach dem Satz von GRUMMICH gibt es keine andere Möglichkeit. Satz 6 ist damit bewiesen.

Bemerkung 1. Es wurde also außerdem gezeigt: Für $\mathfrak{m}(I) = \aleph_0$ und atomare Faktoren $\mathfrak{F}_i$ ist $\tilde{\Phi}$ von Typus I oder Typus III (vgl. Nr. 10.7).

Bemerkung 2. Mit Hilfes des Satzes 6 und Bemerkung 1 kann man ein Beispiel eines Booleringes $\mathfrak{F}$ bilden, der zwei Wahrscheinlichkeiten w und v tragen kann derart, daß der σ-Boolering $\tilde{\mathfrak{F}}_w$ der w-Hülle von $(\mathfrak{F}, w)$ von Typus I, dagegen der σ-Boolering $\tilde{\mathfrak{F}}_v$ der v-Hülle von $(\mathfrak{F}, v)$ von Typus III ist, also $\tilde{\mathfrak{F}}_w$ und $\tilde{\mathfrak{F}}_v$ nicht isomorph zueinander sind (vgl. Bemerkung von Nr. 8.11).

11.7. Klassifikation der W-Felder nach Dorothy Maharam. Man bezeichnet einen σ-Boolering $\mathfrak{M}$ mit Einheit, der ein endliches, strikt positives und σ-additives Maß trägt, als einen σ-Maßverband oder σ-Maßalgebra. Da jedes endliche Maß μ auf $\mathfrak{M}$ normiert werden kann, nämlich durch Multiplikation mit $\frac{1}{\mu(e)}$, wobei e die Einheit von $\mathfrak{M}$ bedeutet, so unterscheidet sich die algebraische Struktur der σ-Maßverbände von derjenigen der σ-W-Felder nicht. In Nr. 10.7 haben wir die algebraische Struktur der σ-W-Felder mit einer empirischen Basis behandelt. Dorothy Maharam [2] (vgl. auch E. Marczewski und R. Sikorski [1]) hat die Klassifikation von beliebigen σ-Maßverbänden untersucht. Diese Klassifikation gibt einen Überblick der algebraischen Struktur von beliebigen σ-W-Feldern. Darüber berichten wir im folgenden:

A. Es sei $(\mathfrak{F}, w)$ ein σ-W-Feld und $a \in \mathfrak{F}$ mit $a \neq \emptyset$, dann ist $a\mathfrak{F} = \{x \in \mathfrak{F} : x \subseteq a\}$ ein σ-Boolering mit a als Einheit, das sogenannte Hauptideal in $\mathfrak{F}$, das dem Element $a \in \mathfrak{F}$ entspricht. Die Restriktion der Funktion w von $\mathfrak{F}$ auf $a\mathfrak{F}$ ist offenbar ein endliches, strikt positives und σ-additives Maß auf $a\mathfrak{F}$, also $\frac{w}{w(a)}$ eine W. auf $a\mathfrak{F}$ und daher $\left(a\mathfrak{F}, \frac{w}{w(a)}\right)$ ein σ-W-Feld. Ist a ein Atom in $\mathfrak{F}$, so ist $\left(a\mathfrak{F}, \frac{w}{w(a)}\right)$ isometrisch zum uneigentlichen W-Feld $(\mathfrak{U}, w)$ (vgl. Nr. 1.4, Bemerkung), wobei $\mathfrak{U} = \{\emptyset, e\}$ und $w(\emptyset) = 0$, $w(e) = 1$.

Der σ-Boolering $\mathfrak{F}$ eines σ-W-Feldes $(\mathfrak{F}, w)$ heißt *homogen vom Typus* $\beta \geqq 0$, wenn für jedes $a \in \mathfrak{F}$, $a \neq \emptyset$, der Charakter $c_{a\mathfrak{F}}$ von $a\mathfrak{F}$ gleich dem Charakter $c_{\mathfrak{F}}$ von $\mathfrak{F}$ gleich $\aleph_\beta$ ist[1]. Hierbei bedeute bekanntlich $\aleph_\beta$ die Mächtigkeit der Menge $W(\omega_\beta)$ aller Ordinalzahlen $< \omega_\beta$. Jeder atomare σ-Boolering wird auch als *homogen vom Typus* -1 betrachtet.

Aus dieser Definition folgt unmittelbar

I. Ist $\mathfrak{F}$ homogen vom Typus $\beta \geqq -1$, so ist auch der σ-Boolering $a\mathfrak{F}$ für jedes $a \neq 0$ homogen vom Typus β.

II. Ist $(\mathfrak{F}, w)$ ein σ-W-Feld und $\mathfrak{F}$ homogen vom Typus $\beta \geqq 0$, so ist jedes σ-W-Feld $\left(a\mathfrak{F}, \frac{w}{w(a)}\right)$ für jedes $a \in \mathfrak{F}$, $a \neq \emptyset$, isometrisch zum σ-W-Feld $(\mathfrak{F}, w)$.

[1] Bezüglich des Begriffes „Charakter" vgl. Nr. 10.7.

B. Man zeigt leicht:

III. Jeder Ordinalzahl $\beta \geqq 0$ entspricht ein σ-Boolering $\mathfrak{B}_\beta$, der homogen vom Typus β ist. Man konstruiert $\mathfrak{B}_\beta$ folgendermaßen: Jeder Ordinalzahl ξ mit $0 \leqq \xi < \omega_\beta$ ordnen wir ein W-Feld zu: $(\mathfrak{F}_\xi, w_\xi)$, wobei $\mathfrak{F}_\xi$ der Boolering, den zwei Atome erzeugen, d. h. $\mathfrak{F}_\xi = \{\emptyset, x_\xi, x_\xi^c, e\}$, und $w_\xi(x_\xi) = w_\xi(x_\xi^c) = \frac{1}{2}$, $w_\xi(\emptyset) = 0$, $w_\xi(e) = 1$ gesetzt ist: Man bilde dann nach Nr. 11.4 das σ-W-Produktfeld: $\tilde{P}_{0 \leqq \xi < \omega_\beta} (\mathfrak{F}_\xi, w_\xi)$ und setze es gleich $(\mathfrak{B}_\beta, \pi_\beta)$. $\mathfrak{B}_\beta$ ist dann homogen vom Typus $\beta \geqq 0$. Ist $(\mathfrak{F}, w)$ ein σ-W-Feld und dabei $\mathfrak{F}$ homogen vom Typus $\beta \geqq 0$, so ist $(\mathfrak{B}_\beta, \pi_\beta)$ isometrisch zu $(\mathfrak{F}, w)$. Ist dagegen $\mathfrak{F}$ homogen vom Typus $\beta' \neq \beta$, so existiert kein Isomorphismus zwischen $\mathfrak{F}$ und $\mathfrak{B}_\beta$. $(\mathfrak{F}, w)$ kann deshalb in diesem Falle nicht isometrisch zu$(\mathfrak{B}_\beta, \pi_\beta)$ sein.

IV. Das σ-W-Feld $(\mathfrak{B}_0, \pi_0)$ (definiert nach III. für $\beta = 0$) besitzt eine empirische Basis und ist gemäß Klassifikation von Nr. 10.7 vom stetigen Typus, also zum linearen Lebesgueschen σ-W-Feld $(\mathfrak{L}, \mu)$, isometrisch.

V. Ist eine Indexmenge I von einer Mächtigkeit $\mathfrak{m}(I) \leqq \aleph_\beta$, $\beta \geqq 0$, und setzt man $(\mathfrak{F}_i, w_i) = (\mathfrak{B}_\beta, \pi_\beta)$ für jedes $i \in I$, so ist das σ-Produktfeld $\tilde{P}_{i \in I} (\mathfrak{F}_i, w_i)$ stets isometrisch zum σ-W-Feld $(\mathfrak{B}_\beta, \pi_\beta)$.

C. DOROTHY MAHARAM hat folgenden wichtigen Satz bewiesen:

Satz von Maharam. Es sei $(\mathfrak{F}, w)$ ein σ-W-Feld, dann existiert stets eine Zerlegung der Einheit $e \in \mathfrak{F}$ in höchstens abzählbar viele paarweise fremde und von $\emptyset$ verschiedene Elementen:

$$a_1, a_2, \ldots$$

derart, daß jeder σ-Boolering (Hauptideal) $a_\nu \mathfrak{F}$ homogen vom Typus $\beta_\nu \geqq -1$ ist und $\beta_{\nu+1} > \beta_\nu$ für jedes ν gilt.

Diese Zerlegung ist eindeutig bestimmt.

Für den Beweis dieses Satzes verweisen wir auf die Arbeit von D. MAHARAM.

Bemerkung. Mit Hilfe des obigen Satzes von D. MAHARAM kann man folgenden Satz beweisen:

VI. Ist der σ-Boolering $\mathfrak{F}$ eines σ-W-Feldes homogen vom Typus $\beta \geqq 0$, so ist $\mathfrak{F}$ als metrischer Raum (vgl. Nr. 8.11) betrachtet *nicht* kompakt.

Beweis. $\mathfrak{F}$ ist gemäß Satz 15 vom Nr. 8.11 homöomorph zum metrischen Raum $\mathfrak{B}_\beta$ des σ-W-Feldes $(\mathfrak{B}_\beta, \pi_\beta)$ von V. In $\mathfrak{B}_\beta$ aber kann man $\aleph_\beta$ verschiedene Elemente finden, deren Entfernung paarweise $\geqq \frac{1}{4}$ ist. Man setze nämlich für jedes ξ' mit $0 \leqq \xi' < \omega_\beta$ $b_{\xi'}$ gleich dem Produktelement $P_{0 \leqq \xi < \omega_\beta} y_\xi$, wobei $y_\xi = e$ für alle $\xi \neq \xi'$ und $y_{\xi'} = x_{\xi'}$. Dann ist offenbar $\pi(b_{\xi'} \dotplus b_{\xi''}) \geqq \frac{1}{4}$ falls $\xi' \neq \xi''$ ist. Die Menge aller

Elemente $b_{\xi'}$, $0 \leqq \xi' < \omega_\beta$, ist, aber unendlich und besitzt keinen Häufungspunkt. $\mathfrak{B}_\beta$ ist deshalb nicht kompakt, also auch $\mathfrak{F}$ nicht kompakt.

Aus Satz VI, Satz von MAHARAM und Satz 16 von Nr. 8.11 folgt:

VII. Ist $(\mathfrak{F}, w)$ ein σ-W-Raum, so ist der metrische Raum $\mathfrak{F}$ dann und nur dann kompakt, wenn $\mathfrak{F}$ atomar ist, d. h. vom Typus -1.

12. W-Produkträume

12.1. Cartesisches Produkt. Es sei Ω_i, $i \in I$, eine Familie von nicht leeren (Mengen) Räumen Ω_i. Als cartesischen Produktraum oder kurz P-Raum $\Omega = \underset{i\in I}{P}\, \Omega_i$ mit Komponenten Ω_i, $i \in I$, bezeichnen wir die Gesamtheit aller Punkte $\omega = \{\omega_i\}_{i\in I}$ mit $\omega_i \in \Omega_i$, $i \in I$. ω_i heißt die i-te Komponente des Punktes $\omega \in \Omega$. Es bedeute nun X_i jeweils eine beliebige nicht leere Teilmenge von Ω_i, $i \in I$. Dann bezeichnen wir $X = \underset{i\in I}{P}\, X_i$, d. h. die Gesamtheit aller $\omega = \{\omega_i\}_{i\in I}$ mit $\omega_i \in X_i$ als eine Produktmenge, deren Komponenten die Mengen X_i, $i \in I$, sind. Es ist offenbar $X \subseteqq \Omega$. Wir setzen im folgenden fest, daß eine Produktmenge $\underset{i\in I}{P}\, X_i$ mit mindestens einer Menge $X_i = \emptyset =$ leere Menge, die leere Menge $\emptyset$ darstellt. Es sei $\{i_1, i_2, \ldots, i_n\}$ eine beliebige, nicht leere endliche Teilmenge von I. Dann wird eine Produktmenge der Form $\underset{i\in I}{P}\, X_i$ mit $X_{i_k} = A_{i_k}$, $k = 1, 2, \ldots, n$, und $X_i = \Omega_i$, falls $i \neq i_1, i_2, \ldots, i_n$, als ein Rechteck $R(A_{i_1}, A_{i_2}, \ldots, A_{i_n})$ bezeichnet. A_{i_k} heißt die i_k-te Seite von R. Rechtecke mit einer leeren Seite stellen die leere Menge $\emptyset$ dar.

12.2. W-Produkträume. Es sei $(\Omega_i, \mathfrak{K}_i, v_i)$, $i \in I$, eine Familie von W-Räumen. Es sei ferner $\Omega = \underset{i\in I}{P}\, \Omega_i$ der Produktraum mit den Komponenten Ω_i, $i \in I$. Es bedeute $\mathfrak{R}$ die Gesamtheit aller Rechtecke: $R(A_{i_1}, A_{i_2}, \ldots, A_{i_n})$ mit $A_{i_k} \in \mathfrak{K}_{i_k}$, $k = 1, 2, \ldots, n$, für alle endlichen Teilmengen $\{i_1, i_2, \ldots, i_n\} \subseteqq I$. Dann ist $\mathfrak{R}$ ein $\wedge$-Untersystem von $\mathfrak{P}(\Omega)$. Der kleinste Körper von Teilmengen des Produktraumes Ω (Borelunterring von $\mathfrak{P}(\Omega)$) über $\mathfrak{R}$ ist dann $\mathfrak{R}^+$. Man bestätigt leicht, daß dieser Körper $\mathfrak{R}^+$ isomorph zum Produkt-Boolering $\underset{i\in I}{P}\, \mathfrak{K}_i$ ist, wenn man jeden Körper $\mathfrak{K}_i$, $i \in I$, als einen abstrakten Boolering betrachtet und die Produktbildung nach Nr. 11.2 vornimmt. Bei der zugehörigen Isomorphie entsprechen den Rechtecken die in Nr. 11.2 definierten Produktelemente. Wir werden deshalb im folgenden $\mathfrak{R}^+$ durch $\mathfrak{K} = \underset{i\in I}{P}\, \mathfrak{K}_i$ bezeichnen und den Produktkörper (Produkt-Boolering) mit den Körpern $\mathfrak{K}_i$, $i \in I$, als Komponenten nennen.

Wir definieren nun auf $\mathfrak{K}$ eine Quasi-Wahrscheinlichkeit ψ, wie folgt:

Für jedes Rechteck $R(A_{i_1}, A_{i_2}, \ldots, A_{i_n}) \in \mathfrak{R}$ wird gesetzt:

$$\psi(R) = v_{i_1}(A_{i_1})\, v_{i_2}(A_{i_2}) \cdots v_{i_n}(A_{i_n}).$$

Für jedes $X \in \mathfrak{K}$ existiert eine Darstellung $X = R_1 \cup R_2 \cup \cdots \cup R_k$ von paarweise fremden Rechtecken $R_1, R_2, \ldots, R_k$. Es wird deshalb gesetzt:

$$\psi(X) = \psi(R_1) + \psi(R_2) + \cdots + \psi(R_k).$$

Die so definierte Funktion ψ auf $\mathfrak{K}$ ist eine Quasi-W., wie man in der klassischen Maßtheorie zeigt. Es ist deshalb $(\Omega, \mathfrak{K}, \psi)$ ein W-Raum, den wir als den W-*Produktraum* $(\Omega, \mathfrak{K}, \psi) = \underset{i \in I}{P} (\Omega_i, \mathfrak{K}_i, v_i)$ bezeichnen, dessen Komponenten die W-Räume $(\Omega_i, \mathfrak{K}_i, v_i)$, $i \in I$, sind.

12.3. σ-Produktkörper. σ-W-Produkträume. Es bedeute ${}_\sigma\mathfrak{K}$ den kleinsten σ-Körper von Teilmengen des Produktraumes Ω (σ-Booleunterring von $\mathfrak{P}(\Omega)$) über $\mathfrak{K} = \underset{i \in I}{P} \mathfrak{K}_i$. Wir setzen dann ${}_\sigma\mathfrak{K} = \underset{i \in I}{P^\sigma} \mathfrak{K}_i$ und bezeichnen $\underset{i \in I}{P^\sigma} \mathfrak{K}_i$ als den σ-Produktkörper, dessen Komponenten die Körper $\mathfrak{K}_i$, $i \in I$, sind. Es bedeute ${}_\sigma\mathfrak{K}_i$ den kleinsten σ-Körper von Teilmengen des Raumes Ω_i (σ-Booleunterring von $\mathfrak{P}(\Omega_i)$) über $\mathfrak{K}_i$, $i \in I$. Dann gilt: Der σ-Produktkörper $\underset{i \in I}{P^\sigma} {}_\sigma\mathfrak{K}_i$, dessen Komponenten die σ-Körper ${}_\sigma\mathfrak{K}_i$, $i \in I$, sind, fällt mit dem σ-Produktkörper $\underset{i \in I}{P^\sigma} \mathfrak{K}_i$ zusammen, dessen Komponenten die Körper $\mathfrak{K}_i$, $i \in I$, sind. Die Quasi-W. ψ kann bekanntlich eindeutig auf ${}_\sigma\mathfrak{K}$ erweitert werden. Den Borelschen W-Raum $(\Omega, {}_\sigma\mathfrak{K}, \psi)$ bezeichnen wir dann als den σ-W-*Produktraum*:

$$(\Omega, {}_\sigma\mathfrak{K}, \psi) = \underset{i \in I}{P^\sigma} (\Omega_i, \mathfrak{K}_i, v_i) \equiv \underset{i \in I}{P^\sigma} (\Omega_i, {}_\sigma\mathfrak{K}_i, v_i),$$

wobei die Komponenten die W-Räume $(\Omega_i, \mathfrak{K}_i, v_i)$ oder, was dasselbe bedeutet, die σ-W-Räume $(\Omega_i, {}_\sigma\mathfrak{K}_i, v_i)$, $i \in I$, sind.

Es bedeute nun $(\Omega, L\, {}_\sigma\mathfrak{K}, v)$ die Lebesguesche Erweiterung von $(\Omega, {}_\sigma\mathfrak{K}, v)$. Es sei ferner v_i ein W. auf $\mathfrak{K}_i$, d. h. v_i strikt positiv auf $\mathfrak{K}_i$, $i \in I$. Es bedeute $\mathfrak{N}$ bzw. $\mathfrak{N}^*$ das σ-Ideal der Nullmengen in ${}_\sigma\mathfrak{K}$ bzw. $L\, {}_\sigma\mathfrak{K}$. Dann ist der Restklassen-σ-Boolering ${}_\sigma\mathfrak{K}/\mathfrak{N}$ bzw. $L\, {}_\sigma\mathfrak{K}/\mathfrak{N}^*$ isomorph zum σ-Produktfeld $\tilde{\mathfrak{K}} = \underset{i \in I}{\tilde{P}} \mathfrak{K}_i$, und wenn man in bekannter Weise eine striktpositive W. φ auf ${}_\sigma\mathfrak{K}/\mathfrak{N}$ bzw. $L\, {}_\sigma\mathfrak{K}/\mathfrak{N}^*$ durch $\varphi(X/\mathfrak{N}) = \psi(X)$ bzw. $\varphi(X/\mathfrak{N}^*) = \psi(X)$ definiert, dann ist $(\tilde{\mathfrak{K}}, \pi) = \underset{i \in I}{\tilde{P}} (\mathfrak{K}_i, v_i)$ isometrisch zu $({}_\sigma\mathfrak{K}/\mathfrak{N}, \psi) \approx (L\, {}_\sigma\mathfrak{K}/\mathfrak{N}^*, \psi)$.

12.4. Darstellung von W-Produktfeldern durch W-Produkträume. Es sei $(\mathfrak{F}_i, w_i)$, $i \in I$, eine Familie von W-Feldern und $(\Phi, \pi) = \underset{i \in I}{P} (\mathfrak{F}_i, w_i)$ das W-Produktfeld mit den W-Feldern $(\mathfrak{F}_i, w_i)$, $i \in I$, als Komponenten. Nach Nr. 9.2 kann man jedem W-Feld $(\mathfrak{F}_i, w_i)$ einen W-Raum $(\Omega_i, \mathfrak{K}_i, v_i)$, $i \in I$, derart zuordnen, daß v_i auf $\mathfrak{K}_i$ σ-additiv relativ $\mathfrak{P}(\Omega_i)$ ist. Bildet man nun den W-Produktraum:

$$(\Omega, \mathfrak{K}, \psi) = \underset{i \in I}{P} (\Omega_i, \mathfrak{K}_i, v_i),$$

so ist $\mathfrak{K}$ isomorph zu Φ, weil die Komponenten $\mathfrak{F}_i$ isomorph zu $\mathfrak{K}_i$, $i \in I$, sind. Außerdem ist ψ relativ $\mathfrak{P}(\Omega)$ σ-additiv auf $\mathfrak{K}$, also $(\Omega, \mathfrak{K}, \psi)$ ein W-Raum, und weil $(\mathfrak{K}, \psi)$ isometrisch zu (Φ, π) ist, so ist $(\Omega, \mathfrak{K}, \psi)$ ein Darstellungs-W-Raum des W-Feldes (Φ, π).

Bemerkung. Die Existenz des cartesischen Produktes einer Familie von Booleringen $\mathfrak{F}_i$, $i \in I$, die wir in Nr. 11.2 bewiesen haben, kann auch mit Hilfe des Stoneschen Darstellungssatzes bewiesen werden, wenn man die klassische Theorie der Produkträume als bekannt voraussetzt. Für jeden Boolering $\mathfrak{F}_i$ sei nämlich $\mathfrak{K}_i$ der Darstellungskörper von Teilmengen einer Grundmenge Ω_i nach STONE. Dann bildet man den Produktraum $\Omega = \underset{i \in I}{P} \Omega_i$, betrachtet die Gesamtheit $\mathfrak{R}$ aller Rechtecke $R(A_{i_1}, A_{i_2}, \ldots, A_{i_n})$ mit $A_{i_k} \in \mathfrak{K}_{i_k}$, $k = 1, 2, \ldots n$, und den kleinsten Körper $\mathfrak{K}$ über $\mathfrak{R}$. Der Körper $\mathfrak{K}$, als ein abstrakter Boolering betrachtet, hat dann, wie man leicht zeigt, die Eigenschaften des cartesischen Produktes $\underset{i \in I}{P} \mathfrak{F}_i$ von Nr. 11.1 (vgl. SIKORSKI [3]).

Kapitel V

13. w-Unabhängigkeit in W-Feldern

13.1. w-unabhängige Untersysteme eines W-Feldes. Es sei $(\mathfrak{F}, w)$ ein W-Feld. Eine Teilmenge $\mathfrak{A}$ von $\mathfrak{F}$, die abgeschlossen für die in $\mathfrak{F}$ erklärte Operation $\cap$, in Zeichen $\mathfrak{A}^{\cap} = \mathfrak{A}$, ist, bezeichnen wir als ein $\cap$-Untersystem von $\mathfrak{F}$, falls $\mathfrak{A}$ mindestens ein Ereignis $\neq \emptyset$ enthält. Es sei jetzt I eine beliebige Indexmenge. Die $\cap$-Untersysteme $\mathfrak{A}_i$, $i \in I$, von $\mathfrak{F}$ heißen *w-unabhängig* in $\mathfrak{F}$, wenn gilt: Für jede beliebige endliche Teilmenge $\{i_1, i_2, \ldots, i_n\} \subseteq I$ und beliebige $a_{i_k} \in \mathfrak{A}_{i_k}$, $k = 1, 2, \ldots, n$, ist

$$w(a_{i_1} \cap a_{i_2} \cap \cdots \cap a_{i_n}) = w(a_{i_1})\, w(a_{i_2}) \cdots w(a_{i_n}). \tag{U}$$

Aus dieser Definition folgen unmittelbar:

Satz 1. *Sind die $\cap$-Untersysteme $\mathfrak{A}_i$, $i \in I$, von $\mathfrak{F}$ w-unabhängig in $\mathfrak{F}$, so ist jeder endliche Durchschnitt $a_{i_1} \cap a_{i_2} \cap \cdots \cap a_{i_n}$ mit $a_{i_k} \in \mathfrak{A}_{i_k}$, $k = 1, 2, \ldots, n$, nicht leer, wenn $a_{i_k} \neq \emptyset$ für $k = 1, 2, \ldots n$ ist.*

Satz 2. *Sind die $\cap$-Untersysteme $\mathfrak{A}_i$, $i \in I$, von $\mathfrak{F}$ w-unabhängig in $\mathfrak{F}$, so sind beliebige $\cap$-Untersysteme $\mathfrak{B}_i$ von $\mathfrak{F}$ mit $\mathfrak{B}_i \subseteq \mathfrak{A}_i$ für alle $i \in I' \subseteq I$ ebenfalls w-unabhängig in $\mathfrak{F}$.*

Wir zeigen nun:

Satz 3. *Vor.: Die $\cap$-Untersysteme $\mathfrak{A}_i$, $i \in I$, von $\mathfrak{F}$ seien w-unabhängig in $\mathfrak{F}$. $(\mathfrak{A}_i^+, w)$ sei das kleinste W-Unterfeld von $(\mathfrak{F}, w)$ über $\mathfrak{A}_i$, $i \in I$, und $(\mathfrak{A}, w)$ das kleinste W-Unterfeld von $(\mathfrak{F}, w)$ über der mengentheoretischen Vereinigung $\bigcup_{i \in I} \mathfrak{A}_i = \mathfrak{S}$, das also jedes $\mathfrak{A}_i$, $i \in I$, als $\cap$-Untersystem enthält.*

Beh.: 1. *Die Booleunterringe* $\mathfrak{A}_i^+, i \in I$, *von* $\mathfrak{F}$ *sind ebenfalls* w-*unabhängig in* $\mathfrak{F}$.

2. *Das W-Feld* $(\mathfrak{A}, w)$ *ist isometrisch zum W-Produktfeld* $(\Phi, \pi) = \underset{i \in I}{P} (\mathfrak{A}_i^+, w_i)$, *hierbei ist* $w_i = w$, $i \in I$, *gesetzt. Die Isomorphie führt insbesondere jeden Durchschnitt* $a_{i_1} \cap a_{i_2} \cap \cdots \cap a_{i_n} \in \mathfrak{A}$ *mit* $\{i_1, i_2, \ldots, i_n\} \subseteqq I$, $a_{i_k} \in \mathfrak{A}_{i_k}^+$, $k = 1, 2, \ldots, n$, *in das P-Ereignis* $\underset{i \in I}{P} x_i$ *mit* $x_i = a_i$ *für* $i = i_1, i_2, \ldots, i_n$ *und* $x_i = e_i = e$ *für* $i \in I - \{i_1, i_2, \ldots, i_n\}$ *über.*

Beweis. Betr. Beh. 1. O. B. d. A. können wir annehmen, das jedes $\mathfrak{A}_i$ das Ereignis e enthält, denn durch Adjunktion (oder Weglassen) von e bleibt jedes $\mathfrak{A}_i$, $i \in I$, ein $\cap$-Untersystem von $\mathfrak{F}$ und die w-Unabhängigkeit wird nicht gestört. Wir bemerken: Jedes Element $x_i \in \mathfrak{A}_i^+$ ist in der Form $x_i = a_{i,1} \dotplus a_{i,2} \dotplus \cdots \dotplus a_{i,n}$ mit $a_{i,j} \in \mathfrak{A}_i$ darstellbar.

Wir zeigen zuerst, daß die Gleichung (U) gültig bleibt, wenn ein $a_{i_k} \in \mathfrak{A}_{i_k}$ durch $a_{i_k} \dotplus a'_{i_k}$ ersetzt wird, wobei $a'_{i_k} \in \mathfrak{A}_{i_k}$. O. B. d. A. setzen wir voraus, daß $k = 1$ ist. Dann ist nämlich:

$$w\big((a_{i_1} \dotplus a'_{i_1}) \cap a_{i_2} \cap \cdots \cap a_{i_n}\big) = w(a_{i_1} \dotplus a'_{i_1})\, w(a_{i_2}) \cdots w(a_{i_n}). \tag{1}$$

Denn wir haben links

$$\begin{aligned} &w\big((a_{i_1} \dotplus a'_{i_1}) \cap a_{i_2} \cap \cdots \cap a_{i_n}\big) \\ &= w(a_{i_1} \cap a_{i_2} \cap \cdots \cap a_{i_n} \dotplus a'_{i_1} \cap a_{i_2} \cap \cdots \cap a_{i_n}) \\ &= w(a_{i_1} \cap a_{i_2} \cap \cdots \cap a_{i_n}) + w(a'_{i_1} \cap a_{i_2} \cap \cdots \cap a_{i_n}) \\ &\quad - 2\, w(a_{i_1} \cap a'_{i_1} \cap a_{i_2} \cap \cdots \cap a_{i_n}) \end{aligned}$$

und rechts:

$$\begin{aligned} w(a_{i_1} \dotplus a'_{i_1})\, w(a_{i_2}) \cdots w(a_{i_n}) &= w(a_{i_1})\, w(a_{i_2}) \cdots w(a_{i_n}) \\ &\quad + w(a'_{i_1})\, w(a_{i_2}) \cdots w(a_{i_n}) - 2\, w(a_{i_1} \cap a'_{i_1})\, w(a_{i_2}) \cdots w(a_{i_n}) \\ &= w(a_{i_1} \cap a_{i_2} \cap \cdots \cap a_{i_n}) + w(a'_{i_1} \cap a_{i_2} \cap \cdots \cap a_{i_n}) \\ &\quad - 2\, w(a_{i_1} \cap a'_{i_1} \cap a_{i_2} \cap \cdots \cap a_{i_n}), \end{aligned}$$

also (1) gilt. Durch Induktionsschluß beweist man, daß (1) richtig bleibt, wenn beliebige $a_{i_k} \in \mathfrak{A}_{i_k}$, $k = 1, 2, \ldots, n$, durch einen Ausdruck $a_{i_k,1} \dotplus a_{i_k,2} \dotplus \cdots \dotplus a_{i_k,n_k}$ mit $a_{i_k,\varrho} \in \mathfrak{A}_{i_k}$, $\varrho = 1, 2, \ldots, n_k$, ersetzt werden. Es gilt also (U) für beliebige $a_{i_k} \in \mathfrak{A}_{i_k}^+$, $k = 1, 2, \ldots, n$. Damit ist Beh. 1 bewiesen.

Betr. Beh. 2. Es sei $\mathfrak{K}$ die Gesamtheit aller Durchschnitte $a_{i_1} \cap a_{i_2} \cap \cdots \cap a_{i_n} \in \mathfrak{F}$ mit $\{i_1, i_2, \ldots, i_n\}$ beliebige endliche Teilmenge von I und a_{i_k} beliebig aus $\mathfrak{A}_{i_k}^+$, $k = 1, 2, \ldots, n$.

1. Wir bemerken: α) Sind zwei $a_i \in \mathfrak{A}_i$ und $a'_i \in \mathfrak{A}_{i'}$ mit $i \neq i'$, $i \in I$, $i' \in I$, verschieden von $\emptyset$ bzw. e, so gilt immer $a_i \neq a_{i'}$, denn es muß, wegen $w(a_i \cap a^c_{i'}) = w(a_i)\, w(a^c_{i'})$, wobei $a^c_{i'} = e \dotplus a_{i'}$ bedeutet, $a_i \cap a^c_{i'} \neq \emptyset$ sein. β) O. B. d. A. können wir immer voraussetzen, daß zwei

$a, b \in \mathfrak{K}$ durch Durchschnitte $a_{i_1} \cap a_{i_2} \cap \cdots \cap a_{i_n}$ bzw. $b_{i_1} \cap b_{i_2} \cap \cdots \cap b_{i_n}$, mit $a_{i_k}, b_{i_k} \in \mathfrak{A}_{i_k}^{+}$, $k = 1, 2, \ldots, n$, darstellbar sind, deren Glieder also dieselben Indizes aufweisen. (Der Beweis kann dem Leser überlassen werden.)

Nun gilt: I. Zwei von $\emptyset$ verschiedene $a, b \in \mathfrak{K}$ sind ersichtlich dann und nur dann fremd in $\mathfrak{F}$, wenn bei jeder Darstellung: $a = a_{i_1} \cap a_{i_2} \cap \cdots \cap a_{i_n}$, $b = b_{i_1} \cap b_{i_2} \cap \cdots \cap b_{i_n}$ gilt $a_{i_k} \cap b_{i_k} = \emptyset$ für mindestens ein i_k.

II. Zwei von $\emptyset$ verschiedene $a, b \in \mathfrak{K}$ sind ersichtlich dann und nur dann gleich, wenn bei jeder Darstellung $a = a_{i_1} \cap a_{i_2} \cap \cdots \cap a_{i_n}$, $b = b_{i_1} \cap b_{i_2} \cap \cdots \cap b_{i_n}$ gilt: $a_{i_k} = b_{i_k}$ für $k = 1, 2, \ldots, n$.

III. $\mathfrak{K}$ ist ein $\cap$-Untersystem von $\mathfrak{F}$, enthält e und es gilt: $a \cap b = (a_{i_1} \cap b_{i_1}) \cap (a_{i_2} \cap b_{i_2}) \cap \cdots \cap (a_{i_n} \cap b_{i_n})$ für irgend zwei $a, b \in \mathfrak{K}$ mit $a = a_{i_1} \cap a_{i_2} \cap \cdots \cap a_{i_n}$, $b = b_{i_1} \cap b_{i_2} \cap \cdots \cap b_{i_n}$.

2. Wir ordnen jedem $a = a_{i_1} \cap a_{i_2} \cap \cdots \cap a_{i_n} \in \mathfrak{K}$ eindeutig das P-*Ereignis* $\alpha = \underset{i \in I}{P}\, x_i \in K \subseteqq \Phi$ zu mit $x_i = a_i$ für $i = i_1, i_2, \ldots, i_n$, $x_i = e_i$ für jedes $i \in (I - \{i_1, i_2, \ldots, i_n\})$. Aus 1, α) und β), I, II, III und den entsprechenden Regeln für die Gesamtheit K der P-Ereignisse (vgl. Nr. 11.2) folgt, daß diese Zuordnung bezüglich der Relation $\subseteqq$ bzw. der Operation $\cap$ eine Isomorphie zwischen $\mathfrak{K}$ und K ist. Da nun $\mathfrak{K}^{+} = \mathfrak{A}$ und $K^{+} = \Phi$ gilt, wenn wir $\mathfrak{K}$ bzw. K als ein $\cap$-Untersystem von $\mathfrak{A}$ bzw. Φ betrachten, so läßt sich diese Isomorphie zu einer Isomorphie von $\mathfrak{A}$ auf Φ erweitern. Es gilt aber außerdem: $w(a) = w(a_{i_1})\, w(a_{i_2}) \cdots w(a_{i_n}) = \pi(\alpha)$, wenn $\alpha \in K$ das Bild von $a \in \mathfrak{K}$ bei dieser Isomorphie bedeutet. $(\mathfrak{A}, w)$ ist deshalb isometrisch zu (Φ, π).

Satz 4. *Es sei* $(\mathfrak{F}, w)$ *ein* σ-*W-Feld. Es seien ferner die* $\cap$-*Untersysteme* $\mathfrak{A}_i$, $i \in I$, *von* $\mathfrak{F}$ w-*unabhängig in* $\mathfrak{F}$. *Es bedeute:* $\mathfrak{A}_i^{+\sigma\delta}$ *den kleinsten* σ-*Booleunterring von* $\mathfrak{F}$ *über* $\mathfrak{A}_i$, $i \in I$. *Dann sind* $\mathfrak{A}_i^{+\sigma\delta}$, $i \in I$, w-*unabhängig in* $\mathfrak{F}$ *und das* σ-*W-Produktfeld* $(\tilde{\Phi}, \tilde{\pi}) = \underset{i \in I}{\tilde{P}} (\mathfrak{A}_i^{+}, w_i) \equiv \underset{i \in I}{\tilde{P}} (\mathfrak{A}_i^{+\sigma\delta}, w_i)$, *wobei* $w_i = w$ *für jedes* $i \in I$ *gesetzt ist, ist isometrisch zum kleinsten* σ-*W-Unterfeld* $(\mathfrak{A}^{\sigma\delta}, w)$ *von* $\mathfrak{F}$ *über* $\mathfrak{A}$, *wobei* $\mathfrak{A}$ *der kleinste Booleunterring von* $\mathfrak{F}$ *ist, der jedes* $\mathfrak{A}_i$, $i \in I$, *als* $\cap$-*Untersystem enthält.*

Beweis: Nach Satz 3 sind $\mathfrak{A}_i^{+}$, $i \in I$, w-unabhängig in $\mathfrak{F}$. Jedes $a_i \in \mathfrak{A}_i^{+\sigma\delta}$ ist bekanntlich als $\underset{\nu \to \infty}{w\text{-lim}}\, a_{i,\nu} = a_i$ darstellbar, wobei $a_{i,\nu} \in \mathfrak{A}_i^{+}$, $\nu = 1, 2, \ldots$ Nun haben wir

$$a_{i_1} \cap a_{i_2} \cap \cdots \cap a_{i_n} = \Big(\underset{\nu \to \infty}{w\text{-lim}}\, a_{i_1,\nu}\Big) \cap \Big(\underset{\nu \to \infty}{w\text{-lim}}\, a_{i_2,\nu}\Big) \cap \cdots \cap \Big(\underset{\nu \to \infty}{w\text{-lim}}\, a_{i_n,\nu}\Big)$$
$$= \underset{\nu \to \infty}{w\text{-lim}}\, (a_{i_1,\nu} \cap a_{i_2,\nu} \cap \cdots \cap a_{i_n,\nu})$$

für $a_{i_k} \in \mathfrak{A}_{i_k}^{+\sigma\delta}$, $k = 1, 2, \ldots, n$, und $a_{i_j,\nu} \in \mathfrak{A}_{i_j}^{+}$, $j = 1, 2, \ldots, n$, $\nu = 1, 2, \ldots$, d. h. $w(a_{i_1} \cap a_{i_2} \cap \cdots \cap a_{i_n}) = \lim\limits_{\nu \to \infty} w(a_{i_1,\nu} \cap a_{i_2,\nu} \cap \cdots \cap a_{i_n,\nu})$

$$= \lim_{\nu\to\infty} w(a_{i_1,\nu}) \cdot \lim_{\nu\to\infty} w(a_{i_2,\nu}) \cdots \lim_{\nu\to\infty} w(a_{i_n,\nu}) = w(a_{i_1})\, w(a_{i_2}) \cdots w(a_{i_n}).$$

Die w-Unabhängigkeit von $\mathfrak{A}_i^{+\sigma\delta}$, $i \in I$, in $\mathfrak{F}$ ist damit bewiesen. Die Isometrie zwischen $(\tilde{\Phi}, \tilde{\pi})$ und $(\mathfrak{A}^{\sigma\delta}, w)$ folgt nun aus der Isometrie zwischen (Φ, π) und $(\mathfrak{A}, w)$.

Bemerkung. Es sei $(\Phi, \pi) = \underset{i\in I}{P}(\mathfrak{F}_i, w_i)$ ein W-Produktfeld. Dann bilden alle P-Ereignisse $\alpha_j = \underset{i\in I}{P}\, a_i$ mit $a_j = x_j$, $a_i = e_i$, wenn $i \in I$ mit $i \neq j$, bei festem j für alle $x_j \in \mathfrak{F}_j$ einen Booleunterring Φ_j von Φ, der zu $\mathfrak{F}_j$ isomorph ist. (Φ_j, π) ist dann eine isometrische Einbettung des W-Feldes $(\mathfrak{F}_j, w_j)$ in (Φ, π) für jedes $j \in I$. Aus dieser Isometrie und der Definition des W-Produktfeldes (Φ, π) folgt, daß die Booleunterringe Φ_j, $j \in I$, π-unabhängig in Φ sind.

Man beweist leicht:

Satz 5. Es sei $(\mathfrak{F}, w)$ ein W-Feld. Es besitzt $(\mathfrak{F}, w)$ ein W-Unterfeld $(\mathfrak{F}', w)$, das isometrisch zu einem W-Produktfeld $(\Phi, \pi) = \underset{i\in I}{P}(\mathfrak{F}_i, w_i)$ ist. Es seien ferner $\mathfrak{A}_i, i \in I$, $\cap$-Untersysteme von $\mathfrak{F}'$. Jedes $\mathfrak{A}_i$, $i \in I$, werde bei der vorausgesetzten Isomorphie zwischen $\mathfrak{F}'$ und Φ auf ein Untersystem Φ_i (vgl. die Def. von Φ_i in der obigen Bemerkung), *$i \in I$, abgebildet. Dann sind die $\cap$-Untersysteme $\mathfrak{A}_i$, $i \in I$, von $\mathfrak{F}'$ w-unabhängig in $\mathfrak{F}'$ bzw. $\mathfrak{F}$.*

Aus Satz 3 und 5 folgt nun:

Satz 6. Ein W-Feld $(\mathfrak{F}, w)$ besitzt dann und nur dann w-unabhängige Untersysteme, wenn $(\mathfrak{F}, w)$ selbst oder ein W-Unterfeld $(\mathfrak{F}', w)$ von $(\mathfrak{F}, w)$ zu einem W-Produktfeld isometrisch ist.

13.2. Produktzerlegung eines W-Feldes. Ist $\underset{i\in I}{P}(\mathfrak{F}_i, w_i)$ ein W-Produktfeld, zu welchem ein W-Feld $(\mathfrak{F}, w)$ bzw. ein W-Unterfeld $(\mathfrak{F}', w)$ isometrisch ist, so schreiben wir:

$$(\mathfrak{F}, w) \text{ bzw. } (\mathfrak{F}', w) \equiv \underset{i\in I}{P}(\mathfrak{F}_i, w_i)$$

und bezeichnen $\underset{i\in I}{P}(\mathfrak{F}_i, w_i)$ als eine Produktzerlegung von $(\mathfrak{F}, w)$ bzw. $(\mathfrak{F}', w)$ in die w-unabhängigen W-Felder $(\mathfrak{F}_i, w_i)$. Hierbei fassen wir die $(\mathfrak{F}_i, w_i)$ als W-Unterfelder von $(\mathfrak{F}, w)$ auf. Sind $(\mathfrak{F}_i, w_i)$, $i \in I$, beliebige vorgegebene W-Felder, so können wir das W-Feld $(\Phi, \pi) \equiv \underset{i\in I}{P}(\mathfrak{F}_i, w_i)$ bzw. $(\tilde{\Phi}, \tilde{\pi}) = \underset{i\in I}{\tilde{P}}(\mathfrak{F}_i, w_i)$ bilden und (Φ, π) bzw. $(\tilde{\Phi}, \tilde{\pi})$ als ein W-Oberfeld von allen $(\mathfrak{F}_i, w_i)$, $i \in I$, auffassen. Die Booleunterringe $\mathfrak{F}_i$, $i \in I$, von Φ bzw. $\tilde{\Phi}$ sind dann π-unabhängig, bzw. $\tilde{\pi}$-unabhängig in Φ bzw. $\tilde{\Phi}$.

Beispiele. Es sei $(\mathfrak{J}, \mu)$ das lineare Lebesguesche σ-W-Feld von Nr. 10.4, dann folgt leicht aus Nr. 11.4 Satz 1, daß es gilt:

$(\mathfrak{J}, \mu) \equiv \underset{i\in I}{\tilde{P}}(\mathfrak{J}_i, \mu_i)$ mit $\mathfrak{J}_i = \mathfrak{J}$, $\mu = \mu_i$ für jedes $i \in I$, wenn $\mathfrak{m}(I) \leqq \aleph_0$, d. h. $(\mathfrak{J}, \mu)$ läßt sich in $\mathfrak{m} \leqq \aleph_0$ zu ihm isometrische μ-unabhängige W-Felder zerlegen. Diese Zerlegung gilt aber nicht, wenn $\mathfrak{m}(I) > \aleph_0$ ist; denn dann besitzt $\tilde{P}_{i \in I} (\mathfrak{J}_i, \mu_i)$ keine Borelsche empirische Basis und kann zu $(\mathfrak{J}, \mu)$ nicht isometrisch sein.

Daraus folgt:

Satz 7. *Jedes zu einem W-Unterfeld von $(\mathfrak{J}, \mu)$ isometrische W-Feld $(\mathfrak{F}, w)$* (d. h. *jedes W-Feld mit einer empirischen w-Basis*) *kann höchstens in $\aleph_0$ W-Unterfelder zerlegt werden, die w-unabhängig in $\mathfrak{F}$ sind.*

14. Algebraische Unabhängigkeit in Booleringen

14.1. Algebraisch unabhängige Booleringe. Es sei $\mathfrak{F}$ ein Boolering bzw. σ-Boolering. Es seien ferner $\mathfrak{A}_i$, $i \in I$, Booleunterringe von $\mathfrak{F}$. Es gelte bei beliebiger Wahl der nicht leeren endlichen bzw. abzählbaren Teilmenge $J \subseteqq I$ und der $a_j \in \mathfrak{A}_j$ mit $a_j \neq \emptyset$, $j \in J$:

$$(\mathfrak{F}) \bigcap_{j \in J} a_j \neq \emptyset.$$

Dann bezeichnen wir die Booleunterringe $\mathfrak{A}_i$, $i \in I$, als *algebraisch* bzw. *σ-algebraisch unabhängig* (kurz: alg-unabhängig bzw. alg-σ-unabhängig) in $\mathfrak{F}$.

Ist $(\mathfrak{F}, w)$ ein W-Feld und sind die Booleunterringe $\mathfrak{A}_i$, $i \in I$, w-unabhängig, so folgt aus Satz 1, Nr. 13.1, daß die Booleunterringe $\mathfrak{A}_i$, $i \in I$, zugleich alg-unabhängig in $\mathfrak{F}$ sind. Die Umkehrung gilt aber nicht für jede W., die $\mathfrak{F}$ tragen kann.

Beispiel. Es sei $\mathfrak{F}$ der Boolering, den die vier Atome: a_1, a_2, a_3, a_4 erzeugen. Es ist bekanntlich isomorph zum Boolering aller Teilmengen der Menge $\{a_1, a_2, a_3, a_4\}$. Wir setzen nun

$$\mathfrak{A}_1 = \{\emptyset, a_1 \cup a_3, a_2 \cup a_4, e\}, \quad \mathfrak{A}_2 = \{\emptyset, a_1 \cup a_2, a_3 \cup a_4, e\}.$$

Die Booleunterringe $\mathfrak{A}_i$, $i = 1, 2$, von $\mathfrak{F}$ sind offenbar alg-unabhängig in $\mathfrak{F}$. Machen wir aber $\mathfrak{F}$ zu einem W-Unterfeld $(\mathfrak{F}, w)$, indem wir den Atomen eine Wahrscheinlichkeit w, wie folgt, zuordnen:

$$w(a_1) = 0{,}2; \quad w(a_2) = 0{,}4; \quad w(a_3) = 0{,}1; \quad w(a_4) = 0{,}3$$

und den anderen Elementen von $\mathfrak{F}$ als Wahrscheinlichkeit w die Summe der Wahrscheinlichkeiten der Atome, die diese Elemente enthalten, so sind die $\mathfrak{A}_i$, $i = 1, 2$, nicht w-unabhängig in $\mathfrak{F}$.

Für die alg-Unabhängigkeit gelten folgende Sätze:

Satz 1. *Vor.: Es sei $\mathfrak{F}$ ein Boolering. Es seien ferner die Booleunterringe $\mathfrak{A}_i$, $i \in I$, von $\mathfrak{F}$* alg-*unabhängig in $\mathfrak{F}$. Es bedeute $\mathfrak{A}$ den kleinsten Booleunterring von $\mathfrak{F}$, der jedes $\mathfrak{A}_i$, $i \in I$, als Booleunterring enthält.*

Beh.: Der Boolering $\mathfrak{A}$ ist isomorph zum Produkt-Boolering: $\Phi = \underset{i \in I}{P} \mathfrak{A}_i$, und zwar derart, daß bei dieser Isomorphie jedem Durchschnitt $a_{i_1} \cap$

$a_{i_1} \cap \cdots \cap a_{i_n} \in \mathfrak{A}$ mit $\{i_1, i_2, \ldots, i_n\} \subseteqq I$, $a_{i_k} \in \mathfrak{A}_{i_k}$, $k = 1, 2, \ldots, n$, als Bild das P-Element $\alpha = \underset{i \in I}{P}\, x_i$ mit $x_i = a_i$ für $i = i_1, i_2, \ldots, i_n$ und $x_i = e_i = e$ für $i \in (I - \{i_1, i_2, \ldots, i_n\})$ entspricht.

Satz 2. Vor.: Wie im Satz 1 und außerdem: In jedem $\mathfrak{A}_i$, $i \in I$, sei eine W. w_i definiert, so daß jedes $(\mathfrak{A}_i, w_i)$, $i \in I$, ein W-Feld ist.

Beh. 1. Man kann in $\mathfrak{A}$ eine W. w definieren, so daß

α) $w(x) = w_i(x)$ *für* $x \in \mathfrak{A}_i$, $i \in I$.

β) $w(x_{i_1} \cap x_{i_2} \cap \cdots \cap x_{i_n}) = w_{i_1}(x_{i_1})\, w_{i_2}(x_{i_2}) \cdots w_{i_n}(x_{i_n})$,

für $\{i_1, i_2, \ldots, i_n\} \subseteqq I$ und $x_{i_k} \in \mathfrak{A}_{i_k}$, $k = 1, 2, \ldots, n$, gilt.

2. Die Booleunterringe $\mathfrak{A}_i$, $i \in I$, von $\mathfrak{A}$ sind dann bezüglich dieser W. w-unabhängig in $\mathfrak{A}$.

Bew. betr. Satz 1. Wir erklären $\mathfrak{K}$, wie beim Beweise von Satz 3, Beh. 2, Nr. 13.1. Dann ist $\mathfrak{K}^{\dagger}$ der kleinste Booleunterring von $\mathfrak{F}$, der jeden Boolering $\mathfrak{A}_i$, $i \in I$, als Booleunterring enthält, d. h. $\mathfrak{K}^{\dagger} = \mathfrak{A}$. Um die Isomorphie zwischen $\mathfrak{A}$ und Φ zu beweisen, brauchen wir nur zu zeigen, daß I, II, III von Nr. 13.1 (beim Bew. der Beh. 2) des Satzes 3 auch hier gelten. Bezüglich I und III ist es klar. Wir beweisen also II: *Dann*: klar. *Nur dann*: Es seien $a = a_{i_1} \cap a_{i_2} \cap \cdots \cap a_{i_n}$ und $b = b_{i_1} \cap b_{i_2} \cap \cdots \cap b_{i_n}$ und es gelte $a = b$. Dann ist $a_{i_k} = b_{i_k}$ für jedes $k = 1, 2, \ldots, n$. Wäre nämlich $a_{i_k} \neq b_{i_k}$ für ein k, so wäre $a_{i_k} \dotplus b_{i_k} \neq \emptyset$. Wenn wir o. B. d. A. $k = 1$ annehmen, so gilt

$$(a_{i_1} \dotplus b_{i_1}) \cap a_{i_2} \cap b_{i_2} \cap \cdots \cap a_{i_n} \cap b_{i_n} \neq \emptyset. \tag{1}$$

Aus (1) erhalten wir, wenn wir die linke Seite distributiv entwickeln und die Glieder geeignet vertauschen:

$$a_{i_1} \cap a_{i_2} \cap \cdots \cap a_{i_n} \cap b_{i_2} \cap \cdots \cap b_{i_n} \dotplus \\ \dotplus b_{i_1} \cap b_{i_2} \cap \cdots \cap b_{i_n} \cap a_{i_2} \cap \cdots \cap a_{i_n}.$$

Dieser Ausdruck ist aber gleich $\emptyset$ im Widerspruch zu (1); denn

$$a_{i_1} \cap \cdots \cap a_{i_n} = b_{i_1} \cap \cdots \cap b_{i_n} = a_{i_1} \cap \cdots \cap a_{i_n} \cap b_{i_2} \cap \cdots \cap b_{i_n} = \\ = b_{i_1} \cap \cdots \cap b_{i_n} \cap a_{i_2} \cap \cdots \cap a_{i_n},$$

weil $\quad b_{i_2} \cap b_{i_3} \cap \cdots \cap b_{i_n} \geqq b_{i_1} \cap b_{i_2} \cap \cdots \cap b_{i_n} = a_{i_1} \cap \cdots \cap a_{i_n}$

bzw. $\quad a_{i_2} \cap \cdots \cap a_{i_n} \geqq a_{i_1} \cap \cdots \cap a_{i_n} = b_{i_1} \cap \cdots \cap b_{i_n}$.

Damit ist der Satz bewiesen.

Bew. betr. Satz 2. Wir betrachten das W-Feld $(\Phi, \pi) = \underset{i \in I}{P}\, (\mathfrak{A}_i, w_i)$. Nach Satz 1 ist $\mathfrak{A}$ isomorph zu Φ. Es sei

$$f\colon \mathfrak{A} \to \Phi \text{ diese Isomorphie.}$$

Setzen wir $w = \pi \circ f$, so ist $(\mathfrak{A}, w)$ wieder ein W-Feld, und zwar isometrisch zu (Φ, π) und es gelten α) und β) der 1. Beh. Daß die $\mathfrak{A}_i$, $i \in I$, als Booleunterringe von $\mathfrak{A}$ w-unabhängig in $\mathfrak{A}$ sind, ist klar.

14.2. Bemerkung. Es sei $\mathfrak{B}$ ein σ-Boolering und $\mathfrak{A}_i$, $i \in I$, eine Familie von Booleunterringen von $\mathfrak{B}$, die alg-unabhängig bzw. alg-σ-unabhängig in $\mathfrak{B}$ sind. Es bedeute ${}_\sigma\mathfrak{A}_i$ jeweilsden kleinsten σ-Booleunterring von $\mathfrak{B}$über $\mathfrak{A}_i$, $i \in I$. Dann bleibt folgende Frage im allgemeinen offen: Sind die σ-Booleunterringe ${}_\sigma\mathfrak{A}_i$, $i \in I$, alg-unabhängig bzw. alg-σ-unabhängig in $\mathfrak{B}$? Macht man aber die zusätzliche Voraussetzung, daß jedes $\mathfrak{A}_i$ ein totalregulärer Booleunterring von $\mathfrak{B}$ ist (vgl. Anhang Nr. 5.4), so kann man leicht zeigen, daß dann die ${}_\sigma\mathfrak{A}_i$, $i \in I$, alg-unabhängig bzw. alg-σ-unabhängig in $\mathfrak{B}$ sind. $\mathfrak{A}_i$ liegt nämlich dann dicht in der MacNeilleschen minimalen Erweiterung von $\mathfrak{A}_i$ zu einem Voll-Boolering $\mathfrak{A}_i^*$ (S. Sikorski [3], S. 35—36). In $\mathfrak{A}_i^*$ kann aber $\mathfrak{A}_i$ bzw. ${}_\sigma\mathfrak{A}_i$ totalregulär eingebettet werden; also liegt auch $\mathfrak{A}_i$ dicht in ${}_\sigma\mathfrak{A}_i$, d. h. für jedes $a \in {}_\sigma\mathfrak{A}_i$ mit $a \neq \emptyset$ existiert ein $x \in \mathfrak{A}_i$ mit $x \neq \emptyset$, so daß $x \subseteqq a$ gilt. Ist also J eine endliche bzw. abzählbare Teilmenge von I und $a_j \in \mathfrak{A}_j$ mit $a_j \neq \emptyset$, so existiert ein $x_j \in \mathfrak{A}_j$ mit $x_j \neq \emptyset$ und $x_j \subseteqq a_j$, $j \in J$. Dann ist aber, wegen der vorausgesetzten alg-Unabhängigkeit bzw. alg-σ-Unabhängigkeit der $\mathfrak{A}_i$, $i \in I$, in $\mathfrak{B}$: $(\mathfrak{B}) \bigcap_{j \in J} x_j \neq \emptyset$ und deshalb auch $(\mathfrak{B}) \bigcap_{j \in J} a_j \neq \emptyset$. Also sind die σ-Booleunterringe ${}_\sigma\mathfrak{A}_i$, $i \in I$, alg-unabhängig bzw. alg-σ-unabhängig in $\mathfrak{B}$.

14.3. Einbettungsproblem mit σ-Unabhängigkeit. In Zusammenhang mit der Bemerkung von Nr. 14.2 entsteht auch die Frage, ob eine beliebige Familie von abstrakten Booleringen $\mathfrak{A}_i$, $i \in I$, in einem σ-Boolering $\mathfrak{B}$ derart isomorph eingebettet werden kann, daß die Einbettungen $\mathfrak{A}_i^\circ$, $i \in I$, von $\mathfrak{A}_i$, $i \in I$, alg-unabhängig bzw. alg-σ-unabhängig in $\mathfrak{B}$ sind und außerdem, daß die ${}_\sigma\mathfrak{A}_i^\circ$, $i \in I$, ebenfalls alg-unabhängig bzw. alg-σ-unabhängig in $\mathfrak{B}$ sind, wobei ${}_\sigma\mathfrak{A}_i^\circ$ den kleinsten σ-Booleunterring von $\mathfrak{B}$ über $\mathfrak{A}_i^\circ$, $i \in I$, bezeichnet. Für die algebraische Unabhängigkeit kann man leicht einen solchen σ-Boolering konstruieren. Es sei nämlich $\Phi = \underset{i \in I}{P}\, \mathfrak{A}_i$ das cartesische Produkt der $\mathfrak{A}_i$, $i \in I$. In Φ kann man bekanntlich die $\mathfrak{A}_i$, $i \in I$, totalregulär einbetten. Ordnet man nun dem Boolering Φ seine Mac-Neillesche minimale Erweiterung Φ^* zu und bildet man dann den kleinsten σ-Booleunterring ${}_\sigma\Phi^\circ$ von Φ^* über der isomorphen Einbettung Φ° von Φ in Φ^*, so leistet der so konstruierte σ-Boolering $\mathfrak{B} = {}_\sigma\Phi^\circ$ das Gewünschte. Kann nun außerdem jeder Boolering $\mathfrak{A}_i$ eine W. w_i, $i \in I$, tragen, so kann man auch die Booleringe $\mathfrak{A}_i$, $i \in I$, in dem σ-Boolering $\tilde{\Phi}$, des W-σ-Produktfeldes $(\tilde{\Phi}, \tilde{\pi}) = \underset{i \in I}{\tilde{P}}\, (\mathfrak{A}_i, w_i)$ isomorph einbetten, derart, daß $\mathfrak{A}_i^\circ$ bzw. ${}_\sigma\mathfrak{A}_i^\circ$, $i \in I$, alg-unabhängig in $\tilde{\Phi}$ sind, denn aus der $\tilde{\pi}$-Unabhängigkeit folgt die alg-Unabhängigkeit. Wir bemerken, daß ${}_\sigma\Phi^\circ$ und $\tilde{\Phi}$ im allgemeinen nicht isomorph sind. Das gestellte Problem besitzt also nicht nur eine Lösung, auch wenn man verlangt, daß der σ-Boolering $\mathfrak{B}$ mit dem kleinsten σ-Booleunterring von $\mathfrak{B}$, der jeden $\mathfrak{A}_i^\circ$, $i \in I$, als Booleunterring enthält, zusammenfällt. Sikorski hat für den Fall der alg-σ-Unabhängigkeit die in dieser Nummer gestellte Frage beantwortet.

In der folgenden Nummer geben wir zusammenfassend die Resultate von SIKORSKI.

14.4. Cartesische σ-Produkte von Booleringen nach Sikorski[1]. Es sei $\mathfrak{A}_i$, $i \in I$, eine Familie von σ-Booleringen. Man bezeichnet nach SIKORSKI als cartesisches σ-Produkt der $\mathfrak{A}_i$, $i \in I$, jeden σ-Boolering $\mathfrak{B}$, der eine Familie $\mathfrak{B}_i$, $i \in I$, von σ-Booleunterringen enthält, die folgende Eigenschaften besitzt:

I. Der kleinste σ-Booleunterring von $\mathfrak{B}$, der jeden σ-Boolering $\mathfrak{B}_i$, $i \in I$, als σ-Booleunterring enthält, fällt mit $\mathfrak{B}$ zusammen.

II. Die σ-Booleunterringe $\mathfrak{B}_i$, $i \in I$, sind alg-σ-unabhängig in $\mathfrak{B}$.

III. Für jedes $i \in I$ existiert ein Isomorphismus h_i von $\mathfrak{A}_i$ auf $\mathfrak{B}_i$.

Hat man die Existenz eines nach SIKORSKI cartesischen σ-Produktes der σ-Booleringe $\mathfrak{A}_i$, $i \in I$, so kann man die in Nr. 14.3 gestellte allgemeinere Frage für Booleringe $\mathfrak{A}_i$, $i \in I$, beantworten, da jeder Boolering $\mathfrak{A}_i$ stets isomorph und σ-regulär in einem σ-Boolering $\mathfrak{A}_i'$ eingebettet werden kann. Wir behandeln zuerst die Frage der σ-Erweiterung eines Booleringes, weil sie in enger Beziehung zu der Konstruktion von cartesischen σ-Produkten steht.

14.4.1. Es sei $\mathfrak{A}$ ein Boolering, dann kann man ihm nach den Sätzen 2 und 3 Nr. 6, Kap. I einen Grundraum Ω und einen isomorphen Körper $\mathfrak{K}$ von Teilmengen der Grundmenge Ω zuordnen, die sogenannte Stonesche Darstellung von $\mathfrak{A}$ durch den Körper $\mathfrak{K}$. Es bedeute s den Isomorphismus von $\mathfrak{A}$ auf $\mathfrak{K}$. Es sei ferner ${}_\sigma\mathfrak{K}$ der kleinste σ-Körper von Teilmengen der Grundmenge Ω über dem Körper $\mathfrak{K}$. Wir betrachten Ω als einen topologischen Raum mit $\mathfrak{K}$ als einer Basis des Systems aller offenen Mengen (vgl. Nr. 6.3). Das System aller Teilmengen von Ω, die in Ω Mengen erster Kategorie bezüglich dieser Topologie sind, bilden bekanntlich ein σ-Ideal, was wir mit $\mathfrak{J}(\mathfrak{A})$ bezeichnen. Ein σ-Ideal, das wir mit $\mathfrak{J}^*(\mathfrak{A})$ bezeichnen, bilden auch alle Teilmengen X von Ω, die sich folgendermaßen darstellen lassen:

$$X = (\mathfrak{P}(\Omega)) \bigcap_{\nu=1}^{\infty} s(a_\nu), \text{ wobei } a_\nu \in \mathfrak{A},\ \nu = 1, 2, \ldots, \text{ mit } (\mathfrak{A}) \bigcap_{\nu=1}^{\infty} a_\nu = \emptyset .$$

Es gilt: $\mathfrak{J}^*(\mathfrak{A}) \subseteq \mathfrak{J}(\mathfrak{A})$.

Ein σ-Boolering $\mathfrak{B}$ heißt eine σ-Erweiterung, genauer *σ-reguläre Erweiterung* von $\mathfrak{A}$, wenn ein σ-regulärer Booleunterring $\mathfrak{B}_0$ von $\mathfrak{B}$ existiert, der zu $\mathfrak{A}$ isomorph ist und ein Borelerzeuger von $\mathfrak{B}$ ist. SIKORSKI zeigte nun, daß die Restklassen-σ-Booleringe ${}_\sigma\mathfrak{K}/\mathfrak{J}^*(\mathfrak{A})$ und ${}_\sigma\mathfrak{K}/\mathfrak{J}(\mathfrak{A})$ σ-reguläre Erweiterungen von $\mathfrak{A}$ sind. Man bezeichnet nach SIKORSKI jeden σ-Boolering, der zu ${}_\sigma\mathfrak{K}/\mathfrak{J}(\mathfrak{A})$ bzw. zu ${}_\sigma\mathfrak{K}/\mathfrak{J}^*(\mathfrak{A})$ isomorph ist, als eine *minimale* bzw. *maximale σ-Erweiterung* von $\mathfrak{A}$. Ist $\mathfrak{A}$ ein σ-Boolering, so gilt:

$$\mathfrak{A} \approx {}_\sigma\mathfrak{K}/\mathfrak{J}^*(\mathfrak{A}) \approx {}_\sigma\mathfrak{K}/\mathfrak{J}(\mathfrak{A}).$$

---

[1] SIKORSKI, R. [3] und [4].

Im allgemeinen ist aber eine minimale nicht isomorph zu einer maximalen σ-Erweiterung. Es existieren deshalb mehrere zueinander nicht isomorphe σ-reguläre Erweiterungen von $\mathfrak{A}$, falls $\mathfrak{A}$ ein Boolering, aber kein σ-Boolering ist.

Der Restklassen-Boolering $\mathfrak{K}/\mathfrak{J}(\mathfrak{A})$ ist ein Booleunterring von ${}_\sigma\mathfrak{K}/\mathfrak{J}(\mathfrak{A})$, und zwar eine isomorphe vollreguläre Einbettung von $\mathfrak{A}$ in ${}_\sigma\mathfrak{K}/\mathfrak{J}(\mathfrak{A})$ und liegt dicht in ${}_\sigma\mathfrak{K}/\mathfrak{J}(\mathfrak{A})$. Man beweist leicht, daß $\mathfrak{P}(\Omega)/\mathfrak{J}(\mathfrak{A})$ eine minimale Vollerweiterung des Booleringes $\mathfrak{A}$ ist, d. h. isomorph zum Voll-Boolering $\mathfrak{A}^*$ ist, den man nach MacNeille aus $\mathfrak{A}$ durch Bildung von Dedekindschen Schnitten bekommt (vgl. MacNeille [1]).

Bemerkung. Ist auf $\mathfrak{A}$ eine W. w definiert und bedeutet $(\tilde{\mathfrak{A}}, \tilde{w})$ die w-Hülle, d. h. die σ-Erweiterung von $(\mathfrak{A}, w)$, so ist im allgemeinen der σ-Boolering $\tilde{\mathfrak{A}}$ eine σ-Erweiterung von $\mathfrak{A}$, jedoch keine σ-reguläre Erweiterung; $\tilde{\mathfrak{A}}$ ist dann und nur dann eine σ-reguläre Erweiterung von $\mathfrak{A}$, wenn w σ-additiv auf $\mathfrak{A}$ ist (vgl. Nr. 7.3). Die von Sikorski eingeführten σ-regulären Erweiterungen eines Booleringes $\mathfrak{A}$ sind deshalb zur Erweiterung einer W. von $\mathfrak{A}$ auf eine solche Erweiterung derart, daß die W. bzw. Quasi-W. σ-additiv wird, nicht geeignet, wenn die W. auf $\mathfrak{A}$ nicht σ-additiv ist.

14.4.2. Es sei nun $\mathfrak{A}_i$, $i \in I$, eine Familie von Booleringen. Wir ordnen jedem Boolering $\mathfrak{A}_i$ die Stonesche Darstellung durch den Körper $\mathfrak{K}_i$ von Teilmengen des Stoneschen Raumes Ω_i, $i \in I$, zu. Es bedeute s_i den Isomorphismus von $\mathfrak{A}_i$ auf $\mathfrak{K}_i$. Es sei ferner $\Omega = \underset{i \in I}{P}\, \Omega_i$ der Produktraum mit den Räumen Ω_i als Komponenten, $\mathfrak{K} = \underset{i \in I}{P}\, \mathfrak{K}_i$ der Produktkörper mit den Körpern $\mathfrak{K}_i$ als Komponenten (vgl. Nr. 12.1—12.2) und schließlich ${}_\sigma\mathfrak{K} = \underset{i \in I}{P^\sigma}\, \mathfrak{K}_i$ der ihm zugeordnete σ-Produktkörper (vgl. 12.3). ${}_\sigma\mathfrak{K}$ ist der kleinste σ-Körper von Teilmengen des Produktraumes Ω über dem Körper $\mathfrak{K}$

Ist $X \subseteqq \Omega_j$, so soll $\varphi_j(X)$ die Teilmenge von Ω bedeuten, die aus allen Punkten $\omega = \{\omega_i\}_{i \in I}$ des Raumes Ω besteht, deren j-te Komponente $\omega_j \in X$ ist. Bedeutet $\mathfrak{M}_j$ ein System von Teilmengen des Raumes Ω_j, so soll $\mathfrak{M}_j^\circ$ das System von allen $\varphi_j(X)$ mit $X \in \mathfrak{M}_j$ bedeuten, $j \in I$. Auf Grund dieser Bezeichnung sind $\mathfrak{K}_i^\circ$ bzw. ${}_\sigma\mathfrak{K}_i^\circ$, wobei ${}_\sigma\mathfrak{K}_i$ den kleinsten σ-Körper von Teilmengen der Grundmenge Ω_j über $\mathfrak{K}_i$ bedeutet, auch Körper bzw. σ-Körper von Teilmengen des Raumes Ω, und zwar isomorphe Einbettungen der $\mathfrak{K}_i$ bzw. ${}_\sigma\mathfrak{K}_i$ im Körper $\mathfrak{P}(\Omega)$ wie auch im σ-Körper ${}_\sigma\mathfrak{K}$. Wir ordnen nun jedem $i \in I$ das σ-Ideal $\mathfrak{J}(\mathfrak{A}_i)$ bzw. $\mathfrak{J}^*(\mathfrak{A}_i)$ zu, das wir kurz mit $\mathfrak{J}_i$ bzw. $\mathfrak{J}_i^*$, $i \in I$, bezeichnen. Die Restklassen-σ-Booleringe ${}_\sigma\mathfrak{K}_i/\mathfrak{J}_i$ bzw. ${}_\sigma\mathfrak{K}_i/\mathfrak{J}_i^*$, $i \in I$, sind dann für jedes $i \in I$ eine minimale bzw. maximale σ-Erweiterung des Booleringes $\mathfrak{A}_i$. Auf Grund der Bezeichnung, die wir vorher eingeführt haben, sind dann $\mathfrak{J}_i^\circ$ bzw. $\mathfrak{J}_i^{*\circ}$ isomorphe σ-Ideale von Teilmengen des Raumes Ω zu den σ-Idealen

$\mathfrak{J}_i$ bzw. $\mathfrak{J}_i^*$, $i \in I$, und deshalb für jedes $i \in I$ ${}_\sigma\mathfrak{K}_i^\circ/\mathfrak{J}_i^\circ$ bzw. ${}_\sigma\mathfrak{K}_i^\circ/\mathfrak{J}_i^{*\circ}$ eine minimale bzw. maximale σ-Erweiterung des Booleringes $\mathfrak{A}_i$. Es bezeichne nun $\mathfrak{J}^*$ das kleinste σ-Ideal, das alle σ-Ideale $\mathfrak{J}_i^{*\circ}$, $i \in I$, als σ-Unterideale enthält. Dann wird der Restklassen-σ-Boolering $\mathfrak{K}^\sigma/\mathfrak{J}^*$ als das cartesische *maximale σ-Produkt* der Booleringe $\mathfrak{A}_i$, bezeichnet. $\mathfrak{K}/\mathfrak{J}^*$ ist ein Booleunterring von $\mathfrak{K}^\sigma/\mathfrak{J}^*$, isomorph zu $\Phi = \underset{i \in I}{P} \mathfrak{A}_i$ und eine σ-reguläre Einbettung von Φ in $\mathfrak{K}^\sigma/\mathfrak{J}^*$. Wir bezeichnen ${}_\sigma\mathfrak{K}^\circ/\mathfrak{J}^*$ mit $\Phi^b = \underset{i \in I}{P} \mathfrak{A}_i$. Im Raume Ω betrachten wir zuerst die Produkt-Topologie, d. h. als eine Basis von offenen Mengen in Ω das System, das aus allen (endlichen) Rechtecken $\underset{i \in I}{P} X_i$ besteht, wobei $X_i \in \mathfrak{K}_i$ für jedes $i \in I$ und $X_i \neq \Omega_i$ höchstens für eine endliche Teilmenge $\{i_1, i_2, \ldots, i_n\} \subseteqq I$. Ω ist dann auch ebenso wie seine Komponenten ein kompakter, total diskontinuierlicher Hausdorffraum. Es bezeichne $\mathfrak{J}$ das σ-Ideal aller Teilmengen von Ω, die Mengen erster Kategorie in Ω sind. Wir betrachten in Ω eine zweite Topologie, indem wir die Basis von offenen Mengen in Ω erweitern, d. h. wir erklären als Basis von offenen Mengen das System, das aus allen (abzählbaren) Rechtecken: $\underset{i \in I}{P} X_i$ besteht, wobei $X_i \in \mathfrak{K}_i$ für jedes $i \in I$ und $X_j \neq \Omega_j$ höchstens für eine abzählbare Teilmenge von I gilt. Ω ist bezüglich dieser Topologie auch ein total diskontinuierlicher Hausdorffraum, aber nicht kompakt, wenn die Menge I nicht endlich ist. Wir bezeichnen mit $\mathfrak{S}^*$ das System der so definierten offenen Mengen und mit $\mathfrak{K}_*$ den kleinsten Körper von Teilmengen von Ω, der $\mathfrak{S}^*$ als ein Untersystem enthält. Mit $\mathfrak{J}_*$ wird das σ-Ideal aller Teilmengen von Ω bezeichnet, die Mengen erster Kategorie bezüglich dieser Topologie sind. Dann wird der Restklassen-σ-Boolering ${}_\sigma\mathfrak{K}^\circ/\mathfrak{J}$ das cartesische *minimale* σ-Produkt der Booleringe $\mathfrak{A}_i$, $i \in I$, genannt und mit $\Phi^\mathfrak{b} = \underset{i \in I}{P^\mathfrak{b}} \mathfrak{A}_i$ bezeichnet. Der Restklassen-σ-Boolering ${}_\sigma\mathfrak{K}/\mathfrak{J}_*$ wird das cartesische *minimale* σ^*-Produkt der Booleringe $\mathfrak{A}_i$ genannt und mit $\Phi^{\mathfrak{b}*} = \underset{i \in I}{P^{\mathfrak{b}*}} \mathfrak{A}_i$ bezeichnet.

Sind nun die $\mathfrak{A}_i$, $i \in I$, *σ-Booleringe*, so haben die σ-Booleringe Φ^b, $\Phi^\mathfrak{b}$ und $\Phi^{\mathfrak{b}*}$ die drei Eigenschaften I, II und III eines im Sinne von SIKORSKI cartesischen σ-Produktes der σ-Booleringe $\mathfrak{A}_i$. Wie SIKORSKI zeigt, existiert dann eine Klasse $\mathfrak{L}^*$ von σ-Booleringen $\mathfrak{B}$, die im allgemeinen nicht isomorph zueinander sind und die Eigenschaften I, II und III besitzen. Die Klasse $\mathfrak{L}^*$ kann folgendermaßen (teilweise) geordnet werden: Sind $\mathfrak{B}^\circ \in \mathfrak{L}^*$ und $\mathfrak{B} \in \mathfrak{L}^*$ und bezeichnet man mit $\mathfrak{B}_i^\circ$ bzw. $\mathfrak{B}_i$, $i \in I$, und die Familie der σ-Booleunterringe von $\mathfrak{B}^\circ$ bzw. $\mathfrak{B}$, die die Eigenschaften I bis III von Nr. 14.4 besitzt, und mit h_i° bzw. h_i einen Isomorphismus von $\mathfrak{A}_i$ auf $\mathfrak{B}_i^\circ$ bzw. $\mathfrak{B}_i$ für jedes $i \in I$, so definiert man:

$\mathfrak{B}^\circ \leqq \mathfrak{B}$ dann und nur dann, wenn die Isomorphismen $h_i^\circ h_i^{-1}$ von $\mathfrak{B}_i$ auf $\mathfrak{B}_i^\circ$, $i \in I$, zu einem σ-Homomorphismus von $\mathfrak{B}$ in $\mathfrak{B}^\circ$ erweitert werden können.

Gilt $\mathfrak{B}^\circ \leqq \mathfrak{B}$ und $\mathfrak{B} \leqq \mathfrak{B}^\circ$, so sind $\mathfrak{B}^\circ$ und $\mathfrak{B}$ isomorph und werden als gleich betrachtet. In dem so erklärten Verein (geordnete Menge) $\mathfrak{L}^*$ ist $\Phi^{\mathfrak{b}*}$ das kleinste und Φ^b das größte Element. Wenn die $\mathfrak{A}_i$, $i \in I$, Booleringe jedoch nicht alle σ-Booleringe sind, dann besitzen die σ-Booleringe $\Phi^{\mathfrak{b}}$ und Φ^b nicht die Eigenschaft II. Dagegen besitzt $\Phi^{\mathfrak{b}*}$ auch diese Eigenschaft, d. h. es existiert eine Familie von Booleunterringen Φ_i, $i \in I$, von $\Phi^{\mathfrak{b}*}$ die σ-reguläre (sogar vollreguläre) Booleunterringe von $\Phi^{\mathfrak{b}*}$ sind und folgende Eigenschaften besitzen: 1. Jedes Φ_i ist isomorph zu $\mathfrak{A}_i$, $i \in I$. 2. Die Φ_i, $i \in I$, sind alg-σ-unabhängig in $\Phi^{\mathfrak{b}*}$. 3. $\Phi^{\mathfrak{b}*}$ fällt mit dem kleinsten σ-Booleunterring von $\Phi^{\mathfrak{b}*}$, der jeden Φ_i, $i \in I$, als Booleunterring besitzt, zusammen.

Bemerkung. Wenn jeder Boolering $\mathfrak{A}_i$ eine σ-additive Quasi-W. v_i trägt, dann existiert eine σ-additive Quasi-W. v auf Φ^b derart, daß

$$v\left(\underset{i\in I}{P} X_i/\mathfrak{J}^*\right) = \prod_{\nu=1}^{n} v_{i_\nu}(x_{i_\nu}),$$

wenn $\underset{i\in I}{P} X_i/\mathfrak{J}^*$ die Restklasse mit dem (endlichen) Rechteck $\underset{i\in I}{P} X_i$ mit $X_i \in \mathfrak{R}_i$ und $X_{i_\nu} \neq \Omega_{i_\nu}$, $\nu = 1, 2, \ldots, n$, und $X_i = \Omega_i$ sonst als Repräsentant und schließlich x_{i_ν} das Bild von $X_{\nu_i} \in \mathfrak{R}_{i_\nu}$ bei der isomorphen Abbildung von $\mathfrak{R}_{i_\nu}$ auf $\mathfrak{A}_{i_\nu}$ bedeutet. Ist die σ-additive Quasi-W. v_i strikt positiv, also eine σ-additive W. auf $\mathfrak{A}_i$ für jedes $i \in I$, so braucht die σ-additive Quasi-W. v nicht stets strikt positiv auf Φ^b zu sein.

Ein entsprechender Satz gilt nicht für die beiden minimalen Produkte $\Phi^{\mathfrak{b}}$ und $\Phi^{\mathfrak{b}*}$.

Kapitel VI[1]

15. Unabhängigkeit von Mengensystemen bzw. von Systemen von Körpern

15.1. Mengentheoretische Unabhängigkeit bzw. σ-Unabhängigkeit. Es sei E eine nicht leere Grundmenge. Es sei ferner X_i, $i \in I$, eine Familie von Teilmengen X_i der Grundmenge E. Die Mengen X_i, $i \in I$, heißen *mengentheoretisch unabhängig* bzw. *σ-unabhängig* (kurz: M-unabhängig bzw. M-σ-unabhängig), wenn für jede nicht leere endliche bzw. abzählbare Teilmenge J von I gilt:

$$\bigcap_{j\in J} Y_j \neq \emptyset, \text{ wobei } Y_j = X_j \text{ oder } Y_j = X_j^c = E - X_j.$$

[1] In diesem Kapitel werden die Operationen $\bigcup$ bzw. $\bigcap$ mengentheoretisch verstanden, sofern man mit Mengen operiert.

Bezeichnet man mit $\mathfrak{K}_i$ den von X_i erzeugten Körper, also $\mathfrak{K}_i = \{\emptyset, X_i, X_i^c, E\}$, so ist die M-Unabhängigkeit bzw. M-σ-Unabhängigkeit der X_i, $i \in I$, gleichwertig mit der sogenannten M-Unabhängigkeit bzw. M-σ-Unabhängigkeit der Körper $\mathfrak{K}_i$, $i \in I$, d. h. mit der alg-Unabhängigkeit bzw. alg-σ-Unabhängigkeit der $\mathfrak{K}_i$, $i \in I$, als Booleringe betrachtet in dem Boolering $\mathfrak{P}(E)$.

Allgemein. Sind $\mathfrak{K}_i$, $i \in I$, Körper von Teilmengen einer Grundmenge E, so bezeichnen wir sie als *mengentheoretisch unabhängig* bzw. *mengentheoretisch σ-unabhängig* (kurz- M-unabhängig bzw. M-σ-unabhängig), wenn sie alg-unabhängig bzw. alg-σ-unabhängig, als Booleringe betrachtet, in dem Boolering $\mathfrak{P}(E)$ sind.

15.2. Beispiele. 1. Es sei E die Gesamtheit aller abzählbaren Folgen $\{i_1, i_2, \ldots\}$, wobei $i_\nu = 0$ oder 1 ist. Es bedeute X_μ, $\mu = 1, 2, \ldots$, die Gesamtheit aller Folgen $\{i_1, i_2, \ldots\} \in E$, für welche $i_\mu = 1$ ist. Es bedeute ferner X^* die Gesamtheit aller Folgen $\{i_1, i_2, \ldots\} \in E$, für welche nur endlich viele Glieder gleich 1 sind. Wir setzen $X_\mu^* = X_\mu \cap X^*$, dann sind die Teilmengen X_μ, $\mu = 1, 2, \ldots$, von E M-σ-unabhängig. Dagegen sind die Teilmengen X_μ^*, $\mu = 1, 2, \ldots$, nicht M-unabhängig, also auch nicht M-σ-unabhängig.

2. Im n-dimensionalen euklidischen Raum E_n bedeute I_μ^n die Gesamtheit aller Punkte $(x_1, x_2, \ldots, x_n)$, deren μ-te Koordinate die Bedingung $\frac{1}{2} \leqq x_\mu \leqq 1$ erfüllt. Dann sind die Teilmengen I_μ^n, $\mu = 1, 2, \ldots, n$, M-unabhängig.

3. Es bedeute I_n die Gesamtheit aller reellen Zahlen des Intervalles $E = \{x : 0 \leqq x \leqq 1\}$, deren dyadische Entwicklung unendlich viele 0 und als n-te Ziffer 1 hat; dann sind die Teilmengen I_n von E, $n = 1, 2, \ldots$, M-unabhängig, jedoch nicht M-σ-unabhängig.

15.3. Hauptsatz. Wir zeigen jetzt folgenden wichtigen Satz.

Satz 1. Ist eine Grundmenge E von der Mächtigkeit $|E| = \mathfrak{m} \geqq \aleph_0$, so existieren M-unabhängige Teilmengen X_i, $i \in I$, von E, wobei die Mächtigkeit der Indexmenge gleich $2^{\mathfrak{m}}$ ist[1].

Es bedeute f eine Abbildung von E in E. Die Abbildungen f_i, $i \in I$, von E in E heißen *wesentlich verschieden*, wenn es zu je endlich vielen Indizes $\{i_1, i_2, \ldots, i_n\} \subseteqq I$ stets ein $x \in E$ derart gibt, daß $f_{i_\nu}(x) \neq f_{i_\mu}(x)$ für alle $\nu \neq \mu$ gilt. Wir beweisen zuerst das

Lemma 1. Ist eine Grundmenge E von der Mächtigkeit $|E| = \mathfrak{m} \geqq \aleph_0$, so gibt es $2^{\mathfrak{m}}$ wesentlich verschiedene Abbildungen von E in E.

Beweis des Lemmas. Es sei M eine Menge von der Mächtigkeit $\mathfrak{m}$. Die Menge E_0 der endlichen Teilmengen $X \subseteqq M$ ist dann auch von der Mächtigkeit $\mathfrak{m}$. Wir können also die Menge E_0 mit der Menge E identifi-

[1] Dieser Satz wurde zuerst für $|E| = \aleph_0$ von Fichtenholz und Kantorowitsch [1] bewiesen. Hausdorff [1] hat den Satz für beliebige $|E| \geqq \aleph_0$ bewiesen. Wir geben den Hausdorffschen Beweis des Satzes.

zieren, indem wir jedem $X \in E_0$ ein $x \in E$ eindeutig zuordnen. Wir setzen $I = \mathfrak{P}(M)$, d. h. die Gesamtheit aller Teilmengen von M. Dann ist die Mächtigkeit von I gleich $2^{\mathfrak{m}}$. Wir betrachten nun $f_i(X) = X \cap i$ für festes $i \in I$ als eine Abbildung von $E = E_0$ in E, denn es ist für jedes $X \in E_0$ und $i \in I$, also $i \subseteq M$, stets $i \cap X \in E_0$. Hiermit ist eine Familie f_i, $i \in I$, von Abbildungen der Menge E in E erklärt, die wesentlich verschieden sind. Sind nämlich $i_1, i_2, \ldots, i_n$ paarweise verschiedene endlich viele Elemente aus I, also $\{i_1, i_2, \ldots, i_n\} \subseteq I$, so ist $i_\nu \dotplus i_\mu \neq \emptyset$, d. h. nicht leer, wenn μ, ν beliebig mit $1 \leqq \mu < \nu \leqq n$ gewählt sind. Man wähle nun aus jedem $i_\mu \dotplus i_\nu \subseteq M$ ein Element und betrachte die Gesamtheit aller dieser Elemente, die eine endliche Teilmenge $X \subseteq M$ bilden. Dann gilt offenbar $X \in E_0$. Außerdem gilt offensichtlich $X \cap i_\mu \neq X \cap i_\nu$ für alle μ und ν mit $1 \leqq \mu < \nu \leqq n$, d. h. $f_{i_\mu}(X) \neq f_{i_\nu}(X)$ für alle μ und ν mit $1 \leqq \mu < \nu \leqq n$ und jedes $X \in E_0$. Hiermit ist das Lemma bewiesen.

Beweis des Satzes 1. Entsprechend Lemma 1 seien f_i, $i \in I$ und $|I| = 2^{\mathfrak{m}}$, wesentlich verschiedene Abbildungen von E in E. Es sei B die Menge der endlichen Teilmengen $Y \subseteq E$ und $\Omega = E \times B$ das cartesische Produkt von E und B. Auch B und Ω haben die Mächtigkeit $\mathfrak{m}$ von E. Jedem $i \in I$ ordnen wir die Menge Z_i der Paare $(X, Y) \in E \times B$ mit $f_i(X) \in Y$ zu. $\Omega - Z_i$ ist dann die Menge der Paare $(X, Y) \in E \times B$ mit $f_i(X) \notin Y$. Wir zeigen nun, daß die Mengen Z_i, $i \in I$, als Teilmengen der Menge Ω betrachtet, mengentheoretisch unabhängig sind. In der Tat seien

$$Z_{i_1}, Z_{i_2}, \ldots, Z_{i_t}, Z^c_{j_1}, Z^c_{j_2}, \ldots, Z^c_{j_k}$$

mit $\{i_1, i_2, \ldots, i_t\}$ und $\{j_1, j_2, \ldots, j_k\}$ beliebige endliche und zueinander fremde Teilmengen von I, dann ist der Durchschnitt:

$$Z_{i_1} Z_{i_2} \cdots Z_{i_t} Z^c_{j_1} Z^c_{j_2} \cdots Z^c_{j_k} \neq \emptyset. \tag{1}$$

Denn nach Lemma 1 existiert ein X derart, daß die Bilder

$$x_\nu = f_{i_\nu}(X), \quad x^*_\mu = f_{j_\mu}(X), \quad \nu = 1, 2, \ldots, t; \ \mu = 1, 2, \ldots, k$$

paarweise verschieden sind. Setzt man nun:

$$Y = \{X_1, X_2, \ldots, X_t\},$$

so ist $f_{i_\nu}(X) \in Y$, $f_{j_\mu}(X) \notin Y$, also $(X, Y) \in Z_{i_\nu}$ und $(X, Y) \in \Omega - Z_{j_\mu} = Z^c_{j_\mu}$ für $\nu = 1, 2, \ldots, t$ und $\mu = 1, 2, \ldots, k$, d. h. es gilt (1). Da aber die Mächtigkeit von Ω gleich der Mächtigkeit von E ist, also Ω mit E identifiziert werden kann, so ist damit die Existenz einer Familie X_i, $i \in I$, von Teilmengen der Menge E mit $|I| = 2^{\mathfrak{m}}$, die M-unabhängig sind, auch bewiesen.

Aus Satz 1 ergibt sich folgende interessante Folgerung:

Folgerung 1. *Der freie Boolering $\mathfrak{B}_{\mathfrak{m}}$, den die freien Ereignisse (Elemente) x_i, $i \in I$ und $|I| = \mathfrak{m} = 2^{\aleph_0}$, erzeugen* (vgl. Nr. 2.3) *oder,* *was dasselbe bedeutet, der Produkt-Boolering* $\Phi = \underset{i\in I}{P}\{\emptyset, x, x_i^c, e\}$ *mit* $|I| = \mathfrak{m} = 2^{\aleph_0}$ *kann isomorph im Boolering* $\mathfrak{F}_{\aleph_0}$ *aller Teilmengen der Grundmenge der natürlichen Zahlen eingebettet werden, d. h. in einem Boolering* $\mathfrak{F}_{\aleph_0}$, *der algebraisch separabel ist, kann man einen nicht algebraisch separablen Boolering, wie den Boolering* Φ, *isomorph einbetten.*

Beweis. Da die Menge der natürlichen Zahlen $E = \{1, 2, \ldots\}$ von der Mächtigkeit $\aleph_0$ ist, so gibt es nach Satz 1 eine Familie X_i, $i \in I$, mit $|I| = 2^{\aleph_0}$ von M-unabhängigen Teilmengen X_i von E. Man setze $\mathfrak{K}_i = \{\emptyset, X_i, X_i^c, E\}$, $i \in I$, und betrachte den kleinsten Booleunterring $\mathfrak{K}$ von $\mathfrak{F}_{\aleph_0}$, der jeden $\mathfrak{K}_i$, $i \in I$, als Booleunterring enthält; dann ist $\mathfrak{K}$ isomorph zu $\Phi^* = \underset{i\in I}{P}\{\emptyset, X_i, X_i^c, E\}$, also auch zu $\Phi = \underset{i\in I}{P}\{\emptyset, x_i, x_i^c, e\}$.

Bemerkung 1. Führt man auf $\mathfrak{B}_\mathfrak{m}$, $\mathfrak{m} = 2^{\aleph_0}$ ein W. w ein, d. h. macht man $\mathfrak{B}_\mathfrak{m}$ zu einem W-Feld $(\mathfrak{B}_\mathfrak{m}, w)$ und bildet man dann die w-Hülle $(\tilde{\mathfrak{B}}_\mathfrak{m}, \tilde{w})$ von $(\mathfrak{B}_\mathfrak{m}, w)$, so kann offensichtlich $\tilde{\mathfrak{B}}_\mathfrak{m}$ nicht in $\mathfrak{F}_{\aleph_0}$ isomorph eingebettet werden.

Bemerkung 2. Ist die Grundmenge E von der Mächtigkeit $|E| = \mathfrak{m} \geqq \aleph_1$, so existieren M-σ-unabhängige Teilmengen H_i, $i \in I$, von E, wobei die Mächtigkeit der Indexmenge gleich $2^\mathfrak{m}$ ist (vgl. A. Tarski [4]. Für $\mathfrak{m} = \mathfrak{C}$ vgl. auch Nr. 17.3 Lemma 5).

16. Fastunabhängigkeit
Stochastische Unabhängigkeit

16.1. Definitionen. *A.* Es sei E eine nicht leere Grundmenge und $\mathfrak{K}_i$, $i \in I$, eine Familie von Körpern von Teilmengen der Grundmenge E. Auf jedem Körper $\mathfrak{K}_i$ sei eine Quasi-W. bzw. eine mengentheoretisch σ-additive Quasi-W. μ_i, $i \in I$, definiert. Man bezeichnet die Körper $\mathfrak{K}_i$, $i \in I$, als *fastunabhängig* bzw. *σ-fastunabhängig* bezüglich μ_i, $i \in I$, wenn gilt: Für jede beliebige endliche bzw. abzählbare Teilmenge $J \subseteqq I$ und jede Mengenfamilie $X_j \in \mathfrak{K}_j$, $j \in J$, mit $\mu_j(X_j) \neq 0$ ist $\bigcap_{j\in J} X_j \neq \emptyset$.

B. Es sei $\mathfrak{K}$ ein Körper von Teilmengen der Grundmenge E und μ eine Quasi-W. auf $\mathfrak{K}$. Es seien $\mathfrak{K}_i$, $i \in I$, Unterkörper von $\mathfrak{K}$. Dann heißen die Körper $\mathfrak{K}_i$ *stochastisch unabhängig* bezüglich μ (kurz: *μ-unabhängig*), wenn gilt: Für jede beliebige endliche Teilmenge $\{i_1, i_2, \ldots, i_n\} \subseteqq I$ und jede Familie von Mengen $X_{i_\nu} \in \mathfrak{K}_{i_\nu}$, $\nu = 1, 2, \ldots, n$, ist

$$\mu(X_{i_1} X_{i_2} \cdots X_{i_n}) = \mu(X_{i_1})\, \mu(X_{i_2}) \cdots \mu(X_{i_n}).$$

Γ. Es seien $\mathfrak{K}_i$, $i \in I$, Unterkörper eines Körpers $\mathfrak{K}$ von Teilmengen der Grundmenge E. Auf jedem $\mathfrak{K}_i$ sei eine Quasi-W. μ_i, $i \in I$, definiert. Eine Quasi-W. μ auf $\mathfrak{K}$ heißt eine *multiplikative Erweiterung* μ von μ_i, $i \in I$, auf $\mathfrak{K}$, wenn sie eine gemeinsame Erweiterung aller μ_i auf $\mathfrak{K}$ ist, d. h. für jedes $X \in \mathfrak{K}_i$ gilt $\mu_i(X) = \mu(X)$, $i \in I$, und wenn außerdem die Körper $\mathfrak{K}_i$, $i \in I$, μ-unabhängig in $\mathfrak{K}$ sind.

16.2. Beispiele. 1. Es bedeute $\mathfrak{L}$ den σ-Körper aller Lebesgue-meßbaren Teilmengen der Menge der reellen Zahlen $E = \{x: 0 \leqq x \leqq 1\}$. Es bedeute μ das Lebesgue-Maß auf $\mathfrak{L}$. Es sei ferner A eine nicht meßbare Teilmenge von E mit dem äußeren Maß $\mu^*(A) = 1$ und $\mu^*(E - A) = 1$[1]. Man betrachte nun den Körper $\mathfrak{N} = \{\emptyset, A, A^c, E\}$ und definiere eine Quasi-W. ν auf $\mathfrak{N}$, wie folgt:

$$\nu(A) = \nu(A^c) = \frac{1}{2}, \quad \nu(\emptyset) = 0, \; \nu(E) = 1.$$

Dann sind die Körper $\mathfrak{L}$ und $\mathfrak{N}$ fastunabhängig bezüglich μ und ν. Jedoch offenbar nicht M-unabhängig.

2. Es sei $E = \{x: 0 \leqq x \leqq 1\}$ und $E^2 = E \times E = \left\{(x, y): \begin{matrix} 0 \leq x \leq 1 \\ 0 \leq y \leq 1 \end{matrix}\right\}$. Es bedeute $\mathfrak{M}_1$ bzw. $\mathfrak{M}_2$ die Gesamtheit aller Mengen von der Form $A \times E$ bzw. $E \times A$ für alle $A \in \mathfrak{L}$, wobei $\mathfrak{L}$ der σ-Körper vom Beispiel 1 aller Lebesgue-meßbaren Teilmengen von E ist. Dann sind $\mathfrak{M}_1$, $\mathfrak{M}_2$ σ-Körper von Teilmengen der Grundmenge E^2. Sie sind stochastisch unabhängig bezüglich des ebenen Lebesgueschen Maßes m. Bedeutet μ_1 bzw. μ_2 die Verengung (Restriktion) von m auf die σ-Körper $\mathfrak{M}_1$ bzw. $\mathfrak{M}_2$, so ist m ihre multiplikative Erweiterung, und zwar eine mengentheoretisch σ-additive multiplikative Erweiterung.

16.3. Δ. Es seien $\mathfrak{K}_i$, $i \in I$, Körper von Teilmengen einer Grundmenge E. Auf jedem $\mathfrak{K}_i$ sei eine Quasi-W. μ_i definiert. Es bedeute $\mathfrak{N}_i$ das Ideal der μ_i-Nullmengen in $\mathfrak{K}_i$, d. h. der Mengen $N \in \mathfrak{K}_i$ mit $\mu_i(N) = 0$, $i \in I$. Es bedeute ferner $\mathfrak{N}$ das kleinste Ideal, das alle $\mathfrak{N}_i$, $i \in I$, enthält und $\mathfrak{K}$ den kleinsten Körper von Teilmengen der Menge E, der alle Körper $\mathfrak{K}_i$, $i \in I$, als Unterkörper enthält. Man betrachte die Restklassen-Booleringe $\mathfrak{K}_i^* = \mathfrak{K}_i/\mathfrak{N}_i$, $i \in I$, und $\mathfrak{K}^* = \mathfrak{K}/\mathfrak{N}$. Jeder Boolering $\mathfrak{K}_i^*$, $i \in I$, kann als ein Booleunterring von $\mathfrak{K}^*$ aufgefaßt werden, denn $\mathfrak{K}_i/\mathfrak{N}_i$ ist isomorph zu $\mathfrak{K}_i/\mathfrak{N}$. Dann fällt der kleinste Booleunterring von $\mathfrak{K}^*$, der alle $\mathfrak{K}_i^*$, $i \in I$, als Booleunterringe enthält, mit dem Boolering $\mathfrak{K}^*$ zusammen. Es gilt der:

Satz 1. *Unter den Voraussetzungen und Bezeichnungen von Δ sind folgende Aussagen äquivalent:*

I. *Die Körper $\mathfrak{K}_i$, $i \in I$, sind fastunabhängig bezüglich μ_i, $i \in I$.*

II. *Die Booleringe $\mathfrak{K}_i^*$, $i \in I$, sind alg-unabhängig in $\mathfrak{K}^*$.*

III. *Es gibt eine Quasi-W. μ auf $\mathfrak{K}$, die eine multiplikative Erweiterung aller μ_i, $i \in I$, auf $\mathfrak{K}$ ist.*

Beweis. 1. *Äquivalenz von II und III*: Die Quasi-W. μ_i auf $\mathfrak{K}_i$ induziert eine W. $\hat{\mu}_i$ auf $\mathfrak{K}_i^*$, $i \in I$. Ist dann II vorausgesetzt, so existiert nach den Sätzen 1 und 2 Nr. 14.1 eine W. $\hat{\mu}$ auf $\mathfrak{K}^*$ derart, daß gilt:

[1] In der Maßtheorie zeigt man die Existenz von solchen Mengen.

1. $\hat{\mu}(x) = \hat{\mu}_i(x)$, für alle $x \in \mathfrak{K}_i^*$.

2. $\hat{\mu}(x_{i_1} x_{i_2} \cdots x_{i_n}) = \hat{\mu}_{i_1}(x_{i_1}) \hat{\mu}_{i_2}(x_{i_2}) \cdots \hat{\mu}_{i_n}(x_{i_n})$ für jede beliebige endliche Teilmenge $\{i_1, i_2, \ldots, i_n\} \subseteqq I$ und jede Familie von Elementen $x_{i_\nu} \in \mathfrak{K}_{i_\nu}^*$, $\nu = 1, 2, \ldots, n$.

3. Die Booleringe $\mathfrak{K}_i^*$, $i \in I$, sind μ-unabhängig in $\mathfrak{K}^*$. Definiert man nun eine Funktion μ auf $\mathfrak{K}$, wie folgt:

$\mu(X) = \hat{\mu}(X/\mathfrak{N})$ für jedes $X \in \mathfrak{K}$ und $\mu_i(X) = \hat{\mu}_i(X/\mathfrak{N})$ für jedes $X \in \mathfrak{K}_i$, $i \in I$, so ist offenbar μ eine multiplikative Erweiterung von μ_i, $i \in I$, auf $\mathfrak{K}$. Aus II folgt also III.

Setzt man nun III voraus, so induziert jede Quasi-W. μ_i auf $\mathfrak{K}_i$, $i \in I$, eine W. $\hat{\mu}_i$ auf $\mathfrak{K}_i^*$, und die Quasi-W. μ auf $\mathfrak{K}$ eine W. $\hat{\mu}$ auf $\mathfrak{K}^*$. Die Booleringe $\mathfrak{K}_i^*$, $i \in I$, sind dann $\hat{\mu}$-unabhängig in $\mathfrak{K}^*$. Aus der $\hat{\mu}$-Unabhängigkeit folgt aber die algebraische Unabhängigkeit von $\mathfrak{K}_i^*$, $i \in I$, in $\mathfrak{K}^*$. Aus III folgt deshalb II.

2. *Äquivalenz von I und III.* Um diese Äquivalenz zu zeigen, brauchen wir folgende Lemmata:

Lemma 1. *Für jede endliche Teilmenge* $\{i_1, i_2, \ldots, i_n\} \subseteqq I$ *sei* $\mathfrak{K}_{i_1, i_2, \ldots, i_n}$ *der kleinste Körper von Teilmengen der Grundmenge* E, *der die Körper* $\mathfrak{K}_{i_1}, \mathfrak{K}_{i_2}, \ldots, \mathfrak{K}_{i_n}$ *als Unterkörper enthält: dann fällt die mengentheoretische Vereinigung* $\mathfrak{W}$ *aller für alle endlichen Teilmengen* $\{i_1, i_2, \ldots, i_n\} \subseteqq I$ *gebildeten* $\mathfrak{K}_{i_1, i_2, \ldots, i_n}$ *mit dem Körper* $\mathfrak{K}$ *zusammen.*

Beweis. Es genügt zu zeigen, daß $\mathfrak{W}$ einen Körper bildet. In der Tat ist $\mathfrak{W}$ abgeschlossen für die Komplementbildung, denn wenn $X \in \mathfrak{W}$ ist, so ist $X \in \mathfrak{K}_{i_1, i_2, \ldots, i_n}$ für ein $\{i_1, i_2, \ldots, i_n\} \subseteqq I$ also auch $X^c \in \mathfrak{K}_{i_1, i_2, \ldots, i_n}$ und deshalb $X^c \in \mathfrak{W}$. Es bleibt zu zeigen: Aus $X \in \mathfrak{W}$, $Y \in \mathfrak{W}$ folgt $X \cup Y \in \mathfrak{W}$. Es ist $X \in \mathfrak{K}_{i_1, i_2, \ldots, i_n}$ und $Y \in \mathfrak{K}_{j_1, j_2, \ldots, j_m}$ für passende $\{i_1, i_2, \ldots, i_n\}$ und $\{j_1, j_2, \ldots, j_m\} \subseteqq I$; ist dann $k_1, k_2, \ldots, k_r$ die Vereinigung von $\{i_1, i_2, \ldots, i_n\}$ und $\{j_1, j_2, \ldots, j_m\}$, so ist $X \cup Y \in \mathfrak{K}_{k_1, k_2, \ldots, k_r}$ also $X \cup Y \in \mathfrak{W}$.

Lemma 2. *Es existiert höchstens eine multiplikative Erweiterung* μ *aller* μ_i, $i \in I$, *auf* $\mathfrak{K}$.

Beweis: Aus Lemma 1 folgt, daß jedes $X \in \mathfrak{K}$ einem $\mathfrak{K}_{i_1 i_2 \cdots i_n}$ für eine Teilmenge $\{i_1, i_2, \ldots, i_n\} \subseteqq I$ angehört, d. h. X ist in der Form darstellbar:

$$X = \bigcup_{j=1}^{\tau} X_{1,j} X_{2,j} \cdots X_{n,j} \quad \text{mit } X_{\nu,j} \in \mathfrak{K}_{i_\nu}, \ \nu = 1, 2, \ldots, n,$$

wobei die Durchschnitte $X_{1,j} X_{2,j} \cdots X_{n,j}$, $j = 1, 2, \ldots, \tau$, paarweise fremd sind. Existiert also eine multiplikative Erweiterung μ von μ_i, $i \in I$, auf $\mathfrak{K}$, so muß gelten:

$$\mu(X) = \sum_{j=1}^{\tau} \mu(X_{1,j} X_{2,j} \cdots X_{n,j}) = \sum_{j=1}^{\tau} \mu_{i_1}(X_{1,j}) \mu_{i_2}(X_{2,j}) \cdots \mu_{i_n}(X_{n,j}).$$

Daraus folgt aber, daß der Wert von X für jede existierende multiplikative Erweiterung μ von μ_i, $i \in I$, auf $\mathfrak{K}$ stets derselbe ist.

Lemma 3. *Sind die endlich vielen Körper* $\mathfrak{K}_{i_1}, \mathfrak{K}_{i_2}, \ldots, \mathfrak{K}_{i_n}, \mathfrak{K}_{i_{n+1}}$ *fastunabhängig bezüglich* $\mu_{i_1}, \mu_{i_2}, \ldots, \mu_{i_n}, \mu_{i_{n+1}}$ *und existiert eine gemeinsame Erweiterung* $\mu_{i_1 i_2 \cdots i_n}$ *von* $\mu_{i_1}, \mu_{i_2}, \ldots, \mu_{i_n}$ *auf den Körper* $\mathfrak{K}_{i_1 i_2 \cdots i_n}$, *so sind die Körper* $\mathfrak{K}_{i_1 i_2 \cdots i_n}$ *und* $\mathfrak{K}_{i_{n+1}}$ *fastunabhängig bezüglich* $\mu_{i_1 i_2 \cdots i_n}$ *und* $\mu_{i_{n+1}}$.

Beweis. Es sei $X \in \mathfrak{K}_{i_1 i_2 \cdots i_n}$ mit $\mu_{i_1 i_2 \cdots i_n}(X) > 0$ und $Z \in \mathfrak{K}_{i_{n+1}}$ mit $\mu_{i_{n+1}}(Z) > 0$. Dann läßt sich X wie folgt darstellen:

$$X = \bigcup_{j=1}^{\tau} X_{1,j} X_{2,j} \cdots X_{n,j}, \text{ wobei } X_{\nu j} \in \mathfrak{K}_{i_\nu},\ \nu = 1, 2, \ldots, n,\ j = 1, 2, \ldots, \tau.$$

Da $\mu_{i_1 i_2 \cdots i_n}(X) > 0$ ist, existiert ein j_0 mit $\mu_{i_1 i_2 \cdots i_n}(X_{1,j_0} X_{2,j_0} \cdots X_{n,j_0}) > 0$. Dann ist aber $\mu_{i_\nu}(X_{\nu,j_0}) = \mu_{i_1 i_2 \cdots i_n}(X_{\nu,j_0}) > 0$, $\nu = 1, 2, \ldots, n$. Wegen der Fastunabhängigkeit der $\mathfrak{K}_{i_1}, \mathfrak{K}_{i_2}, \ldots, \mathfrak{K}_{i_n}, \mathfrak{K}_{i_{n+1}}$ bezüglich $\mu_{i_1}, \mu_{i_2}, \ldots, \mu_{i_n}, \mu_{i_{n+1}}$ ist dann $X_{1,j_0} X_{2,j_0} \cdots X_{n,j_0} \neq \emptyset$, also auch $X Z \neq \emptyset$, weil $X \supseteq X_{1,j_0} X_{2,j_0} \cdots X_{n,j_0}$ gilt. Damit ist Lemma 3 bewiesen.

Lemma 4. *Es seien die Körper* $\mathfrak{K}_1, \mathfrak{K}_2$ *mit den Quasi-Wahrscheinlichkeiten* μ_1, μ_2 *fastunabhängig bezüglich* μ_1, μ_2. *Dann existiert eine (und nach Lemma 2 genau eine) multiplikative Erweiterung* μ_{12} *von* μ_1, μ_2 *auf den kleinsten Körper* $\mathfrak{K}_{12}$, *der* $\mathfrak{K}_1$ *und* $\mathfrak{K}_2$ *als Unterkörper enthält.*

Beweis. Da jedes Element $X \in \mathfrak{K}_{12}$ in der Form darstellbar ist:

$$X = \bigcup_{j=1}^{\tau} A_j B_j \quad \text{mit} \quad A_j \in \mathfrak{K}_1,\ B_j \in \mathfrak{K}_2, \tag{1}$$

wobei die Durchschnitte $A_j B_j$, $j = 1, 2, \ldots, \tau$, paarweise fremd sind, so muß (falls eine multiplikative Erweiterung μ_{12} von μ_1, μ_2 auf $\mathfrak{K}_{12}$ existiert) gelten:

$$\mu_{12}(X) = \sum_{j=1}^{\tau} \mu_1(A_j)\, \mu_2(B_j). \tag{2}$$

Um das Lemma zu beweisen, genügt es deshalb zu zeigen, daß durch (2) für alle $X \in \mathfrak{K}_{12}$ eine eindeutige Funktion μ_{12} auf $\mathfrak{K}_{12}$ definiert ist. Es ist dann klar, daß μ_{12} eine Quasi-W. auf $\mathfrak{K}_{12}$ ist und die Eigenschaften einer multiplikativen Erweiterung von μ_1, μ_2 auf $\mathfrak{K}_{12}$ besitzt. Wir beweisen also: Ist

$$X = \bigcup_{j=1}^{\tau} A_j B_j = \bigcup_{j=1}^{\varrho} A_j^* B_j^* \text{ mit } A_j, A_j^* \in \mathfrak{K}_1,\ \ B_j, B_j^* \in \mathfrak{K}_2 \tag{3}$$

und sind die Durchschnitte $A_j B_j$, $j = 1, 2, \ldots, \tau$, bzw. $A_j^* B_j^*$, $j = 1, 2, \ldots, \varrho$, paarweise fremd, so gilt:

$$\sum_{j=1}^{\tau} \mu_1(A_j)\, \mu_2(B_j) = \sum_{j=1}^{\varrho} \mu_1(A_j^*)\, \mu_2(B_j^*). \tag{4}$$

Wir betrachten dazu den kleinsten Körper $\mathfrak{W}_1$, der alle A_j, $j=1, 2, \ldots, \tau$, und A_j^*, $j=1, 2, \ldots, \varrho$, als Elemente enthält, bzw. $\mathfrak{W}_2$, der alle B_j, $j=1, 2, \ldots, \tau$ und B_j^*, $j=1, 2, \ldots, \varrho$, als Elemente enthält. Dann besitzen $\mathfrak{W}_1$ und $\mathfrak{W}_2$ endlich viele Elemente, sind also als Booleringe betrachtet, atomar. Es seien $X_1, X_2, \ldots, X_n$ bzw. $Y_1, Y_2, \ldots, Y_m$ seine Atome, Dann gilt:

$$A_j = \bigcup_{i\in P_j} X_i,\ B_j = \bigcup_{i\in Q_j} Y_i \text{ mit } P_j \subseteqq \{1, 2, \ldots, n\}, Q_j \subseteqq \{1, 2, \ldots, m\},$$
$$j = 1, 2, \ldots, \tau \tag{5}$$
$$A_j^* = \bigcup_{i\in P_j^*} X_i,\ B_j^* = \bigcup_{i\in Q_j^*} Y_i \text{ mit } P_j^* \subseteqq \{1, 2, \ldots, n\}, Q_j^* \subseteqq \{1, 2, \ldots, m\},$$
$$j = 1, 2, \ldots, \varrho.$$

Wir setzen nun $R = \bigcup_{j=1}^{\tau} (P_j \times Q_j)$ und $R^* = \bigcup_{j=1}^{\varrho} (P_j^* \times Q_j^*)$, wobei $P_j \times Q_j$ bzw. $P_j^* \times Q_j^*$ die Bildung von cartesischen Produkten bedeutet. Dann haben wir wegen (3) und (5):

$$X = \bigcup_{(i,k)\in R} X_i\, Y_k = \bigcup_{(i,k)\in R^*} X_i\, Y_k. \tag{6}$$

Betrachten wir nun den kleinsten Körper $\mathfrak{M}$, der $\mathfrak{W}_1$ und $\mathfrak{W}_2$ als Unterkörper enthält, so ist $\mathfrak{M}$ als Boolering betrachtet, auch atomar und zwar mit endlich vielen Atomen und es gilt: ist $X_i\, Y_k \neq \emptyset$ für ein Paar $(i, k) \in R$ bzw. R^*, so stellt $X_i\, Y_k$ ein Atom im Boolering $\mathfrak{M}$ dar. Da die Darstellung von jedem $X \in \mathfrak{M}$ durch Atome eindeutig ist, so sind in (6) bei den beiden Darstellungen Elemente $X_i\, Y_k$ mit $(i, k) \in R \dotplus R^* = (R \cup R^*) - R\, R^*$ sicher keine Atome, also $X_i\, Y_k = \emptyset$. Da aber $\mathfrak{K}_1$ und $\mathfrak{K}_2$ fastunabhängig bezüglich μ_1, μ_2 sind, so folgt aus $X_i\, Y_k = \emptyset$, $X_i \in \mathfrak{K}_1$, $Y_k \in \mathfrak{K}_2$ entweder $\mu_1(X_i) = 0$ oder $\mu_2(Y_k) = 0$. Es gilt also sicher:

$$\mu_1(X_i)\, \mu_2(Y_k) = 0 \text{ für jedes Paar } (i, k) \in R \dotplus R^* \tag{7}$$

und deshalb ist:

$$\sum_{(i,k)\in R} \mu_1(X_i)\, \mu_2(Y_k) = \sum_{(i,k)\in R R^*} \mu_1(X_i)\, \mu_2(Y_k) = \sum_{(i,k)\in R^*} \mu_1(X_i)\, \mu_2(Y_k). \tag{8}$$

Aus (5) und der Additivität der Quasi-W.en μ_1, μ_2 folgt:

$$\mu_1(A_j) = \sum_{i\in P_j} \mu_1(X_i),\ \mu_2(B_j) = \sum_{i\in Q_j} \mu_2(Y_i),$$
$$\mu_1(A_j^*) = \sum_{i\in P_j^*} \mu_1(X_i),\ \mu_2(B_j^*) = \sum_{i\in Q_j^*} \mu_2(Y_i).$$

Also wegen (7) und (8):

$$\sum_{j=1}^{\tau} \mu_1(A_j)\, \mu_2(B_j) = \sum_{(i,k)\in R} \mu_1(X_i)\, \mu_2(Y_k) = \sum_{(i,k)\in R R^*} \mu_1(X_i)\, \mu_2(Y_k),$$
$$\sum_{j=1}^{\varrho} \mu_1(A_j^*)\, \mu_2(Y_j^*) = \sum_{(i,k)\in R^*} \mu_1(X_i)\, \mu_2(Y_k) = \sum_{(i,k)\in R R^*} \mu_1(X_i)\, \mu_2(Y_k).$$

Daraus aber folgt (4) und Lemma 4 ist damit bewiesen.

Beweis der Äquivalenz von I und III. 1. Aus I folgt III. Aus den Lemmata 3 und 4 folgt durch vollständige Induktion: Für jede beliebige endliche Menge $\{i_1, i_2, \ldots, i_n\}$ existiert eine multiplikative Erweiterung $\mu_{i_1 i_2 \cdots i_n}$ von $\mu_{i_1}, \mu_{i_2}, \ldots, \mu_{i_n}$ auf $\mathfrak{K}_{i_1 i_2 \cdots i_n}$. Da nun nach Lemma 1 jedes $X \in \mathfrak{K}$ einem $\mathfrak{K}_{i_1 i_2 \cdots i_n}$ für ein $\{i_1, i_2, \ldots, i_n\} \subseteqq I$ angehört, so definieren wir

$$\mu(X) = \mu_{i_1 i_2 \cdots i_n}(X) \tag{9}$$

und beweisen, daß die so definierte Funktion μ auf $\mathfrak{K}$ eindeutig ist, d. h. wenn ein $X \in \mathfrak{K}$ gleichzeitig $\mathfrak{K}_{i_1 i_2 \cdots i_n}$ und $\mathfrak{K}_{j_1, j_2 \cdots j_m}$ mit $\{i_1, i_2, \ldots, i_n\}$ und $\{j_1, j_2, \ldots, j_m\} \subseteqq I$ angehört, dann ist

$$\mu_{i_1 i_2 \cdots i_n}(X) = \mu_{j_1 j_2 \cdots j_m}(X).$$

In der Tat: Ist $X \in \mathfrak{K}_{i_1 i_2 \cdots j_n} \cap \mathfrak{K}_{j_1 j_2 \cdots j_m}$, so ist offenbar $X \in \mathfrak{K}_{k_1 k_2 \cdots k_r}$ mit $\{k_1, k_2, \ldots, k_r\} = \{i_1, i_2, \ldots, i_n\} \cup \{j_1, j_2, \ldots, j_m\}$.

Da aber nach Lemma 2 $\mu_{k_1 k_2 \cdots k_r}$ eine Erweiterung von $\mu_{i_1 i_2 \cdots i_n}$ und $\mu_{j_1 j_2 \cdots j_m}$ auf $\mathfrak{K}_{k_1 k_2 \cdots k_r}$ und als solche eindeutig bestimmt ist, so gilt:

$$\mu_{k_1 k_2 \cdots k_r}(X) = \mu_{i_1 i_2 \cdots i_n}(X) = \mu_{j_1 j_2 \cdots j_m}(X).$$

Die Eindeutigkeit von μ ist also bewiesen. Es ist klar, daß $\mu(\emptyset) = 0$ und $\mu(E) = 1$ ist. Es bleibt also die Additivität von μ zu zeigen: Aus $X \in \mathfrak{K}$, $Y \in \mathfrak{K}$ folgt $X \in \mathfrak{K}_{i_1 i_2 \cdots i_n}$, $Y \in \mathfrak{K}_{j_1 j_2 \cdots j_m}$, also gehören X, Y und $X \cup Y$ dem Körper $\mathfrak{K}_{k_1 k_2 \cdots k_r}$ mit $\{k_1, k_2, \ldots, k_r\} = \{i_1, i_2, \ldots, i_n\} \cup \{j_1, j_2, \ldots, j_m\}$ an, außerdem sei $X \cap Y = \emptyset$. Dann gilt aber $\mu(X \cup Y) = \mu_{k_1 k_2 \cdots k_r}(X \cup Y) = \mu_{k_1 k_2 \cdots k_r}(X) + \mu_{k_1 k_2 \cdots k_r}(Y) = \mu(X) + \mu(Y)$. Die Additivität von μ ist also gezeigt.

Daß μ eine multiplikative Erweiterung von μ_i, $i \in I$, auf $\mathfrak{K}$ ist, folgt leicht aus der Def. von μ.

2. Aus III folgt I: Es seien $X_{i_\nu} \in \mathfrak{K}_{i_\nu}$, $\nu = 1, 2, \ldots, n$, mit $\mu_{i_\nu}(X_{i_\nu}) \neq 0$ und $\{i_1, i_2, \ldots, i_n\} \subseteqq I$; dann ist

$$\mu(X_{i_1} X_{i_2} \cdots X_{i_n}) = \mu(X_{i_1}) \mu(X_{i_2}) \cdots \mu(X_{i_n}) = \mu_{i_1}(X_{i_1}) \mu_{i_2}(X_{i_2}) \cdots \mu_{i_n}(X_{i_n}) \neq 0,$$

also $X_{i_1} X_{i_2} \cdots X_{i_n} \neq \emptyset$.

Aus III folgt also I. Hiermit ist Satz 1 vollständig bewiesen. Man zeigt nun leicht.

Satz 2. *Es sei $\mathfrak{K}_i$, $i \in I$, eine Familie von Körpern von Teilmengen einer Grundmenge E. Es sei ferner $\mathfrak{K}$ der kleinste Körper, der jeden Körper $\mathfrak{K}_i$, $i \in I$, als Unterkörper enthält. Dann sind folgende Aussagen äquivalent.*

α) *Die Körper $\mathfrak{K}_i$, $i \in I$, sind M-unabhängig.*

β) *Es existiert eine multiplikative Erweiterung μ auf $\mathfrak{K}$ für jede Familie von Quasi-Wahrscheinlichkeiten $\mu_i | \mathfrak{K}_i$, $i \in I$.*

γ) *Für jede Familie von Quasi-W-en $\mu_i | \mathfrak{K}_i$, $i \in I$, existiert eine gemeinsame Erweiterung μ auf $\mathfrak{K}$,* d. h. *eine Quasi-W. μ derart, daß $\mu(X) = \mu_i(X)$ für jedes $X \in \mathfrak{K}_i$, $i \in I$, gilt.*

Beweis. Aus Satz 1 folgt: Wenn α), dann β). Der Beweis für: wenn β), dann γ) ist trivial. Es genügt deshalb zu zeigen: wenn γ), dann α). Wir betrachten eine beliebige endliche Menge $\{i_1, i_2, \ldots, i_n\} \subseteqq I$ und beliebige Elemente $X_{i_\nu} \in \mathfrak{K}_{i_\nu}$ mit $X_{i_\nu} \neq \emptyset$, $\nu = 1, 2, \ldots, n$. Es sei ferner $x_{i_\nu} \in X_{i_\nu}$, $\nu = 1, 2, \ldots, n$. Wir definieren auf jedem $\mathfrak{K}_{i_\nu}$ eine Quasi-W. μ_{i_ν} derart, daß $\mu_{i_\nu}(X) = 1$ oder 0 je nachdem $x_{i_\nu} \in X$ oder $x_{i_\nu} \notin X$ gilt. Da nun offenbar $\mu_{i_\nu}(X_{i_\nu}) = 1, \nu = 1, 2, \ldots, n$, gilt, so ist $\mu(X_{i_\nu}) = 1$, $\nu = 1, 2, \ldots, n$, wenn μ eine zu diesen $\mu_{i_\nu} | \mathfrak{K}_{i_\nu}$, $\nu = 1, 2, \ldots, n$, gemeinsame Erweiterung ist. Dann muß aber $\mu_{i_\nu}(X_{i_k}) = 1$, $k = 1, 2, \ldots, n$ und $\nu = 1, 2, \ldots, n$, gelten, d. h. $x_{i_\nu} \in X_{i_k}$, $k = 1, 2, \ldots, n$, und für jedes $\nu = 1, 2, \ldots, n$ also $X_{i_1} X_{i_2} \cdots X_{i_n} \neq \emptyset$. Damit ist bewiesen: aus γ) folgt α).

16.4. Für M-σ-unabhängige Körper gilt der:

Satz 3. (Satz von BANACH) *Es sei $\mathfrak{K}_i$, $i \in I$, eine Familie von M-σ-unabhängigen σ-Körpern von Teilmengen einer Grundmenge E. Es sei $|I| \geqq \aleph_0$ und auf jedem $\mathfrak{K}_i$ eine mengentheoretisch σ-additive Quasi-W. μ_i, $i \in I$, definiert. Dann existiert stets eine mengentheoretisch σ-additive Quasi-W. μ auf dem kleinsten σ-Körper $\mathfrak{K}$ von Teilmengen der Grundmenge E, der jeden Körper $\mathfrak{K}_i$, $i \in I$, als σ-Unterkörper enthält, derart, daß gilt:*

α) *$\mu(X) = \mu_i(X)$ für jedes $X \in \mathfrak{K}_i$, $i \in I$.*

β) *Die σ-Körper $\mathfrak{K}_i$ sind stochastisch unabhängig bezüglich μ, d. h. μ-unabhängig in $\mathfrak{K}$*[1].

S. BANACH [1] hat zuerst einen direkten Beweis dieses Satzes gegeben. S. SHERNAN [1] hat den Beweis dieses Satzes auf den Beweis eines entsprechenden Satzes für Produkträume zurückgeführt.

Beweis: Es seien $(\Omega_i, \mathfrak{K}_i, \mu_i)$ die W-Räume mit $\Omega_i = E$, $i \in I$. Es sei ferner $\Omega = \underset{i \in I}{P}\, \Omega_i$ der Produktraum mit Komponenten $\Omega_i = E$, $i \in I$. Es bedeute $\mathfrak{R}$ die Gesamtheit aller Rechtecke: $R(A_{i_1}, A_{i_2}, \ldots, A_{i_n})$ für $\{i_1, i_2, \ldots, i_n\} \subseteqq I$ und $A_{i_\nu} \in \mathfrak{K}_{i_\nu}$, $\nu = 1, 2, \ldots, n$.

Dann ist $\mathfrak{K}^* = \underset{i \in I}{P}\, \mathfrak{K}_i$ der kleinste Körper von Teilmengen des Produktraumes Ω über $\mathfrak{R}$. Es bedeute ferner ${}_\sigma\mathfrak{K}^*$ den kleinsten σ-Körper von Teilmengen des Produktraumes Ω über $\mathfrak{K}^*$. Dann kann man (bekanntlich) auf ${}_\sigma\mathfrak{K}^*$ eine Quasi-W. ψ derart definieren, daß $\psi(R) = \mu_{i_1}(A_{i_1})\, \mu_{i_2}(A_{i_2}) \cdots \mu_{i_n}(A_{i_n})$ für jedes Rechteck $R(A_{i_2}, A_{i_2}, \ldots, A_{i_n})$ gilt.

[1] Eine Erweiterung des Begriffes der stochastischen Unabhängigkeit zum Begriff der stochastischen σ-Unabhängigkeit bezüglich einer mengentheoretisch σ-additiven Quasi-W. μ, im Falle wo $\mathfrak{K}_i$, $i \in I$, und $\mathfrak{K}$ σ-Körper sind, bringt nichts Neues. Denn aus der stochastischen Unabhängigkeit und der σ-Additivität folgt die stochastische σ-Unabhängigkeit, weil

$$\mu\left(\bigcap_{\nu=1}^{\infty} X_{i_\nu}\right) = \prod_{\nu=1}^{\infty} \mu(X_{i_\nu}) = \lim_{k \to \infty} \prod_{\nu=1}^{k} \mu(X_{i_\nu}).$$

Es sei nun ${}_\sigma R(A_{i_1}, A_{i_2}, \ldots)$ ein σ-Rechteck, d. h. eine Produktmenge der Form $\underset{i\in I}{P}\, X_i$ mit $X_{i_\nu} = A_{i_\nu}$, $\nu = 1, 2, \ldots$, und $X_i = \Omega_i$ für $i \in (I - \{i_1, i_2, \ldots\})$, wobei die Menge $\{i_1, i_2, \ldots\}$ eine abzählbare Teilmenge von I ist. Dann gilt wegen der mengentheoretischen σ-Additivität der Quasi-W. ψ auf ${}_\sigma\mathfrak{K}^*$

$$\psi\left({}_\sigma R(A_{i_1}, A_{i_2}, \ldots)\right) = \lim_{n\to\infty} \prod_{\nu=1}^{n} \mu_{i_\nu}(A_{i_\nu}) = \prod_{\nu=1}^{\infty} \mu_{i_\nu}(A_{i_\nu}).$$

Nun bemerken wir, daß der kleinste Körper $\mathfrak{K}_0$ von Teilmengen der Grundmenge E (der ein Unterkörper des σ-Körpers $\mathfrak{K}$ ist), der jeden Körper $\mathfrak{K}_i$, $i \in I$, als Unterkörper enthält, isomorph zu $\mathfrak{K}^*$ ist, und zwar derart, daß bei dieser Isomorphie jedem Rechteck $R(A_{i_1}, A_{i_2}, \ldots, A_{i_n})$ als Bild der Durchschnitt $A_{i_1} \cap A_{i_2} \cap \cdots \cap A_{i_n} \in \mathfrak{K}$ entspricht. Die Quasi-W. ψ auf $\mathfrak{K}^*$ (als Unterkörper von ${}_\sigma\mathfrak{K}^*$) induziert auf $\mathfrak{K}_0$ eine Quasi-W. μ derart, daß

$$\mu(A_{i_1} \cap A_{i_2} \cap \cdots \cap A_{i_n}) = \mu_{i_1}(A_{i_1})\, \mu_{i_2}(A_{i_2}) \cdots \mu_{i_n}(A_{i_n}),$$

insbesondere also $\mu(X) = \mu_i(X)$ für jedes $X \in \mathfrak{K}_i$, $i \in I$, gilt. Da aber wegen der vorausgesetzten M-σ-Unabhängigkeit der $\mathfrak{K}_i$, $i \in I$, jeder abzählbare Durchschnitt der Form $\bigcap_{\nu=1}^{\infty} A_{i_\nu}$ mit $A_{i_\nu} \in \mathfrak{K}_{i_\nu}$, $A_{i_\nu} \neq \emptyset$, $\nu = 1, 2, \ldots$, nicht leer ist, so beweist man leicht, daß ${}_\sigma\mathfrak{K}^*$ isomorph zu $\mathfrak{K}$ ist, und zwar derart, daß diese Isomorphie eine Erweiterung der Isomorphie zwischen $\mathfrak{K}^*$ und $\mathfrak{K}_0$ ist und bei welcher jedem σ-Rechteck ${}_\sigma R(A_{i_1}, A_{i_2}, \ldots)$ als Bild der Durchschnitt $\bigcap_{\nu=1}^{\infty} A_{i_\nu}$ in $\mathfrak{K}$ entspricht. Die auf $\mathfrak{K}_0$ induzierte Quasi-W. μ läßt sich deshalb von $\mathfrak{K}_0$ auf $\mathfrak{K}$ erweitern, ist mengentheoretisch σ-additiv und es gilt:

$$\mu(X) = \mu_i(X) \text{ für jedes } X \in \mathfrak{K}_i,\ i \in I,$$

$$\mu\left(\bigcap_{\nu=1}^{\infty} A_{i_\nu}\right) = \prod_{\nu=1}^{\infty} \mu_{i_\nu}(A_{i_\nu}),$$

d. h. die σ-Körper $\mathfrak{K}_i$ sind stochastisch unabhängig bezüglich μ.

Damit ist der Satz von BANACH bewiesen.

Aus den Sätzen 2 und 3 folgt:

Satz 4. Es sei A_i, $i \in I$, eine Familie von M-unabhängigen (bzw. M-σ-unabhängigen) Teilmengen der Grundmenge E. Es sei ferner $\varphi(A_i)$, $i \in I$, eine beliebige reelle Funktion mit $0 \leqq \varphi(A_i) \leqq 1$, $i \in I$. Dann existiert eine Quasi-W. (bzw. eine mengentheoretisch σ-additive Quasi-W.) μ, die auf dem kleinsten Körper (bzw. σ-Körper) $\mathfrak{K}$ von Teilmengen der Grundmenge E definiert ist, der alle A_i, $i \in I$, als Elemente enthält, und folgende Eigenschaften besitzt:

α) $\mu(X) = \varphi(X)$, falls $X = A_i$, $i \in I$.

β) Die Mengen A_i, $i \in I$, oder was dasselbe bedeutet, die Körper $\mathfrak{K}_i = \{\emptyset, A_i, A_i^c, E\}$, $i \in I$, sind stochastisch unabhängig bezüglich μ.

Bemerkung 1. Aus der stochastischen Unabhängigkeit eines Systems A_i, $i \in I$, von Teilmengen der Grundmenge E bezüglich einer mengentheoretisch σ-additiven Quasi-W. folgt nicht notwendig die M-σ-Unabhängigkeit bzw. die σ-Fastunabhängigkeit des Systems A_i, $i \in I$.

Beispiel. Es sei $(\tilde{\Phi}, \pi) = \underset{i \in \{1,2,\ldots\}}{\tilde{P}} (\mathfrak{F}_i, w_i)$ das σ-Produktfeld mit $\mathfrak{F}_i = \{\emptyset, a_{i,0}, a_{i,1}, e\}$, $w_i(a_{i,0}) = \frac{1}{2^i}$, $w_i(a_{i,1}) = 1 - \frac{1}{2^i}$, $i = 1, 2, \ldots$ Dann ist $\tilde{\Phi}$ isomorph zu $\mathfrak{F}^{\aleph_0}$, d. h. zum Boolering (Körper) aller Teilmengen der Menge der natürlichen Zahlen $E = \{1, 2, \ldots\}$ (vgl. Satz 5, Nr. 11.6). Es sei $\mathfrak{F}_i^* = \{\emptyset, A_{i,0}, A_{i,1}, E\}$ das Bild des Faktors $\mathfrak{F}_i$ bei dieser Isomorphie. Diese Isomorphie induziert auch in $\mathfrak{F}^{\aleph_0}$ eine W. μ die σ-additiv (genauer mengentheoretisch σ-additiv) ist. Die Mengen $A_{i,0}$, $i = 1, 2, \ldots$, sind offenbar stochastisch unabhängig bezüglich μ, jedoch nicht M-σ-unabhängig bzw. σ-fastunabhängig, denn es gilt:

$$\bigcap_{i=1}^{\infty} A_{i,0} = \emptyset, \text{ weil } \lim_{\nu \to \infty} \mu(A_{1,0} A_{2,0} \cdots A_{\nu,0}) = 0 \text{ ist.}$$

Bemerkung 2. Aus Satz 1 folgt, daß die Fastunabhängigkeit eine notwendige und hinreichende Bedingung für die Existenz einer multiplikativen Erweiterung ist. Satz 3 besagt, daß die M-σ-Unabhängigkeit hinreichend für die Existenz einer multiplikativen Erweiterung, jedoch, wie das Beispiel zeigt, nicht notwendig ist. H. Helson [1] hat im Falle von zwei Körpern gezeigt, daß die Fastunabhängigkeit, die in diediesem Falle mit der σ-Fastunabhängigkeit zusammenfällt, nicht hinreichend für die Existenz einer multiplikativen σ-Erweiterung ist. Aus dem Beispiel von Bemerkung 1 folgt außerdem im Falle abzählbar unendlich vieler Körper, daß für die Existenz einer multiplikativen σ-Erweiterung die σ-Fastunabhängigkeit nicht notwendig ist. Es bleibt noch die Frage offen, ob im Falle von unendlich vielen Körpern aus der σ-Fastunabhängigkeit die Existenz einer multiplikativen σ-Erweiterung folgt. Marczewski hat in einem speziellen Fall diese Frage positiv beantwortet. Er hat nämlich folgenden Satz bewiesen:

Satz 5. *Es seien $\mathfrak{K}_i$, $i \in I$, σ-Körper von Teilmengen einer Grundmenge E. Auf jedem $\mathfrak{K}_i$ sei eine mengentheoretisch σ-additive Quasi-W. μ_i definiert. Es sei ferner vorausgesetzt, daß alle $\mathfrak{K}_i$, $i \in I$, mit eventueller Ausnahme eines festen Index $i_0 \in I$ Körper mit endlich vielen Elementen sind. Es seien außerdem alle $\mathfrak{K}_i$, $i \in I$, σ-fastunabhängig bezüglich μ_i, $i \in I$. Dann existiert eine multiplikative σ-Erweiterung μ von allen μ_i, $i \in I$, auf den kleinsten Körper $\mathfrak{K}$, der alle $\mathfrak{K}_i$, $i \in I$, als Unterkörper enthält.*

Beweis. 1. Es sei $X \in \mathfrak{K}$; dann existiert nach Lemma 1 Nr. 16.3 eine endliche Teilmenge $\{i_1, i_2, \ldots, i_n, i_0\} \subseteqq I$, wobei i_0 der feste Index der Voraussetzung ist, so daß $X \in \mathfrak{K}_{i_1 i_2 \ldots i_n i_0}$ gilt. Wir betrachten nun den atomaren Körper $\mathfrak{K}_{i_1 i_2 \ldots i_n}$. Es seien $\overset{(1)}{A_{i_\nu}}, \overset{(2)}{A_{i_\nu}}, \ldots, A_{i_\nu}^{(k_{i_\nu})}$ die Atome des Körpers $\mathfrak{K}_{i_\nu}$, für $\nu = 1, 2, \ldots, n$. Dann bekommt man sämtliche Atome von $\mathfrak{K}_{i_1 i_2 \ldots i_n}$ aus den Durchschnitten der Form: $A_{i_1}^{(j_1)} A_{i_2}^{(j_2)} \ldots A_{i_n}^{(j_n)}$, für alle möglichen endlichen Indexfolgen $(j_1, j_2, \ldots, j_n)$ mit $j_\nu \leqq k_{i_\nu}$, $\nu = 1, 2, \ldots, n$. Denn bezeichnet $f(i_1, i_2, \ldots, i_n)$ die Gesamtheit dieser Indexfolgen, so ist $E = \bigcup\limits_{(j_1, j_2, \ldots, j_n) \in f(i_1, i_2, \ldots, i_n)} A_{i_1}^{(j_1)} A_{i_2}^{(j_2)} \ldots A_{i_n}^{(j_n)}$ und jedes Glied dieser Vereinigung ist ein Atom von $\mathfrak{K}_{i_1, i_2 \ldots i_n}$ oder leer. Nun ist leicht festzustellen, daß jedes $X \in \mathfrak{K}_{i_1 i_2 \ldots i_n i_0}$ in der Form:

$$X = \bigcup_{(j_1, j_2, \ldots, j_n) \in f(i_1, i_2, \ldots, i_n)} A_{i_1}^{(j_1)} A_{i_2}^{(j_2)} \ldots A_{i_n}^{(j_n)} B_{j_1 j_2 \ldots j_n} \text{ mit } B_{j_1 j_2 \ldots j_n} \in \mathfrak{K}_{i_0} \tag{1}$$

darstellbar ist. Es gilt nun folgendes

Lemma. Es sei $X_i \in \mathfrak{K}$, $i = 1, 2$, $X_1 \supseteqq X_2$, *und zwar sei etwa* $X_1 \in \mathfrak{K}_{i_1 i_2 \ldots i_{n_1} i_0}$, *also darstellbar in der Form*

$$X_1 = \bigcup_{(j_1, j_2, \ldots, j_{n_1}) \in f(i_1, i_2, \ldots, i_{n_1})} A_{i_1}^{(j_1)} A_{i_2}^{(j_2)} \ldots A_{i_{n_1}}^{(j_{n_1})} B_{j_1 j_2 \ldots j_{n_1}}^{(1)}.$$

Dann existiert ein $n_2 \geqq n_1$ *derart, daß* $X_2 \in \mathfrak{K}_{i_1 i_2 \ldots i_{n_2} i_0}$ *gilt. Wenn*

$$X_2 = \bigcup_{((j_1, j_2, \ldots, j_{n_2}) \in f(i_1, i_2, \ldots, i_{n_2})} A_{i_1}^{(j_1)} A_{i_2}^{(j_2)} \ldots A_{i_{n_2}}^{(j_{n_2})} B_{j_1 j_2 \ldots j_{n_2}}^{(2)}$$

die Darstellung von X_2 *in* $\mathfrak{K}_{i_1 i_2 \ldots i_{n_2} i_0}$ *ist, so gilt:*

$$B_{j_1 j_2 \ldots j_{n_1}}^{(1)} \supseteqq B_{j_1 j_2 \ldots j_{n_2}}^{(2)}.$$

Beweis des Lemmas: Sicher gehört X_2 einem Körper $\mathfrak{K}_{t_1 t_2 \ldots t_n i_0}$ an und hat deshalb eine Darstellung der Form:

$$X_2 = \bigcup_{(\lambda_1, \lambda_2, \ldots, \lambda_n) \in f(t_1, t_2, \ldots, t_n)} A_{t_1}^{(\lambda_1)} A_{t_2}^{(\lambda_2)} \ldots A_{t_n}^{(\lambda_n)} B_{\lambda_1 \lambda_2 \ldots \lambda_n} \text{ mit } B_{\lambda_1 \lambda_2 \ldots \lambda_n} \in \mathfrak{K}_{i_0}.$$

Es sei $\{i_1, i_2, \ldots, i_{n_1}\} \cup \{t_1, t_2, \ldots, t_n\} \subseteqq \{i_1, i_2, \ldots, i_{n_2}\}$, dann ist offenbar $n_2 \geqq n_1$ und $X_2 \in \mathfrak{K}_{i_1 i_2 \ldots i_{n_2} i_0}$. X_2 kann deshalb in der Form

$$X_2 = \bigcup_{(j_1, j_2, \ldots, j_{n_2}) \in f(i_1, i_2, \ldots, i_{n_2})} A_{i_1}^{(j_1)} A_{i_2}^{(j_2)} \ldots A_{i_{n_2}}^{(j_{n_2})} B_{j_1 j_2 \ldots j_{n_2}}^{*} \text{ mit } B_{j_1 j_2 \ldots j_{n_2}}^{*} \in \mathfrak{K}_{i_0}$$

dargestellt werden.

Da $A_{i_1}^{(j_1)} A_{i_2}^{(j_2)} \ldots A_{i_{n_2}}^{(j_{n_2})} B_{j_1 j_2 \ldots j_{n_2}}^{*} \subseteqq X_1$ gilt und da der Durchschnitt $A_{i_1}^{(j_1)} A_{i_2}^{(j_2)} \ldots A_{i_{n_1}}^{(j_{n_1})}$ zu dem Durchschnitt $A_{i_1}^{(\lambda_1)} A_{i_2}^{(\lambda_2)} \ldots A_{i_{n_1}}^{(\lambda_{n_1})}$ fremd ist für $(j_1, j_2, \ldots, j_{n_1}) \neq (\lambda_1, \lambda_2, \ldots, \lambda_{n_1})$, so haben wir

$$A_{i_1}^{(j_1)} A_{i_2}^{(j_2)} \cdots A_{i_{n_2}}^{(j_{n_2})} B^*_{j_1 j_2 \ldots j_{n_2}} \subseteqq A_{i_1}^{(j_1)} A_{i_2}^{(j_2)} \cdots A_{i_{n_1}}^{(j_{n_1})} B^{(1)}_{j_1 j_2 \ldots j_{n_1}}.$$

Setzen wir also

$$B^{(2)}_{j_1 j_2 \ldots j_{n_2}} = B^*_{j_1 j_2 \ldots j_{n_2}} B^{(1)}_{j_1 j_2 \ldots j_{n_1}},$$

so ist

$$A_{i_1}^{(j_1)} A_{i_2}^{(j_2)} \cdots A_{i_{n_2}}^{(j_{n_2})} B^{(2)}_{j_1 j_2 \ldots j_{n_2}} = A_{i_1}^{(j_1)} A_{i_2}^{(j_2)} \cdots A_{i_{n_2}}^{(j_{n_2})} B^*_{j_1 j_2 \ldots j_{n_2}},$$

also

$$X_2 = \bigcup_{(j_1, j_2, \ldots, j_{n_2}) \in f(i_1, i_2, \ldots, i_{n_2})} A_{i_1}^{(j_1)} A_{i_2}^{(j_2)} \cdots A_{i_{n_2}}^{(j_{n_2})} B^{(2)}_{j_1 j_2 \ldots j_{n_2}} \text{ mit } n_2 \geqq n_1$$

und $B^{(1)}_{j_1 j_2 \ldots j_{n_1}} \supseteqq B^{(2)}_{j_1 j_2 \ldots j_{n_2}}$, was zu beweisen war.

Fortsetzung des Beweises von Satz 5. Nach Satz 1 existiert eine Quasi-W. μ auf $\mathfrak{R}$, die eine multiplikative Erweiterung von μ_i, $i \in I$, auf $\mathfrak{R}$ ist. Wir brauchen deshalb nur zu zeigen, daß μ auf $\mathfrak{R}$ mengentheoretisch σ-additiv ist. Dies ist aber gleichwertig mit folgendem:

Aus $X_\nu \supseteqq X_{\nu+1}$, $X_\nu \in \mathfrak{R}$ und $\mu(X_\nu) \geqq \delta > 0$, $\nu = 1, 2, \ldots$, folgt:

$$(\mathfrak{P}(E)) \bigcap_{\nu=1}^{\infty} X_\nu \neq \emptyset.$$

Es sei nach (1) und dem Lemma jedes X_k folgendermaßen dargestellt:

$$X_k = \bigcup_{(j_1, j_2, \ldots, j_{n_k}) \in f(i_1, i_2, \ldots, i_{n_k})} A_{i_1}^{(j_1)} A_{i_2}^{(j_2)} \cdots A_{i_{n_k}}^{(j_{n_k})} B^{(k)}_{j_1 j_2 \ldots j_{n_k}},$$

wobei

$B^{(k)}_{j_1 j_2 \ldots j_{n_k}} \in \mathfrak{R}_{i_0}$, $n_k \leqq n_{k+1}$ und $B^{(k)}_{j_1 j_2 \ldots j_{n_k}} \supseteqq B^{(k+1)}_{j_1 j_2 \ldots j_{n_{k+1}}}$, $k = 1, 2, \ldots$

Dann folgt aus der Definition von μ im Satz 1, daß

$$\mu(X_k) = \sum_{(j_1, j_2, \ldots, j_{n_k}) \in f(i_1, i_2, \ldots, i_{n_k})} \mu\left(A_{i_1}^{(j_1)} A_{i_2}^{(j_2)} \cdots A_{i_{n_k}}^{(j_{n_k})}\right) \mu_{i_0}\left(B^{(k)}_{j_1 j_2 \ldots j_{n_k}}\right) \tag{2}$$

ist. Wir haben aber offenbar

$$\sum_{(j_1, j_2, \ldots, j_{n_k}) \in f(i_1, i_2, \ldots, i_{n_k})} \mu\left(A_{i_1}^{(j_1)} A_{i_2}^{(j_2)} \cdots A_{i_{n_k}}^{(j_{n_k})}\right) = 1. \tag{3}$$

Da $\mu(X_k) \geqq \delta > 0$ ist, so folgt aus (2) und (3) und aus der folgenden Eigenschaft, die beliebige nicht negative Zahlen $\alpha_j \geqq 0$ und $\beta_j \geqq 0$ erfüllen:

(A) Wenn $\gamma = \sum_{j=1}^{n} \alpha_j \beta_j$ und $\sum_{j=1}^{n} \alpha_j = 1$ gilt, dann existiert stets ein Index j_0 derart, daß $\gamma \leqq \beta_{j_0}$ und $\alpha_{j_0} \neq 0$ gilt[1], daß ein $(j_1, j_2, \ldots, j_{n_k}) \in$

[1] Der Beweis dieser Eigenschaft ist leicht.

$f(i_1, i_2, \ldots, i_{n_k})$ mit $\mu\left(A_{i_1}^{(j_1)} A_{i_2}^{(j_2)} \cdots A_{i_{n_k}}^{(j_{n_k})}\right) = \mu\left(A_{i_1}^{(j_1)}\right)\mu\left(A_{i_2}^{(j_2)}\right)\cdots\mu\left(A_{i_{n_k}}^{(j_{n_k})}\right)$ > 0 und $\mu_{i_0}\left(B_{j_1 j_2 \ldots j_{n_k}}^{(k)}\right) \geqq \delta$ für jedes $k = 1, 2, \ldots$ existiert. Daraus aber folgt:

Für jedes $k = 1, 2, \ldots$ existiert ein $(j_1, j_2, \ldots, j_{n_k}) \in f(i_1, i_2, \ldots, i_{n_k})$ mit

$$\mu\left(A_{i_\varrho}^{(j_\varrho)}\right) > 0, \ \varrho = 1, 2, \ldots, n_k, \text{ und } \mu_{i_0}\left(B_{j_1 j_2 \ldots j_{n_k}}^{(k)}\right) \geqq \delta. \tag{4}$$

Bestimmt man nun $(j_1, j_2, \ldots, j_{n_{\nu+1}})$, so daß (4) für $k = \nu + 1$ gilt, so gilt offenbar für $k = \nu$ und $(j_1, \ldots, j_{n_\nu})$ auch (4). Durch Induktion kann deshalb eine Folge

$$j_1, j_2, \ldots$$

derart bestimmt werden, daß für jedes $k = 1, 2, \ldots$ der Abschnitt $(j_1, j_2, \ldots, j_{n_k})$ so beschaffen ist, daß (4) gilt.

Es sei nun

$$B = B_{j_1 j_2 \ldots i_{n_1}}^{(1)} B_{j_1 j_2 \ldots j_{n_2}}^{(2)} \cdots, \text{ dann ist } B \in \mathfrak{K}_{i_0} \text{ und gilt}$$

$\mu(B) = \mu_{i_0}(B) = \lim\limits_{k\to\infty} \mu_{i_0}\left(B_{j_1 j_2 \ldots j_{n_k}}^{(k)}\right) \geqq \delta$ letzteres, wegen der σ-Additivität der Quasi-W. μ_{i_0} auf $\mathfrak{K}_{i_0}$. Da außerdem $A_{i_\nu}^{(j_\nu)} \in \mathfrak{K}_{i_\nu}$ mit $\mu\left(A_{i_\nu}^{(j_\nu)}\right) = \mu_{i_\nu}\left(A_{i_\nu}^{(j_\nu)}\right) > 0$ für jedes $\nu = 1, 2, \ldots$ und die $\mathfrak{K}_i$, $i \in I$, fast-σ-unabhängig bezüglich μ_i, $i \in I$, vorausgesetzt sind, so ist $B \cap \bigcap\limits_{\nu=1}^{\infty} A_{i_\nu}^{(j_\nu)} \neq \emptyset$. Daraus aber folgt

$\bigcap\limits_{\nu=1}^{\infty} X_\nu \geqq B \cap \bigcap\limits_{\nu=1}^{\infty} A_{i_\nu}^{(j_\nu)} \neq \emptyset$, was zu beweisen war.

Mit Hilfe des Satzes 5 kann man nun folgenden Satz beweisen:

Satz 6. *Es sei $(E, \mathfrak{K}, \mu)$ ein W-Raum, wobei $\mathfrak{K}$ ein σ-Körper (also μ ein mengentheoretisch σ-additives Maß auf $\mathfrak{K}$) ist. Es seien ferner A_i, $i \in I$, Teilmengen von E, derart, daß gilt: Für jedes $X \in \mathfrak{K}$ mit $\mu(X) > 0$ und jede beliebige abzählbare Teilmenge $\{i_1, i_2, \ldots\} \subseteqq I$ ist $X \cap \bigcap\limits_{\nu=1}^{\infty} B_{i_\nu} \neq \emptyset$, wobei $B_{i_\nu} = A_{i_\nu}$ oder $A_{i_\nu}^c$ ist.*

Es sei ferner jeder Menge A_i eine reelle Zahl $\varphi(A_i)$ mit $0 \leqq \varphi(A_i) \leqq 1$, $i \in I$, zugeordnet. Dann existiert ein W-Raum $(E, \mathfrak{M}, v)$, wobei $\mathfrak{M}$ der kleinste σ-Körper, der $\mathfrak{K}$ als Unterkörper und alle A_i, $i \in I$, als Elemente enthält, und v eine Quasi-W. (also ein mengentheoretisch σ-additives Maß) auf $\mathfrak{M}$ ist, die eine Erweiterung von μ auf $\mathfrak{M}$ darstellt und folgende Eigenschaften hat:

1. $v(A_i) = \varphi(A_i)$ *für jedes* $i \in I$.
2. $v(A_{i_1} A_{i_2} \cdots A_{i_n} X) = v(A_{i_1})\, v(A_{i_2}) \cdots v(A_{i_\nu})\, v(X) =$
   $= \varphi(A_{i_1})\, \varphi(A_{i_2}) \cdots \varphi(A_{i_\nu})\, \mu(X)$

für jede endliche Teilmenge $\{i_1, i_2, \ldots, i_n\} \subseteqq I$ und jedes $X \in \mathfrak{K}$.

Beweis. Man betrachte die Körper $\mathfrak{K}_i = \{\emptyset, A_i, A_i^c, E\}$ und setze $\mu_i(A_i) = \varphi(A_i)$, $\mu_i(A_i^c) = 1 - \varphi(A_i)$, $\mu_i(\emptyset) = 0$, $\mu_i(E) = 1$, $i \in I$. Dann sind die Körper $\mathfrak{K}$, $\mathfrak{K}_i$, $i \in I$, σ-fastunabhängig und erfüllen die Voraussetzungen des Satzes 5. Man braucht also nur nach Satz 5 eine Quasi-W. v auf dem kleinsten Körper $\mathfrak{M}_0$, der $\mathfrak{K}$ als Unterkörper und jedes A_i, $i \in I$, als Element enthält, zu bestimmen und dann diese Quasi-W. v auf den kleinsten σ-Körper $\mathfrak{M}$ über $\mathfrak{M}_0$ σ-additiv zu erweitern.

17. Nicht separable (nicht empirische) invariante Erweiterungen des linearen Lebesgueschen W-Raumes

17.1. Es sei $(E, \mathfrak{K}, \mu)$ ein σ-W-Raum (vgl. Nr. 10.1). Ein σ-W-Raum $(E', \mathfrak{K}', \mu')$ heißt eine σ-Erweiterung des σ-W-Raumes $(E, \mathfrak{K}, \mu)$, wenn gilt: 1. $E = E'$, 2. der σ-Körper $\mathfrak{K}$ ist ein Unterkörper des σ-Körpers $\mathfrak{K}'$ und 3. $\mu'(X) = \mu(X)$ für jedes $X \in \mathfrak{K}$.

Jedem σ-W-Raum $(E, \mathfrak{K}, \mu)$ entspricht ein σ-W-Feld $(\mathfrak{F}, w)$ mit $\mathfrak{F} = \mathfrak{K}/\mathfrak{N}$, wobei $\mathfrak{N}$ das σ-Ideal der μ-Nullmengen und $w(A/\mathfrak{N}) = \mu(A)$ für jedes $A/\mathfrak{N} \in \mathfrak{F}$. Man bezeichnet als Charakter des σ-W-Raumes $(E, \mathfrak{K}, \mu)$ den Charakter $c_{\mathfrak{F}}$ des ihm zugeordneten σ-W-Feldes $(\mathfrak{F}, w)$ (vgl. Def. Nr. 10.7). Eine σ-Erweiterung eines σ-W-Raumes $(E, \mathfrak{K}, \mu)$ entsteht z. B., wenn man zu $\mathfrak{K}$ alle Teilmengen von μ-Nullmengen adjungiert; die so entstehende σ-Erweiterung $(E, L\,\mathfrak{K}, \mu)$ (vgl. Nr. 10.1) hat offenbar denselben Charakter wie $(E, \mathfrak{K}, \mu)$. Wir bezeichnen eine σ-Erweiterung als eine *echte* σ-Erweiterung, wenn der Charakter der σ-Erweiterung $(E', \mathfrak{K}', \mu')$ größer als der Charakter des σ-W-Raumes $(E, \mathfrak{K}, \mu)$ ist. Der lineare Lebesguesche W-Raum $(E, \mathfrak{L}, l)$ (vgl. Nr. 10.4) ist vom Charakter $\aleph_0$, also empirisch (l-separabel). Es entsteht nun die Frage, ob es echte σ-Erweiterungen von $(E, \mathfrak{L}, l)$, also σ-Erweiterungen mit einem größeren Charakter als $\aleph_0$, gibt. S. KAKUTANI und J. C. OXTOBY [1] haben bewiesen, daß es eine echte σ-Erweiterung $(E, \bar{L}, \bar{l})$ von $(E, \mathfrak{L}, l)$ mit dem Charakter $2^{\mathfrak{c}}$ gibt, wobei $\mathfrak{c}$ die Mächtigkeit des Kontinuums ist. Eine σ-Erweiterung von $(E, \mathfrak{L}, l)$ mit größerem als $2^{\mathfrak{c}}$ Charakter gibt es offenbar nicht, denn die Mächtigkeit von $\mathfrak{P}(E)$, d. h. des Systems aller Teilmengen der Grundmenge $E = \{x : 0 \leqq x < 1\}$ ist gleich $2^{\mathfrak{c}}$. Die Kakutani-Oxtobysche σ-Erweiterung $(E, \bar{\mathfrak{L}}, \bar{l})$ ist deshalb auch interessant, weil sie invariant im folgenden Sinne ist: Jede $\mathfrak{L}$-l-invariante Transformation von E auf sich ist auch $\bar{\mathfrak{L}}$-$\bar{l}$-invariant[1].

[1] Ist $(E, \mathfrak{K}, \mu)$ ein W-Raum, so heißt eine eineindeutige Transformation (Abbildung) T von E auf sich *$\mathfrak{K}$-μ-invariant*, wenn gilt: Aus $X \in \mathfrak{K}$ folgt, daß die Bildmenge $T(X) \in \mathfrak{K}$, wie auch $T^{-1}(X) \in \mathfrak{K}$ und $\mu(T(X)) = \mu(T^{-1}(X)) = \mu(X)$ ist; hierbei bedeutet T^{-1} die zu T inverse Abbildung.

17.2. Bemerkung. Ein σ-W-Raum $(E, \mathfrak{K}, \mu)$, dessen Grundmenge das Intervall $E = \{x: 0 \leqq x < 1\}$ und dessen Charakter gleich $2^{\mathfrak{c}}$ ist, existiert auf Grund des Satzes 1 und Bemerkung 2 von Nr. 15.3 stets. Da nämlich die Mächtigkeit von E gleich $\mathfrak{c}$ ist, so existieren Teilmengen X_i, $i \in I$, von E, wobei die Mächtigkeit von I gleich $2^{\mathfrak{c}}$ ist, die mengentheoretisch σ-unabhängig sind. Man betrachte nun die Körper $\mathfrak{K}_i = \{\emptyset, X_i, X_i^c, E\}$ und definiere Wahrscheinlichkeiten: $\mu_i(X_i) = \mu_i(X_i^c) = \frac{1}{2}$, $\mu_i(\emptyset) = 0$, $\mu_i(E) = 1$, $i \in I$. Dann sind die Körper $\mathfrak{K}_i$, $i \in I$, M-σ-unabhängig und die Wahrscheinlichkeiten μ_i trivialweise, mengentheoretisch σ-additiv. Nach dem Satz von Banach Nr. 16.4 existiert dann eine multiplikative σ-Erweiterung μ von μ_i, $i \in I$, auf den kleinsten Körper $\mathfrak{K}_0$ von Teilmengen der Grundmenge E, der alle $\mathfrak{K}_i$, als Unterkörper enthält. $(E, \mathfrak{K}_0, \mu)$ ist dann ein W-Raum. Bedeutet dann $(E, B\,\mathfrak{K}_0, \mu)$ bzw. $(E, L\,\mathfrak{K}_0, \mu)$ die Borelsche bzw. Lebesguesche σ-Erweiterung von $(E, \mathfrak{K}_0, \mu)$, so sind die σ-W-Räume $(E, B\,\mathfrak{K}_0, \mu)$ und $(E, L\,\mathfrak{K}_0, \mu)$ offenbar vom Charakter $2^{\mathfrak{c}}$.

17.3. Wir beweisen nun folgenden Satz von Kakutani-Oxtoby:

Satz 1. *Es existiert eine σ-Erweiterung $(E, \overline{\mathfrak{L}}, \overline{l})$ des linearen Lebesgueschen W-Raumes $(E, \mathfrak{L}, l)$ mit folgenden Eigenschaften:*

1. *Der Charakter von $(E, \overline{\mathfrak{L}}, \overline{l})$ ist gleich $2^{\mathfrak{c}}$.*

2. *Jede $\mathfrak{L}$-l-invariante Transformation von E auf sich ist auch eine $\overline{\mathfrak{L}}$-$\overline{l}$-invariante Transformation.*

Beweis. Die Konstruktion der Erweiterung $(E, \overline{\mathfrak{L}}, \overline{l})$ erfolgt nach Kakutani-Oxtoby in drei Schritten:

I. Schritt. Es sei $\mathfrak{P}$ die Gesamtheit aller Teilmengen (meßbar oder nicht meßbar) von E mit einer Mächtigkeit kleiner als $\mathfrak{c}$. Dann ist $\mathfrak{P}$ ein σ-Ideal, denn aus $P_\nu \in \mathfrak{P}$ folgt, daß die Mächtigkeit von $\bigcup_{\nu=1}^{\infty} P_\nu$ kleiner als $\mathfrak{c}^{\aleph_0} = \mathfrak{c}$ ist. Es ist nicht bekannt, ob $\mathfrak{P} \subseteqq \mathfrak{N}$ ist, wobei $\mathfrak{N}$ das σ-Ideal der Lebesgueschen Nullmengen bedeutet, die Teilmengen von E sind. Setzt man die Kontinuums-Hypothese als wahr voraus, so ist jedes $P \in \mathfrak{P}$ eine abzählbare Menge und als solche gehört sie zu $\mathfrak{N}$, d. h. es gilt dann $\mathfrak{P} \subseteqq \mathfrak{N}$. Wir setzen im folgenden die Kontinuums-Hypothese nicht voraus. Wir bezeichnen mit $\mathfrak{L}'$ die Gesamtheit aller Teilmengen X' von E, die folgende Bedingung erfüllen: „es existiert ein $X \in \mathfrak{L}$ mit $X' \dotplus X \in \mathfrak{P}$". Man zeigt leicht, daß $\mathfrak{L}'$ ein σ-Körper von Teilmengen der Grundmenge E bildet und falls wir: $l'(X') = l(X)$ für jedes $X' \in \mathfrak{L}'$ mit $X' \dotplus X \in \mathfrak{P}$, $X \in \mathfrak{L}$ definieren, so ist l' eine eindeutige auf $\mathfrak{L}'$ definierte mengentheoretisch σ-additive Funktion. $(E, \mathfrak{L}', l')$ ist deshalb ein σ-W-Raum, und zwar eine σ-Erweiterung von $(E, \mathfrak{L}, l)$. Der Charakter von $(E, \mathfrak{L}', l')$ ist jedoch gleich dem Charakter von $(E, \mathfrak{L}, l)$. Der W-Raum $(E, \mathfrak{L}', l')$ ist wie auch der W-Raum $(E, \mathfrak{L}, l)$ komplett,

d. h. wenn $\mathfrak{N}'$ das Ideal der l'-Nullmengen bedeutet, so folgt aus $X' \subseteqq N' \in \mathfrak{N}'$, daß auch $X' \in \mathfrak{N}'$ ist. Wir zeigen nun

Lemma 1. *Jede $\mathfrak{L}$-l-invariante Transformation von E auf sich ist eine $\mathfrak{L}'$-l'-invariante Transformation.*

Beweis. Es sei T eine $\mathfrak{L}$-l-invariante Transformation von E auf sich, dann folgt aus der Eineindeutigkeit der Abbildung:

Wenn $P \in \mathfrak{P}$ ist, so ist $T(P) \in \mathfrak{P}$ und $T^{-1}(P) \in \mathfrak{P}$. Daraus folgt dann:

Wenn $X' \in \mathfrak{L}'$, so auch $T(X') \in \mathfrak{L}'$, $T^{-1}(X') \in \mathfrak{L}$ und $l'\big(T(X')\big) = l\big('T^{-1}(X')\big) = l'(X')$. Damit ist Lemma 1 bewiesen.

Wir bezeichnen zwei $\mathfrak{L}'$-l'-invariante Transformationen T und T^* von E auf sich als äquivalent in Zeichen $T \approx T^*$, wenn gilt: $l'\big(\{x: T(x) \neq T^*(x)\}\big) = 0$. Es gilt dann:

Lemma 2. *Es existiert eine wohlgeordnete transfinite Folge von $\mathfrak{L}'$-l'-invarianten Transformationen von E auf sich: T_α, $0 \leqq \alpha < \omega_{\mathfrak{c}}$, (wobei $\omega_{\mathfrak{c}}$ die erste Ordnungszahl bedeutet, die der Kardinalzahl $\mathfrak{c}$ entspricht), die die folgende Eigenschaft besitzt: Zu jeder beliebigen $\mathfrak{L}'$-l'-invarianten Transformation T von E auf sich existiert ein $\alpha < \omega_{\mathfrak{c}}$ mit $T \approx T_\alpha$.*

Beweis. Es genügt zu zeigen, daß die Mächtigkeit der Menge aller Äquivalenzklassen von $\mathfrak{L}'$-l'-invarianten Transformationen von E auf sich nicht größer als $\mathfrak{c}$ ist. Der Charakter von $(E, \mathfrak{L}', l')$ ist gleich $\aleph_0$. Es existiert deshalb eine abzählbare Teilmenge $\mathfrak{A}'$ von $\mathfrak{L}'$, die l'-dicht in $\mathfrak{L}'$ liegt, d. h. zu jedem $X' \in \mathfrak{L}'$ und beliebigen $\varepsilon > 0$ existiert ein $A' \in \mathfrak{A}'$ mit $l'(X' \dotplus A') < \varepsilon$. Jeder $\mathfrak{L}'$-l'-invarianten Transformation T von E auf sich entspricht dann eine Abbildung: $\mathfrak{A}' \ni A' \to A'/\mathfrak{N}'$ von $\mathfrak{A}'$ in $\mathfrak{L}'/\mathfrak{N}'$. Ist $T \approx T'$, so entspricht offensichtlich den beiden Transformationen T und T' dieselbe Abbildung von $\mathfrak{A}'$ in $\mathfrak{L}'/\mathfrak{N}'$. Ist dagegen T nicht äquivalent zu T', so existiert ein $X' \in \mathfrak{L}'$ mit $l'(X') > 0$ und $T(X')$ fremd zu $T'(X')$; als X' kann sogar eine Menge von der Form $\{x: 0 \leqq T(x) < \gamma \leqq T'(x) < 1\}$ genommen werden, wobei γ eine geeignete gewählte rationale Zahl ist. Wir wählen dann ein $A' \in \mathfrak{A}'$ derart, daß $l'(X' \dotplus A') < l'(X')$ gilt. Da

$$T(X') \dotplus T'(X') \subseteqq \big(T(X') \dotplus T(A')\big) \cup \big(T(A') \dotplus T'(A')\big) \cup \big(T'(A') \dotplus T'(X')\big)$$

gilt, so haben wir

$$2\,l'(X') < 2\,l'(X') + l'\big(T(A') \dotplus T'(A')\big),$$

d. h. $l\big(T(A') \dotplus T'(A')\big) > 0$, also $T(A') \dotplus T'(A') \neq \emptyset$, d. h. $T'(A) \neq T'(A')$. T und T' bestimmen deshalb nicht dieselbe Abbildung von $\mathfrak{A}'$ in $\mathfrak{L}'/\mathfrak{N}'$. Damit wurde gezeigt: zwei $\mathfrak{L}'$-l'-invariante Transformationen von E auf sich sind dann und nur dann äquivalent, wenn sie dieselbe Abbildung von $\mathfrak{A}'$ in $\mathfrak{L}'/\mathfrak{N}'$ bestimmen. Die Menge aller Abbildungen von $\mathfrak{A}'$ in $\mathfrak{L}'/\mathfrak{N}'$ ist aber von der Mächtigkeit $\mathfrak{c}^{\aleph_0} = \mathfrak{c}$ und deshalb ist auch die Mächtigkeit der Menge der Äquivalenzklassen von allen $\mathfrak{L}'$-l'-invarianten Transformationen nicht größer als $\mathfrak{c}$. Damit ist Lemma 2 bewiesen.

Lemma 3. *Es existiert eine wohlgeordnete transfinite Folge B_α, $0 \leqq \alpha < \omega_\mathfrak{c}$, von Borelschen Teilmengen B_α von E, die folgende Eigenschaften besitzt:*

I. *Für jedes α mit $0 \leqq \alpha \leqq \omega_\mathfrak{c}$ ist die Mächtigkeit von B_α gleich $\mathfrak{c}$.*

II. *Für jedes $X' \in \mathfrak{L}'$ mit $l'(X') > 0$ und für jede Ordinalzahl β mit $0 \leqq \beta < \omega_\mathfrak{c}$ existiert eine Ordinalzahl α mit $\beta < \alpha < \omega_\mathfrak{c}$ derart, daß $X' \supseteqq B_\alpha$ gilt.*

Beweis. Es sei $\mathfrak{B}$ das System aller Borelschen Teilmengen B der Grundmenge E mit der Mächtigkeit von B gleich $\mathfrak{c}$. Dann ist offensichtlich die Mächtigkeit von $\mathfrak{B}$ auch gleich $\mathfrak{c}$. Wir können die Menge $\mathfrak{B}$ wohlordnen, also als eine wohlgeordnete transfinite Folge B_α: $0 \leqq \alpha < \omega_\mathfrak{c}$ von Ordnungstypus $\omega_\mathfrak{c}$ schreiben. Es genügt zu zeigen: Für jedes $X' \in \mathfrak{L}'$ mit $l'(X') > 0$ ist die Mächtigkeit der Teilmenge von $\mathfrak{B}$, die aus allen $B \in \mathfrak{B}$ mit $B \subseteqq X'$ besteht, gleich $\mathfrak{c}$. Jedem $X' \in \mathfrak{B}'$ mit $l'(X') > 0$ entspricht aber stets ein $X \in \mathfrak{L}$ derart, daß die Mächtigkeit von $X \dotplus X'$ kleiner als $\mathfrak{c}$ ist und $l(X) = l'(X') > 0$ gilt. Es genügt deshalb zu zeigen: Für jedes $X \in \mathfrak{L}$ mit $l(X) > 0$ existiert eine Familie von paarweise fremden $B_i \in \mathfrak{B}$ mit $B_i \subseteqq X$, $i \in I$, und der Mächtigkeit von I gleich $\mathfrak{c}$. Dies aber folgt leicht aus den folgenden bekannten Eigenschaften: 1. Jedes $X \in \mathfrak{L}$ mit $l(X) > 0$ enthält eine Cantorsche Teilmenge C (d. h. eine nicht leere total-diskontinuierliche perfekte Menge). 2. Jede Cantorsche Menge C ist homeomorph zum cartesischen Produkt $C \times C$ und deshalb 3. jede Cantorsche Menge enthält ein System von paarweise fremden Cantorschen Teilmengen, dessen Mächtigkeit $\mathfrak{c}$ ist.

II. Schritt. Für jede Teilmenge A von E bedeute $l'^*(A)$ bzw. $l'_*(A)$ das äußere bzw. innere Maß von A bezüglich l',

$$\text{d. h.}\quad l'^*(A) = \inf_{X' \supseteqq A,\, X' \in \mathfrak{L}'} l'(X') \quad \text{bzw.} \quad l'_*(A) = \sup_{X' \subseteqq A,\, X' \in \mathfrak{L}'} l'(X').$$

Es gilt dann bekanntlich $l'_*(A) \leqq l'^*(A)$, und zwar $l'_*(A) = l'^*(A) = l'(A)$ dann und nur dann, wenn $A \in \mathfrak{L}'$ ist. Um Lemma 4 zu formulieren, führen wir außerdem folgenden Begriff ein, der von Halmos und von Neumann [1] stammt. Eine Teilmenge X von E (die nicht notwendig l'-meßbar zu sein braucht) heißt *$\mathfrak{L}'$-l'-absolutinvariant,* wenn $T(X) \dotplus X \in \mathfrak{L}'$ und $l'\big(T(X) \dotplus X\big) = 0$ für jede $\mathfrak{L}'$-l'-invariante Transformation T von E auf sich gilt. Aus der Komplettheit (Vollständigkeit) von l' folgt dann leicht, daß das System aller $\mathfrak{L}'$-l'-absolutinvarianten Teilmengen von E einen σ-Körper bildet. Wir bemerken ferner, daß eine Teilmenge X von E sicher dann $\mathfrak{L}'$-l'-absolutinvariant ist, wenn $l'\big(T_\alpha(A) \dotplus A\big) = 0$ ist für jede Transformation T_α des Lemmas 2. Dies folgt aus Lemma 2 und der Tatsache: Wenn $T \approx T_\alpha$ ist und $N = \{x\colon T(x) \neq T_\alpha(x)\}$ gesetzt wird, dann ist

$$T(X) \dotplus X = \big(T(X) \dotplus T_\alpha(X)\big) \dotplus \big(T_\alpha(X) \dotplus X\big) \\ \subseteqq T(N) \cup T_\alpha(N) \cup \big(T_\alpha(X) \dotplus X\big).$$

Wir zeigen nun

Lemma 4. *Es existiert eine Familie von Teilmengen X_δ der Grundmenge E mit $\delta \in \Delta$, die folgende Eigenschaften besitzt:*

1. *Die Mächtigkeit von Δ ist $\mathfrak{c}$.*
2. *Die X_δ sind paarweise fremd.*
3. *Es gilt $l'^*(X_\delta) = 1$ für jedes $\delta \in \Delta$.*
4. *Die Menge $X_{\Delta'} = \bigcup_{\delta \in \Delta'} X_\delta$ ist $\mathfrak{L}'$-l'-absolutinvariant, für jede Teilmenge Δ' von Δ.*

Beweis. Es sei T_α bzw. B_α, $0 \leqq \alpha < \omega_{\mathfrak{c}}$, die in Lemma 2 bzw. 3 definierte transfinite Folge. Es bedeute für jedes $x \in E$ und für jede Ordinalzahl α mit $0 \leqq \alpha < \omega_{\mathfrak{c}}$, $C_\alpha(x)$ die kleinste Teilmenge von E, die x als Element hat und bei jeder Transformation T_β mit $0 \leqq \beta \leqq \alpha$ invariant bleibt. Es gilt offenbar: Mächtigkeit von $C_\alpha(x) \leqq$ Max {(Mächtigkeit der Abschnittes der Ordinalzahlen von 0 bis α) und $\aleph_0\} < \mathfrak{c}$, d. h. $C_\alpha(x) \in \mathfrak{N}'$. Wir zeigen nun: Es existiert eine transfinite Doppelfolge x_β^α, $0 \leqq \beta \leqq \alpha$, $0 \leqq \alpha < \omega_{\mathfrak{c}}$ mit folgenden Eigenschaften:

α) $x_\beta^\alpha \in B_\alpha$ für $0 \leqq \beta \leqq \alpha < \omega_{\mathfrak{c}}$,

β) Die Mengen $C_\alpha(x_\beta^\alpha)$, $0 \leqq \beta \leqq \alpha < \omega_{\mathfrak{c}}$, sind paarweise fremd.

Wir ordnen die Menge der Paare (α, β) lexikographisch, d. h. wir schreiben $(\gamma, \delta) < (\alpha, \beta)$ dann und nur dann, wenn $\gamma < \alpha$ oder wenn $\gamma = \alpha$ und $\delta < \beta$ ist. Damit ist die Menge aller Paare (α, β), $0 \leqq \beta \leqq \alpha < \omega_{\mathfrak{c}}$, wohlgeordnet vom Typus $\omega_{\mathfrak{c}}$. Wir konstruieren nun die Folge x_β^α, $0 \leqq \beta \leqq \alpha < \omega_{\mathfrak{c}}$, durch transfinite Induktion wie folgt:

Es sei x_0^0 beliebig mit $x_0^0 \in B_0$ gewählt. Ist nun x_δ^γ bereits für alle Paare $(\gamma, \delta) < (\alpha, \beta)$ mit $0 \leqq \delta \leqq \gamma$ definiert, wobei $0 \leqq \beta \leqq \alpha < \omega_{\mathfrak{c}}$, so betrachten wir die Teilmenge D_α von E:

$$D_\alpha = \bigcap_{(\gamma, \delta) < (\alpha, \beta) \text{ mit } 0 \leqq \delta \leqq \gamma} C_\alpha(x_\delta^\gamma).$$

Dann ist die Mächtigkeit von $D_\alpha \leqq |\alpha|^2 \cdot \text{Max}\,(|\alpha|, \aleph_0) = \text{Max}\,(|\alpha|, \aleph_0) < \mathfrak{c}$, wobei $|\alpha|$ die Mächtigkeit des Abschnittes der Ordinalzahlen von 0 bis α bedeutet. Da nun die Mächtigkeit von B_α gleich $\mathfrak{c}$ ist, so ist $B_\alpha - D_\alpha \neq \emptyset$. Wir wählen deshalb einen beliebigen Punkt in $B_\alpha - D_\alpha$ und definieren ihn als x_β^α. Damit ist die Doppelfolge x_β^α und die Folge der Mengen $C_\alpha(x_\beta^\alpha)$, $0 \leqq \beta \leqq \alpha < \omega_{\mathfrak{c}}$, definiert und es ist $C_\alpha(x_\beta^\alpha)$ fremd zu jedem $C_\gamma(x_\delta^\gamma)$ mit $(\gamma, \delta) < (\alpha, \beta)$ und $0 \leqq \delta \leqq \gamma$; also sind die Mengen $C_\alpha(x_\beta^\alpha)$, $0 \leqq \beta \leqq \alpha < \omega_{\mathfrak{c}}$, paarweise fremd.

Es sei nun $\Delta = \{\delta: 0 \leqq \delta < \omega_{\mathfrak{c}}\}$, dann ist die Mächtigkeit von Δ gleich $\mathfrak{c}$. Wir definieren:

$$X_\delta = \bigcup_{\delta \leqq \gamma < \omega_{\mathfrak{c}}} C_\gamma(x_\delta^\gamma) \text{ für jedes } \delta \in \Delta \tag{1}$$

und zeigen, daß die so definierte Folge die Eigenschaften 1., 2., 3. und 4. des Lemmas besitzt. Die Eigenschaft 1 ist, wie bereits bemerkt worden, erfüllt. Die Eigenschaft 2 folgt unmittelbar aus der Definition der X_δ, $\delta \in \Delta$. Die Eigenschaft 3 folgt aus der Tatsache, daß $X_\delta \cap B_\alpha \neq \emptyset$ für jedes δ mit $\delta \leqq \alpha < \omega_{\mathfrak{c}}$ gilt und deshalb wegen Lemma 3 $X_\delta \cap X' \neq \emptyset$ für jede Menge $X' \in \mathfrak{L}'$ mit $l'(X') > 0$ und jede $\delta \in \Delta$ gelten soll. Wir zeigen nun die Eigenschaft 4. Es genügt offenbar zu zeigen, daß die Mächtigkeit der Menge $T_\alpha(X_{\Delta'}) \dotplus X_{\Delta'}$ kleiner als $\mathfrak{c}$ für jede Ordinalzahl α mit $0 \leqq \alpha < \omega_{\mathfrak{c}}$ und jede Teilmenge Δ' von Δ ist.

Wir haben

$$X_{\Delta'} = \bigcup_{\delta \in \Delta'} X_\delta = \bigcup_{\delta \in \Delta'} \bigcup_{\delta \leqq \gamma < \omega_{\mathfrak{c}}} C_\gamma(x_\delta^\gamma).$$

Hierbei sind die $C_\gamma(x_\delta^\gamma)$ wegen β) und Eigenschaft 2 paarweise fremd. Außerdem ist jedes $C_\gamma(x_\delta^\gamma)$ mit $\gamma \geqq \alpha$ invariant bei der Transformation T_α. Es gilt deshalb

$$T_\alpha(X_{\Delta'}) \dotplus X_{\Delta'} \subseteqq \bigcup_{\delta \in \Delta',\, 0 \leqq \delta < \alpha} \bigcup_{\delta \leqq \gamma < \alpha} \left(T_\alpha\left(C_\gamma(x_\delta^\gamma)\right) \dotplus C_\gamma(x_\delta^\gamma)\right).$$

Da aber die Mächtigkeit von $C_\gamma(x_\delta^\gamma) \leqq \operatorname{Max}(|\gamma|, \aleph_0) \leqq \operatorname{Max}(|\alpha|, \aleph_0)$ für jede (γ, δ) mit $0 \leqq \delta < \gamma$ und $0 \leqq \gamma < \alpha$ ist, so ist die Mächtigkeit von $(T_\alpha(X_{\Delta'}) \dotplus X_{\Delta'}) \leqq |\alpha|^2 \cdot \operatorname{Max}(|\alpha|, \aleph_0) = \operatorname{Max}(|\alpha|, \aleph_0) < \mathfrak{c}$. Damit ist auch Eigenschaft 4 bewiesen.

Lemma 5. (Satz von TARSKI-HAUSDORFF)[1]. *Es sei Δ eine beliebige Menge mit der Mächtigkeit $\mathfrak{c}$. Dann existiert eine Familie von Teilmengen Δ_γ der Menge Δ mit $\gamma \in \Gamma$, die folgende Eigenschaften besitzt:*

I. *Die Mächtigkeit von Γ ist $2^{\mathfrak{c}}$.*

II. *Die Mengen Δ_γ, $\gamma \in \Gamma$, sind M-σ-unabhängig.*

Beweis. Es sei $A = \left\{x: 0 \leqq x < \frac{1}{2}\right\}$, $B = \left\{x: \frac{1}{2} \leqq x < 1\right\}$, $C = \{x: 0 \leqq x < 1\}$. Es sei ferner $\Gamma = \mathfrak{P}(A)$, d. h. die Gesamtheit aller Teilmengen der Menge A; dann ist die Mächtigkeit von Γ gleich $2^{\mathfrak{c}}$. Wir setzen für jedes $\gamma \in \Gamma$:

$$f(\gamma) = \left\{x + \frac{1}{2} : x \in \gamma\right\}, \quad \varphi(\gamma) = \gamma \cup \left(B - f(\gamma)\right).$$

Es ist dann $f(\gamma) \subseteqq B$, $\varphi(\gamma) \subseteqq C$, und wenn $\gamma_1, \gamma_2 \in \Gamma$ mit $\gamma_1 \neq \gamma_2$, dann gilt: $\varphi(\gamma_1) - \varphi(\gamma_2) \supseteqq (\gamma_1 - \gamma_2) \cup f(\gamma_2 - \gamma_1) \neq \emptyset$. Es bezeichne F die Gesamtheit aller abzählbaren Teilmengen der Menge C und Δ die Gesamtheit aller abzählbaren Teilmengen der Menge F. Dann sind die Mengen C, F und Δ von derselben Mächtigkeit $\mathfrak{c}$. Wir definieren F_γ

[1] TARSKI [3]; HAUSDORFF [1].

als die Gesamtheit aller abzählbaren Teilmengen der Menge $\varphi(\gamma)$ und Δ_γ als die Gesamtheit aller abzählbaren Teilmengen der Menge $F - F_\gamma$ für jedes $\gamma \in \Gamma$. Dann ist $F_\gamma \subseteqq F$ und $\Delta_\gamma \subseteqq \Delta$, $\gamma \in \Gamma$. Es sei nun $\{\gamma_1, \gamma_2, \ldots\}$ eine abzählbare Teilmenge von Γ. Es bedeute ε_ν die Zahl 0 oder 1 für jedes $\nu = 1, 2, \ldots$ und $(-1)^0 \Delta_\gamma = \Delta_\gamma$, $(-1)^1 \Delta_\gamma = \Delta - \Delta_\gamma = \Delta_\gamma^c$, $\gamma \in \Gamma$. Wir wählen ein $\gamma_0 \in \Gamma$ mit $\gamma_0 \neq \gamma_\nu$ für jedes $\nu = 1, 2, \ldots$ und setzen $\varepsilon_0 = 1 - \varepsilon_1$. Es bezeichne I die Menge aller nicht negativen ganzen Zahlen i, für welche $\varepsilon_i = 1$ ist und J die Menge aller nicht negativen ganzen Zahlen, für welche $\varepsilon_i = 0$ ist. Dann sind I und J fremde Mengen und beide nicht leer[1] und es gilt $I \cup J = \{0, 1, 2, \ldots\}$. Für $i \in I$ und $j \in J$ gilt stets $i \neq j$ und deshalb auch $\gamma_i \neq \gamma_j$, also $\varphi(\gamma_i) - \varphi(\gamma_j) \neq \emptyset$. Wir wählen ein Element $x_{i,j} \in \varphi(\gamma_i) - \varphi(\gamma_j)$ und betrachten die Mengen

$$C_i = \{x_{i,j} : j \in J\} \text{ und } \delta = \{C_i : i \in I\}.$$

Dann ist $C_i \in F$ und $\delta \in \Delta$ und es gelten für jedes $i \in I$ und jedes $j \in J$: $C_i \subseteqq \varphi(\gamma_i)$, $C_i \in F_{\gamma_i}$, $\delta \not\subseteqq F - F_{\gamma_i}$, $\delta \in \Delta - \Delta_{\gamma_i}$, $\delta \in (-1)^{\varepsilon_i} \Delta_{\gamma_i}$ und außerdem:

$x_{i,j} \notin \varphi(\gamma_j)$, $C_i \not\subseteqq \varphi(\gamma_j)$, $C_i \in F - F_{\gamma_j}$, $\delta \subseteqq F - F_{\gamma_j}$, $\delta \in \Delta_{\gamma_j}$, $\delta \in (-1)^{\varepsilon_j} \Delta_{\gamma_j}$.

Daraus folgt, daß $\delta \in \bigcap_{\nu=0}^{\infty} (-1)^{\varepsilon_\nu} \Delta_{\gamma_\nu}$, d. h. $\bigcap_{\nu=1}^{\infty} (-1)^{\varepsilon_\nu} \Delta_{\gamma_\nu} \neq \emptyset$, d. h. die Mengen Δ_γ, $\gamma \in \Gamma$, sind M-σ-unabhängig. Da die Mächtigkeit von Δ gleich $\mathfrak{c}$ ist und die Mächtigkeit von Γ gleich $2^{\mathfrak{c}}$, so ist das Lemma bewiesen.

Wir zeigen nun

Lemma 6. *Es existiert eine Familie von Teilmengen A_γ, $\gamma \in \Gamma$, der Menge E mit folgenden Eigenschaften:*

1. *Die Mächtigkeit von Γ ist $2^{\mathfrak{c}}$.*

2. *Für jede beliebige endliche Teilmenge $\{\gamma_1, \gamma_2, \ldots, \gamma_n\} \subseteqq \Gamma$ und jede Wahl von $\varepsilon_\nu = 0$ oder 1, $\nu = 1, 2, \ldots, n$, ist der Durchschnitt $\bigcap_{\nu=1}^{n} (-1)^{\varepsilon_\nu} A_{\gamma_\nu}$ $\mathfrak{L}'$-l'-absolutinvariant.*

3. *Für jede beliebige abzählbare Teilmenge $\{\gamma_1, \gamma_2, \ldots,\} \subseteqq \Gamma$ und jede Wahl von $\varepsilon_\nu = 0$ oder 1, $\nu = 1, 2, \ldots$, hat der Durchschnitt $\bigcap_{\nu=1}^{\infty} (-1)^{\varepsilon_\nu} A_{\gamma_\nu}$ das äußere Maß 1.*

Bemerkung. Aus 3 folgt, daß $\bigcap_{\nu=1}^{\infty} (-1)^{\varepsilon_\nu} A_{\gamma_\nu} \neq \emptyset$ ist, d. h. daß die Mengen A_γ, $\gamma \in \Gamma$, M-σ-unabhängig sind.

Beweis. X_δ mit $\delta \in \Delta$ seien die Teilmengen der Menge E des Lemmas 4. Ferner seien Δ_γ, $\gamma \in \Gamma$, die Teilmengen der Menge Δ des Lemmas 5. Wir setzen:

$$A_\gamma = X_{\Delta_\gamma} = \bigcap_{\delta \in \Delta_\gamma} X_\delta \text{ für } \gamma \in \Gamma. \qquad (2)$$

[1] Wegen $\varepsilon_1 = 1 - \varepsilon_0$.

Dann hat die Familie der A_γ, $\gamma \in \Gamma$, die drei Eigenschaften des Lemmas 6. In der Tat: Die Eigenschaft 1 folgt sofort aus der Eig. I des Lemmas 5. Eigenschaft 2 folgt aus der Definition (2) der Familie A_γ, $\gamma \in \Gamma$, aus Eigenschaft 4 des Lemmas 4 und der Tatsache, daß die $\mathfrak{L}'$-l'-absolutinvarianten Teilmengen von E einen Körper bilden. Es bleibt Eigenschaft 3 zu beweisen. Zuerst bemerken wir, daß aus der Eigenschaft 2 des Lemmas 4 folgendes folgt:

$$E - X_{\Delta'} \supseteqq X_\Delta - X_{\Delta'} = X_{\Delta - \Delta'} \text{ für jede Teilmenge } \Delta' \text{ von } \Delta.$$

Wir haben deshalb

$$(-1)^\varepsilon A_\gamma \supseteqq X_{((-1)^\varepsilon \Delta_\gamma)} \quad \text{für jedes } \gamma \in \Gamma \text{ und } \varepsilon = 0 \text{ oder } 1,$$

also

$$\bigcap_{\nu=1}^{\infty} (-1)^{\varepsilon_\nu} A_{\gamma_\nu} \supseteqq \bigcap_{\nu=1}^{\infty} X_{\left((-1)^{\varepsilon_\nu} \Delta_{\gamma_\nu}\right)} = X_{\bigcap\limits_{\nu=1}^{\infty} (-1)^{\varepsilon_\nu} \Delta_{\gamma_\nu}} \supseteqq X_{\delta_0},$$

wobei δ_0 irgendein Element aus der Menge $\bigcap\limits_{\nu=1}^{\infty} (-1)^{\varepsilon_\nu} \Delta_{\gamma_\nu}$ ist, die nach Eigenschaft II des Lemmas 5 nicht leer ist. Da aber X_{δ_0} wegen Eigenschaft 3 des Lemmas 4 das äußere Maß 1 hat, so ist auch das äußere Maß des Durchschnittes $\bigcap\limits_{\nu=1}^{\infty} (-1)^{\varepsilon_\nu} A_{\gamma_\nu}$ gleich 1. Damit ist Lemma 6 bewiesen.

III. Schritt. Es seien A_γ, $\gamma \in \Gamma$, die Teilmengen von E mit den Eigenschaften 1, 2 und 3 des Lemmas 6. Wir betrachten die Körper $\mathfrak{K}_\gamma = \{\emptyset, A_\gamma, A_\gamma^c, E\}$, $\gamma \in \Gamma$. Wir definieren eine Quasi-W. auf jedem $\mathfrak{K}_\gamma$, wie folgt: $\mu_\gamma(A_\gamma) = \mu_\gamma(A_\gamma^c) = \frac{1}{2}$, $\mu_\gamma(\emptyset) = 0$, $\mu_\gamma(E) = 1$, $\gamma \in \Gamma$, und setzen $\mathfrak{K}_{\gamma_0} = \mathfrak{L}'$, $\mu_{\gamma_0} = l'$, hierbei ist $\mathfrak{L}'$ bzw. l' der σ-Körper bzw. die mengentheoretisch σ-additive Quasi-W. des σ-W-Raumes $(E, \mathfrak{L}', l')$, den wir beim ersten Schritt aus $(E, \mathfrak{L}, l)$ konstruiert haben. Wir beweisen nun das

Lemma 7. Die Körper $\mathfrak{K}_\gamma$, $\gamma \in (\Gamma \cup \{\gamma_0\}) = \Gamma^*$, sind σ-fastunabhängig bezüglich μ_γ, $\gamma \in \Gamma^*$.

Beweis. Es genügt offenbar zu zeigen: Für jede beliebige abzählbare Teilmenge $\{\gamma_1, \gamma_2, \ldots\} \subseteqq \Gamma$, jede Wahl von $\varepsilon_\nu = 0$ oder 1 und beliebiges $A_{\gamma_0} \in \mathfrak{K}_{\gamma_0} = \mathfrak{L}'$ mit $\mu_{\gamma_0}(A_{\gamma_0}) = l'(A_{\gamma_0}) \neq 0$ gilt $\bigcap\limits_{\nu=0}^{\infty} (-1)^{\varepsilon_\nu} A_{\gamma_\nu} \neq \emptyset$, wobei $\varepsilon_0 = 0$ gesetzt ist. Wir haben $\bigcap\limits_{\nu=0}^{\infty} (-1)^{\varepsilon_\nu} A_{\gamma_\nu} = A_{\gamma_0} \cap D$, wobei $D = \bigcap\limits_{\nu=1}^{\infty} (-1)^{\varepsilon_\nu} A_{\gamma_\nu}$ gesetzt ist. Nach Lemma 6 ist $l'^*(D) = 1$, also $D \neq \emptyset$. Es genügt deshalb zu zeigen: $A_{\gamma_0} \cap D \neq \emptyset$. Angenommen $A_{\gamma_0} \cap D = \emptyset$, dann folgte $A_{\gamma_0}^c \supseteqq D$. Da aber $\mu_{\gamma_0}(A_{\gamma_0}) \neq 0$, also $\mu_{\gamma_0}(A_{\gamma_0}^c) < 1$ ist, so wäre $l'^*(D) < 1$ (Widerspruch!). Lemma 7 ist also bewiesen.

Beweis des Satzes 1. Die Körper $\mathfrak{K}_\gamma$, $\gamma \in \Gamma^*$, von Teilmengen der Grundmenge E erfüllen alle Voraussetzungen des Satzes 5 (von MARCZEWSKI) von Nr. 16.4. Ist deshalb $\mathfrak{K}$ der kleinste Körper, der alle Körper $\mathfrak{K}_\gamma$, $\gamma \in \Gamma^*$, als Unterkörper enthält, d. h. der kleinste Körper, der alle Teilmengen A_γ, $\gamma \in \Gamma$, von Lemma 6 und den Körper $\mathfrak{L}'$ als einen Unterkörper enthält, so existiert eine multiplikative σ-Erweiterung μ von allen μ_γ, $\gamma \in \Gamma^*$, auf $\mathfrak{K}$. $(E, \mathfrak{K}, \mu)$ ist dann ein W-Raum. Da die Quasi-W. μ mengentheoretisch σ-additiv auf $\mathfrak{K}$ ist, so läßt sie sich eindeutig auf den kleinsten σ-Körper $B\,\mathfrak{K}$ über $\mathfrak{K}$ derart erweitern, daß sie mengentheoretisch σ-additiv bleibt. Setzt man $B\,\mathfrak{K} = \overline{\mathfrak{L}}$, und bezeichnet man mit $\bar{l}$ die Erweiterung von μ auf $\overline{\mathfrak{L}}$, so ist $(E, \overline{\mathfrak{L}}, \bar{l})$ eine σ-Erweiterung des W-Raumes $(E, \mathfrak{L}', l')$ und deshalb auch des linearen Lebesgueschen W-Raumes $(E, \mathfrak{L}, l)$. Der Charakter von $(E, \overline{\mathfrak{L}}, \bar{l})$ ist offenbar $2^{\mathfrak{c}}$, denn jedes A_γ liegt in $\overline{\mathfrak{L}}$, es gilt $\bar{l}(A_\gamma) = \frac{1}{2}$ und die A_γ, $\gamma \in \Gamma$, sind $\bar{l}$-unabhängig. Es bleibt zu zeigen, daß jede $\mathfrak{L}$-l-invariante Transformation von E auf sich auch eine $\overline{\mathfrak{L}}$-$\bar{l}$-invariante Transformation ist.

Es genügt zu zeigen: I. Für jedes $X \in \mathfrak{K}$ und jede $\mathfrak{L}'$-l'-invariante Transformation T von E auf sich gilt: $T(X) \in \mathfrak{K}$, $T^{-1}(X) \in \mathfrak{K}$ und $\bar{l}\,\big(T\,(X)\big) = \bar{l}\big(T^{-1}(X)\big) = \bar{l}(X)$.

Denn bedeutet $\mathfrak{K}'$ das System aller Elemente $\overline{X} \in \overline{\mathfrak{L}}$ mit der Eigenschaft, daß für jede $\mathfrak{L}'$-l'-invariante Transformation T von E auf sich $T\,(\overline{X}) \in \overline{\mathfrak{L}}$ und $\bar{l}\big(T\,(\overline{X})\big) = \bar{l}\,(\overline{X})$ gilt, so ist leicht festzustellen, daß $\mathfrak{K}'$ eine *normale Klasse* (*normales System*) im Sinne von SAKS (S. SAKS, Theory of the Integral, Warzawa and Lwòw 1937) ist, d. h. α) aus $X_\nu \in \mathfrak{K}'$ und X_ν, $\nu = 1, 2, \ldots$, paarweise fremd, folgt $\bigcup X_\nu \in \mathfrak{K}'$ und β) aus $X_\nu \in \mathfrak{K}'$ und $X_\nu \supseteqq X_{\nu+1}$, $\nu = 1, 2, \ldots$, folgt $\bigcap X_\nu \in \mathfrak{K}'$. Da außerdem $\mathfrak{K} \subseteqq \mathfrak{K}'$ gilt, so fällt dann $\mathfrak{K}'$ mit $\overline{\mathfrak{L}}$ zusammen.
Wir zeigen also I:

Jedes $X \in \mathfrak{K}$ läßt sich (vgl. Beweis des Satzes 5 Nr. 16.4) in der Form

$$X = \bigcup_{(\varepsilon_1, \varepsilon_2, \ldots, \varepsilon_n)} \bigcap_{\nu=1}^{n} (-1)^{\varepsilon_\nu} A_{\gamma_\nu} \cap B_{(\varepsilon_1, \varepsilon_2, \ldots, \varepsilon_n)}$$

darstellen, wobei $\{\gamma_1, \gamma_2, \ldots, \gamma_n\} \subseteqq \Gamma$, $\varepsilon_\nu = 0$ oder 1, $\nu = 1, 2, \ldots, n$, $B_{(\varepsilon_1, \varepsilon_2, \ldots, \varepsilon_n)} \in \mathfrak{L}'$ ist und mit $\bigcup\limits_{(\varepsilon_1, \varepsilon_2, \ldots, \varepsilon_n)}$ die Vereinigung über alle 2^n möglichen n-Folgen $(\varepsilon_1, \varepsilon_2, \ldots, \varepsilon_n)$ für $\varepsilon_\nu = 0$ oder 1, $\nu = 1, 2, \ldots, n$, gemeint ist. Es sei nun T eine $\mathfrak{L}'$-l'-invariante Transformation von E auf sich, dann ist:

$$T\,(X) = \bigcup_{(\varepsilon_1, \varepsilon_2, \ldots, \varepsilon_n)} T\left(\bigcap_{\nu=1}^{n} (-1)^{\varepsilon_\nu} A_{\gamma_\nu}\right) \cap T\,(B_{(\varepsilon_1, \varepsilon_2, \ldots, \varepsilon_n)}).$$

Wir setzen:

$$X' = \bigcup_{(\varepsilon_1, \varepsilon_2, \ldots, \varepsilon_n)} \bigcap_{\nu=1}^{n} (-1)^{\varepsilon_\nu} A_{\gamma_\nu} \cap T(B_{(\varepsilon_1, \varepsilon_2, \ldots, \varepsilon_n)}).$$

Man zeigt leicht, daß

$$T(X) \dotplus X' \subseteqq \bigcup_{(\varepsilon_1, \varepsilon_2, \ldots, \varepsilon_n)} \left(T\left(\bigcap_{\nu=1}^{n} (-1)^{\varepsilon_\nu} A_{\gamma_\nu} \right) \dotplus \bigcap_{\nu=1}^{n} (-1)^{\varepsilon_\nu} A_{\gamma_\nu} \right)$$

gilt. Da aber $\bigcap_{\nu=1}^{n} (-1)^{\varepsilon_\nu} A_{\gamma_\nu}$ $\mathfrak{L}'$-l'-absolutinvariant ist (vgl. Lemma 6), so ist $T\left(\bigcap_{\nu=1}^{n} (-1)^{\varepsilon_\nu} A_{\gamma_\nu} \right) \dotplus \bigcap_{\nu=1}^{n} (-1)^{\varepsilon_\nu} A_{\gamma_\nu} \in \mathfrak{L}'$ und vom l'-Maß Null, d. h. eine l'-Nullmenge, dann ist aber

$$T(X) \dotplus X' \subseteqq \mathfrak{L}' \subseteqq \mathfrak{K}, \text{ und es gilt } l'(T(X) \dotplus X') = 0.$$

Da aber offensichtlich $X' \in \mathfrak{K}$ ist, so ist $T(X) \in \mathfrak{K}$ und es gilt $\bar{l}(T(X)) = \bar{l}(X') = \bar{l}(X)$. Analog zeigt man, daß $T^{-1}(X) \in \mathfrak{K}$ und daß $\bar{l}(T^{-1}(X)) = \bar{l}(X)$ gilt. Damit ist I bewiesen, als auch der Satz 1.

Kapitel VII[1]

18. Topologische bzw. kompakte W-Räume

18.1. Es sei E ein topologischer Hausdorff-Raum und $(E, \mathfrak{K}, v)$ ein σ-W-Raum. Man bezeichnet $(E, \mathfrak{K}, v)$ als einen *topologischen W-Raum*, wenn gilt:

α) für jedes $X \in \mathfrak{K}$ und beliebiges $\varepsilon > 0$ existiert eine kompakte Menge $K_\varepsilon \in \mathfrak{K}$ mit $K_\varepsilon \subseteqq X$ und $v(K_\varepsilon) > v(X) - \varepsilon$.

Ist der Hausdorff-Raum E kompakt bzw. lokal kompakt, so heißt $(E, \mathfrak{K}, v)$ ein *kompakter* bzw. *lokal kompakter* topologischer W-Raum. Enthält der σ-Körper $\mathfrak{K}$ den σ-Körper $\mathfrak{B}$ aller bezüglich der Hausdorff-Topologie in E Borelschen Mengen als einen Unterkörper, so heißt $(E, \mathfrak{K}, v)$ ein *strikt*-topologischer W-Raum.

18.2. Beispiele. 1. Der lineare Lebesguesche W-Raum $(E, \mathfrak{L}, l)$ (vgl. Nr. 10.4) ist ein lokal kompakter strikt-topologischer W-Raum.

2. Es sei $(\mathfrak{F}, w)$ ein W-Feld und $(\Omega, \mathfrak{K}, v)$ die Stonesche Darstellung von $(\mathfrak{F}, w)$ als ein W-Raum betrachtet. Es bedeute $(\Omega, B\,\mathfrak{K}, v)$ bzw. $(\Omega, L\,\mathfrak{K}, v)$ die Borelsche bzw. Lebesguesche σ-Erweiterung von $(\Omega, \mathfrak{K}, v)$; $\mathfrak{K}$ als eine offene Basis in Ω betrachtet, macht bekanntlich Ω zu einem

[1] In diesem Kapitel werden die Operationen $\cup$ bzw. $\cap$ mengentheoretisch verstanden, sofern man mit Mengen operiert.

kompakten topologischen HAUSDORFF-Raum. Der σ-W-Raum $(\Omega, B\,\mathfrak{K}, v)$ bzw. $(\Omega, L\,\mathfrak{K}, v)$ ist dann ein kompakter strikt-topologischer W-Raum.

3. Es sei Ω ein lokal kompakter topologischer HAUSDORFF-Raum und $\mathfrak{K}$ der σ-Körper aller μ-meßbaren Teilmengen von Ω bezüglich eines Radonschen Maßes $\mu \geqq 0$ mit Gesamtmasse 1; dann ist $(\Omega, \mathfrak{K}, \mu)$ ein lokal kompakter strikt-topologischer W-Raum.

18.3. Wir führen die Kompaktheit eines W-Raumes unabhängig von einer Topologie ein (vgl. MARCZEWSKI [5]). Es sei E eine Grundmenge. Man bezeichnet ein System $\mathfrak{S}$ von Teilmengen der Menge E als ein *Kompaktasystem* in E, wenn gilt:

(k) *Endliche Durchschnittseigenschaft*: Für jede Folge $S_\nu \in \mathfrak{S}$, $\nu = 1, 2, \ldots$, mit $\bigcap_{\nu=1}^{n} S_\nu \neq \emptyset$ für $n = 1, 2, \ldots$ ist auch $\bigcap_{\nu=1}^{\infty} S_\nu \neq \emptyset$.

Man beweist leicht:

I. Ist das System $\mathfrak{S}$ ein $\cap$-System, d. h. gilt $\mathfrak{S}^\cap = \mathfrak{S}$, so ist $\mathfrak{S}$ dann und nur dann ein Kompaktasystem in E, wenn jede absteigende Folge von nicht leeren Mengen $S_\nu \in \mathfrak{S}$ einen nicht leeren Durchschnitt hat.

II. Jedes Untersystem von jedem Kompaktasystem ist auch ein Kompaktasystem.

18.4. Beispiele. 1. Ein topologischer Raum (HAUSDORFF-Raum oder nicht) ist bekanntlich dann und nur dann kompakt, wenn das System $\mathfrak{A}$ aller abgeschlossenen Punktmengen in E die Eigenschaft (k) besitzt. In einem kompakten topologischen Raum existiert also stets ein Kompaktasystem von Teilmengen, nämlich das System $\mathfrak{A}$ der abgeschlossenen Mengen.

2. In jedem beliebigen topologischen Raum E bildet offenbar das System aller kompakten Teilmengen von E ein Kompaktasystem.

3. Ist $\mathfrak{B}$ ein Boolering, Ω der Stonesche Darstellungsraum und $\mathfrak{K}$ der Körper von Teilmengen der Menge Ω, der $\mathfrak{B}$ darstellt, so ist $\mathfrak{K}$ ein Kompaktasystem in Ω.

4. Es sei $E = \{1, 2, \ldots\}$, d. h. die Menge der natürlichen Zahlen, dann bildet das System aller endlichen Teilmengen von E ein Kompaktasystem in E.

18.5. Es gilt der:

Satz 1. *Ist $\mathfrak{S}$ ein Kompaktasystem in E, so ist auch $\mathfrak{S}^\delta$ bzw. $\mathfrak{S}^\cup$ ein Kompaktasystem in E.*

Beweis. 1. *$\mathfrak{S}^\delta$ ist ein Kompaktasystem.* Es sei $\bigcap_{\nu=1}^{\infty} S_{k,\nu}$, $S_{k,\nu} \in \mathfrak{S}$, $k = 1, 2, \ldots$ und $\nu = 1, 2, \ldots$ Es sei ferner vorausgesetzt:

$$S_n = \bigcap_{k=1}^{n} \bigcap_{\nu=1}^{\infty} S_{k,\nu} \neq \emptyset \text{ für } n = 1, 2, \ldots$$

Dann haben wir: $S = \bigcap_{k=1}^{\infty} \bigcap_{\nu=1}^{\infty} S_{k,\nu} = \bigcap_{\varrho=2}^{\infty} \bigcap_{\nu+k=\varrho} S_{k,\nu}$. Für jedes $m = 2, 3, \ldots$ existiert aber stets ein n derart, daß $S_n \subseteq \bigcap_{\varrho=2}^{m} \bigcap_{\nu+k=\varrho} S_{k,\nu}$ gilt. Daraus aber und wegen der Voraussetzung, daß $\mathfrak{S}$ ein Kompaktasystem ist, folgt, daß $S \neq \emptyset$ ist, d. h. $\mathfrak{S}^{\delta}$ ist ein Kompaktasystem in E.

2. $\mathfrak{S}^{\cup}$ *ist ein Kompaktasystem.* Es sei $S_k = \bigcup_{\nu=1}^{n_k} S_{k,\nu}$, $k = 1, 2, \ldots$, mit $S_{k,\nu} \in \mathfrak{S}$. Es sei vorausgesetzt:

$$\bigcap_{k=1}^{m} \bigcup_{\nu=1}^{n_k} S_{k,\nu} \neq \emptyset \text{ für } m = 1, 2, \ldots \tag{1}$$

Es wird gezeigt, daß gilt:

$$S = \bigcap_{k=1}^{\infty} \bigcup_{\nu=1}^{n_k} S_{k,\nu} \neq \emptyset. \tag{2}$$

Wir bemerken: Entwickelt man (1) distributiv, so entsteht eine Vereinigung von Durchschnitten der Form

$$S_{1,\varrho_1} \cap S_{2,\varrho_2} \cap \cdots \cap S_{m,\varrho_m};$$

mindestens einer von diesen Durchschnitten ist dann wegen (1) nicht leer. Für jedes $m = 1, 2, \ldots$ existiert deshalb stets eine endliche Folge von natürlichen Zahlen $\varrho_1, \varrho_2, \ldots, \varrho_m$ derart, daß

$$S_{1,\varrho_1} \cap S_{2,\varrho_2} \cap \cdots \cap S_{m,\varrho_m} \neq \emptyset \tag{3}$$

ist. Es bezeichne P die Gesamtheit aller endlichen Folgen $\{\varrho_1, \varrho_2, \ldots, \varrho_m\}$ von natürlichen Zahlen mit der Eigenschaft (3). Dann gilt offenbar:

I. Wenn $\{\varrho_1, \varrho_2, \ldots, \varrho_m\} \in P$, dann $\varrho_j \leqq n_j$ für $j = 1, 2, \ldots, m$.

II. Für jedes $m = 1, 2, \ldots$ existiert ein $\{\varrho_1, \varrho_2, \ldots, \varrho_m\} \in P$.

III. Ist $\{\varrho_1, \varrho_2, \ldots, \varrho_{m+1}\} \in P$, so auch $\{\varrho_1, \varrho_2, \ldots, \varrho_m\} \in P$.

Daraus folgt aber die Existenz einer unendlichen Folge von natürlichen Zahlen $\{\varrho_1, \varrho_2, \ldots\}$ mit $\{\varrho_1, \varrho_2, \ldots, \varrho_m\} \in P$ für jedes $m = 1, 2, \ldots$ derart, daß (3) für jedes $m = 1, 2, \ldots$ gilt. Da aber $\mathfrak{S}$ ein Kompaktasystem ist, so folgt aus der Gültigkeit von (3) für jedes $m = 1, 2, \ldots$ auch die Gültigkeit von:

$$\bigcap_{m=1}^{\infty} S_{m,\varrho_m} \neq \emptyset. \tag{4}$$

Durch distributive Entwicklung aber von (2) entsteht eine Vereinigung von Durchschnitten, die den Durchschnitt (4) als ein Glied enthält; S ist deshalb $\neq \emptyset$. Damit ist aber Behauptung 2 bewiesen.

19. Approximation bezüglich einer Quasi-Wahrscheinlichkeit, Kompaktheit einer Quasi-Wahrscheinlichkeit

19.1. Es sei E eine Grundmenge und $\mathfrak{K}$ ein Körper von Teilmengen der Grundmenge E, der auch E enthält. Auf $\mathfrak{K}$ sei eine Quasi-W. μ definiert, die nicht mengentheoretisch σ-additiv zu sein braucht. Wir sagen: Ein System $\mathfrak{S}$ von Teilmengen der Grundmenge E *approximiert* $\mathfrak{K}$ *bezüglich* μ, wenn gilt:

β) Für jedes $X \in \mathfrak{K}$ und beliebiges $\varepsilon > 0$ existiert ein $S_\varepsilon \in \mathfrak{S}$ und ein $Y_\varepsilon \in \mathfrak{K}$ derart, daß $Y_\varepsilon \subseteqq S_\varepsilon \subseteqq X$ und $\mu(X - Y_\varepsilon) < \varepsilon$ ist.

Bemerkung. Ist $\mathfrak{S} \subseteqq \mathfrak{K}$, so approximiert $\mathfrak{S}$ den Körper $\mathfrak{K}$ bezüglich μ (offenbar) dann und nur dann, wenn gilt:

γ) für jedes $X \in \mathfrak{K}$ und beliebiges $\varepsilon > 0$ existiert ein $S_\varepsilon \in \mathfrak{S}$ mit $S_\varepsilon \subseteqq X$ und $\mu(X - S_\varepsilon) < \varepsilon$.

Beispiele. 1. Ist $(E, \mathfrak{K}, v)$ ein topologischer W-Raum, so approximiert das System $\mathfrak{S}$ aller kompakten Mengen in E den Körper $\mathfrak{K}$ bezüglich v.

2. Es sei $\mathfrak{K}$ der Körper, den alle halboffenen Intervalle $[\alpha, \beta)$ mit $0 \leqq \alpha < \beta \leqq 1$ erzeugen, und μ das lineare Maß auf $\mathfrak{K}$. Es sei ferner $\mathfrak{S}$ das System aller abgeschlossenen Teilmengen der Zahlengerade, die Teilmengen des Intervalls $[0, 1)$ sind. Dann approximiert $\mathfrak{S}$ den Körper $\mathfrak{K}$ bezüglich μ.

19.2. Wir beweisen jetzt den

Satz 1. *Es sei $(E, \mathfrak{K}, \mu)$ ein W-Raum und $(E, \mathfrak{K}^*, v)$ die σ-Erweiterung von $(E, \mathfrak{K}, \mu)$ wobei $\mathfrak{K}^*$ der kleinste σ-Körper sei, der $\mathfrak{K}$ als Unterkörper enthält; $(E, \mathfrak{K}^*, v)$ sei also die sogenannte Borelsche Erweiterung von $(E, \mathfrak{K}, \mu)$. Es sei ferner $\mathfrak{S}$ ein System von Teilmengen von E, das $\mathfrak{K}$ bezüglich μ approximiert. Dann approximiert das System $\mathfrak{S}^\delta$ auch den σ-Körper $\mathfrak{K}^*$ bezüglich v.*

Zum Beweise dieses Satzes benutzen wir das folgende, aus der klassischen Maßtheorie bekannte Lemma:

Lemma 1. *Die Borelsche Erweiterung $(E, \mathfrak{K}^*, v)$ von $(E, \mathfrak{K}, \mu)$* (vgl. Voraussetzung des Satzes 1) *ist eindeutig bestimmt und es gilt für jedes $X \in \mathfrak{K}^*$:*

I. $v(X) = \inf \sum_{\nu=1}^{\infty} \mu(X_\nu)$ *für alle Überdeckungen* $X \subseteqq \bigcup_{\nu=1}^{\infty} X_\nu$ *mit* $X_\nu \in \mathfrak{K}$, $\nu = 1, 2, \ldots$

II. $v(X) = \inf\limits_{K \supseteqq X,\, K \in \mathfrak{K}^\sigma} v(K) = \sup\limits_{H \subseteqq X,\, H \in \mathfrak{K}^\delta} v(H)$.

Beweis des Satzes. Für jedes $X \in \mathfrak{K}^*$ und beliebiges $\varepsilon > 0$ existiert wegen Lemma 1 II. ein $H_\varepsilon \in \mathfrak{K}^\delta$ mit $H_\varepsilon \subseteqq X$ und $v(X - H_\varepsilon) < \frac{\varepsilon}{2}$. Es ist aber $H_\varepsilon = \bigcap_{\nu=1}^{\infty} X_\nu$ mit $X_\nu \in \mathfrak{K}$. Zu jedem X_ν existiert nach Voraussetzung ein $S_{\varepsilon,\nu} \in \mathfrak{S}$ und ein $Y_{\varepsilon,\nu} \in \mathfrak{K}$ derart, daß $Y_{\varepsilon,\nu} \subseteqq S_{\varepsilon,\nu} \subseteqq X_\nu$ und $\mu(X_\nu - Y_{\varepsilon,\nu}) < \frac{\varepsilon}{2^{\nu+1}}$ gilt. Wir setzen: $Y_\varepsilon = \bigcap_{\nu=1}^{\infty} Y_{\varepsilon,\nu}$ bzw. $S_\varepsilon = \bigcap_{\nu=1}^{\infty} S_{\varepsilon,\nu}$ dann ist $Y_\varepsilon \subseteqq S_\varepsilon \subseteqq H_\varepsilon \subseteqq X$ mit $v(H_\varepsilon - Y_\varepsilon) < \frac{\varepsilon}{2}$. Also ist $Y_\varepsilon \subseteqq S_\varepsilon \subseteqq X$ und $v(X - Y_\varepsilon) < \frac{\varepsilon}{2} + \frac{\varepsilon}{2} = \varepsilon$. Da aber $S_\varepsilon \in \mathfrak{S}^\delta$ und $Y_\varepsilon \in \mathfrak{K}^*$ ist, so ist Satz 1 bewiesen.

Satz 2. *Es seien $\mathfrak{K}_i$, $i \in I$, Körper von Teilmengen einer Grundmenge E. Es bedeute $\mathfrak{K}$ den kleinsten Körper, der alle $\mathfrak{K}_i$, $i \in I$, als Unterkörper enthält. Es sei ferner μ eine Quasi-W. auf $\mathfrak{K}$. Es seien $\mathfrak{S}_i$, $i \in I$, Systeme von Teilmengen der Grundmenge E derart, daß jedes System $\mathfrak{S}_i$ den Körper $\mathfrak{K}_i$ bezüglich μ approximiert. Es sei ferner $\mathfrak{S} = \left(\bigcup_{i \in I} \mathfrak{S}_i\right)^{\cap\cup}$. Dann approximiert das System $\mathfrak{S}$ den Körper $\mathfrak{K}$ bezüglich μ.*

Beweis. Für jedes $X \in \mathfrak{K}$ existiert nach Lemma 1 Nr. 16 eine endliche Teilmenge $\{i_1, i_2, \ldots, i_n\} \subseteqq I$ mit $X \in \mathfrak{K}_{i_1 i_2 \ldots i_n}$, d. h. es ist:

$$X = \bigcup_{j=1}^{m} \bigcap_{\nu=1}^{n} X_{j i_\nu}, \text{ wobei } X_{j i_\nu} \in \mathfrak{K}_{i_\nu}, \; \nu = 1, 2, \ldots, n.$$

Nach Voraussetzung existiert zu beliebigem $\varepsilon > 0$ und jedem Paar (j, ν), $j = 1, 2, \ldots, m$; $\nu = 1, 2, \ldots, n$, ein $S_{\varepsilon, j, i_\nu} \in \mathfrak{S}_{i_\nu}$ und $Y_{\varepsilon, j, i_\nu} \in \mathfrak{K}_{i_\nu}$ derart, daß:

$$Y_{\varepsilon, j, i_\nu} \subseteqq S_{\varepsilon, j, i_\nu} \subseteqq X_{j, i_\nu} \text{ und } \mu\left(X_{j, i_\nu} - Y_{\varepsilon, j, i_\nu}\right) < \frac{\varepsilon}{m n} \text{ ist.}$$

Daraus folgt dann:

$$\bigcap_{\nu=1}^{n} Y_{\varepsilon, j, i_\nu} \subseteqq \bigcap_{\nu=1}^{n} S_{\varepsilon, j, i_\nu} \subseteqq \bigcap_{\nu=1}^{n} X_{j, i_\nu}$$

und

$$\mu\left(\bigcap_{\nu=1}^{n} X_{j, i_\nu} - \bigcap_{\nu=1}^{n} Y_{\varepsilon, j, i_\nu}\right) \leqq \mu\left(\bigcup_{\nu=1}^{n} \left(X_{j, i_\nu} - Y_{\varepsilon, j, i_\nu}\right)\right) < \frac{\varepsilon}{m}.$$

Setzt man nun:

$$S_\varepsilon = \bigcup_{j=1}^{m} \bigcap_{\nu=1}^{n} S_{\varepsilon, j, i_\nu}, \quad Y_\varepsilon = \bigcup_{j=1}^{m} \bigcap_{\nu=1}^{n} Y_{\varepsilon, j, i_\nu},$$

so ist:

$$Y_\varepsilon \subseteqq S_\varepsilon \subseteqq X, \; Y_\varepsilon \in \mathfrak{K}, \; S_\varepsilon \in \mathfrak{S} \text{ und } \mu(X - Y_\varepsilon) < \varepsilon.$$

Damit ist Satz 2 bewiesen.

19.3. Es sei $\mathfrak{K}$ ein Körper von Teilmengen einer Grundmenge E und μ eine Quasi-W. auf $\mathfrak{K}$. Existiert ein Kompaktasystem $\mathfrak{S}$ in E, das den Körper $\mathfrak{K}$ bezüglich μ approximiert, so bezeichnet man die Quasi-W. μ als *kompakt*.

Satz 3. *Wenn $\mathfrak{K}$ ein Körper von Teilmengen einer Grundmenge E ist, der E enthält, und μ eine kompakte Quasi-W. auf $\mathfrak{K}$ bedeutet, dann ist μ mengentheoretisch σ-additiv auf $\mathfrak{K}$, d. h. $(E, \mathfrak{K}, \mu)$ ein W-Raum.*

Beweis. Nach Voraussetzung existiert ein Kompaktasystem $\mathfrak{S}$ in E, das den Körper $\mathfrak{K}$ bezüglich μ approximiert. Es sei nun eine absteigende Folge $X_\nu \in \mathfrak{K}, \nu = 1, 2, \ldots,$ mit $\mu(X_\nu) > \varepsilon > 0$ gegeben. Dann existieren $S_\nu \in \mathfrak{S}$ und $Y_\nu \in \mathfrak{K}$ mit $Y_\nu \subseteqq S_\nu \subseteqq X_\nu$ und $\mu(X_\nu - Y_\nu) < \frac{\varepsilon}{2^\nu}, \nu = 1, 2, \ldots$ Daraus folgt:

$$\mu\left(X_n - \bigcap_{\nu=1}^{n} Y_\nu\right) = \mu\left(\bigcap_{\nu=1}^{n} X_\nu - \bigcap_{\nu=1}^{n} Y_\nu\right) \leqq \mu\left(\bigcup_{\nu=1}^{n} (X_\nu - Y_\nu)\right) < \varepsilon,$$

d. h.

$$\mu(X_n) - \mu\left(\bigcap_{\nu=1}^{n} Y_\nu\right) < \varepsilon, \text{ also } \mu(X_n) < \varepsilon + \mu\left(\bigcap_{\nu=1}^{n} Y_\nu\right),$$

und weil $\mu(X_n) > \varepsilon$ ist, so ist:

$$\mu\left(\bigcap_{\nu=1}^{n} Y_\nu\right) > 0, \text{ also } \bigcap_{\nu=1}^{n} Y_\nu \neq \emptyset \text{ für } n = 1, 2, \ldots$$

Da aber $\bigcap_{\nu=1}^{n} Y_\nu \subseteqq \bigcap_{\nu=1}^{n} S_\nu \subseteqq \bigcap_{\nu=1}^{n} X_\nu$, $n = 1, 2, \ldots,$ gilt, so ist auch $\bigcap_{\nu=1}^{n} S_\nu \neq \emptyset$ für $n = 1, 2, \ldots$ Es ist aber $\mathfrak{S}$ ein Kompaktasystem, also $\bigcap_{\nu=1}^{\infty} S_\nu \neq \emptyset$ und deshalb auch $\bigcap_{\nu=1}^{\infty} X_\nu \neq \emptyset$. Die Quasi-W. μ ist also mengentheoretisch stetig, was gleichwertig mit der mengentheoretischen σ-Additivität von μ ist.

19.4. Beispiele. 1. Es sei $(E, \mathfrak{K}, v)$ ein topologischer W-Raum (siehe Nr. 18.1). Dann ist die Quasi-W. v kompakt; denn das System $\mathfrak{S}$ aller kompakten Mengen des Raumes, die zu $\mathfrak{K}$ gehören, bildet ein Kompaktasystem, das den Körper $\mathfrak{K}$ bezüglich v approximiert.

2. Es sei $(E, \mathfrak{K}, \mu)$ ein σ-W-Raum. Eine Menge $X \in \mathfrak{K}$ heißt ein *Atom bezüglich* μ, wenn 1. $\mu(X) > 0$ und 2. für jedes $Y \in \mathfrak{K}$ mit $Y \subseteqq X$ entweder $\mu(Y) = \mu(X)$ oder $\mu(X) = 0$ gilt.

Ist E darstellbar in der Form $E = \bigcup_{i \in I} A_i$, wobei A_i paarweise fremde Atome bezüglich μ sind, so heißt der σ-W-Raum $(E, \mathfrak{K}, \mu)$ atomar. Man zeigt leicht, daß $(E, \mathfrak{K}, \mu)$ dann und nur dann atomar ist, wenn der σ-Boolering der Restklassen $\mathfrak{K}$ modulo $\mathfrak{N}$, wobei $\mathfrak{N}$ das σ-Ideal der μ-Nullmengen bedeutet, isomorph zu einem atomaren σ-Boolering ist, der höchstens abzählbar viele Atome besitzt. In einem atomaren σ-W-Raum $(E, \mathfrak{K}, \mu)$ ist die Quasi-W. μ stets kompakt. Denn bedeutet

$$E = \bigcup_{i \in I} A_i$$

eine Zerlegung von E in paarweise fremde Atome A_i bezüglich μ, so bildet die Gesamtheit aller Mengen von der Form $A_{i_1} \cup A_{i_2} \cup \cdots \cup A_{i_k} - N$, wobei $\{i_1, i_2, \ldots, i_k\}$ eine beliebige endliche Teilmenge von I und N eine μ-Nullmenge bedeutet, ein Kompaktasystem in E, das den Körper $\mathfrak{K}$ bezüglich μ approximiert.

19.5. Aus Lemma 1, Satz 3 und Nr. 18.3, I und II folgt:

Satz 4. *Wenn $\mathfrak{K}$ ein Körper von Teilmengen einer Grundmenge E ist, der E als Element enthält, und μ eine kompakte Quasi-W. auf $\mathfrak{K}$ bedeutet, so ist $(E, \mathfrak{K}, \mu)$ ein W-Raum und besitzt eine eindeutig bestimmte kleinste σ-Erweiterung $(E, B\,\mathfrak{K}, \mu)$. Die Quasi-W. μ ist auch kompakt auf $B\,\mathfrak{K}$.*

Wir beweisen jetzt:

Satz 5. *Ist $(E, \mathfrak{K}, \mu)$ ein σ-W-Raum und $\mathfrak{S}$ ein System von Teilmengen der Grundmenge E, das den σ-Körper $\mathfrak{K}$ bezüglich μ approximiert, dann approximiert auch das System $\mathfrak{S}^* = \mathfrak{S}^\delta \cap \mathfrak{K}$ den Körper $\mathfrak{K}$ bezüglich μ.*

Beweis. Es sei $X_0 \in \mathfrak{K}$ und ein beliebiges $\varepsilon > 0$ vorgegeben; dann existiert ein $S_1 \in \mathfrak{S}$ und ein $X_1 \in \mathfrak{K}$ mit $X_1 \subseteqq S_1 \subseteqq X_0$ und $\mu(X_0 - X_1) < \frac{\varepsilon}{2}$. Zu $X_1 \in \mathfrak{K}$ existiert nun $S_2 \in \mathfrak{S}$ und $X_2 \in \mathfrak{K}$ mit $X_2 \subseteqq S_2 \subseteqq X_1$ und $\mu(X_1 - X_2) < \frac{\varepsilon}{2^2}$. Durch vollständige Induktion zeigt man dann die Existenz einer Folge:

$$X_0 \supseteqq S_1 \supseteqq X_1 \supseteqq S_2 \supseteqq \cdots \supseteqq X_\nu \supseteqq S_{\nu+1} \supseteqq X_{\nu+1} \supseteqq \cdots \tag{1}$$

mit $S_\nu \in \mathfrak{S}$, $X_\nu \in \mathfrak{K}$ und $\mu(X_\nu - X_{\nu+1}) < \frac{\varepsilon}{2^{\nu+1}}$, $\nu = 1, 2, \ldots$ Wir setzen $S_0 = \bigcap_{\nu=1}^{\infty} S_\nu$, dann ist $S_0 \in \mathfrak{S}^\delta$. Wegen (1) ist außerdem $S_0 = \bigcap_{\nu=1}^{\infty} S_\nu = \bigcap_{\nu=1}^{\infty} X_\nu$, also $S_0 \in \mathfrak{K}$, d.h. $S_0 \in \mathfrak{S}^\delta \cap \mathfrak{K} = \mathfrak{S}^*$ und es gilt $\mu(X_0 - S_0) < \varepsilon$. Damit ist Satz 5 bewiesen.

Aus Satz 1 und Lemma 1 folgt:

Satz 6. *Ist $(E, \mathfrak{K}, \mu)$ ein σ-W-Raum mit μ kompakt auf $\mathfrak{K}$, so existiert stets ein Kompaktasystem $\mathfrak{S}$ in E, das ein Teilsystem von $\mathfrak{K}$ ist und den Körper $\mathfrak{K}$ bezüglich μ approximiert.*

Bemerkungen. 1. Ist $\mathfrak{K}$ ein Körper von Teilmengen der Grundmenge E und μ eine kompakte Quasi-W. auf $\mathfrak{K}$ und setzt man nicht voraus, daß $\mathfrak{K}$ ein σ-Körper ist, so ist noch nicht bekannt, ob dann ein Kompaktasystem $\mathfrak{S}$ in E existiert, das ein Teilsystem von $\mathfrak{K}$ ist.

2. Ist die Quasi-W. μ eines W-Raumes $(E, \mathfrak{K}, \mu)$ kompakt, so ist die Quasi-W. μ des W-Raumes $(E, B\,\mathfrak{K}, \mu)$ auch kompakt (vgl. Satz 4). Dagegen kann man aus der Kompaktheit der Quasi-W. μ auf der kleinsten

σ-Erweiterung $B\,\mathfrak{K}$ nicht stets auf die Kompaktheit der Quasi-W. μ auf $\mathfrak{K}$ schließen, wie E. Marczewski und C. Ryll-Nardzewski [2] (vgl. insbesondere S. 170) in einem Beispiel gezeigt haben.

Es gilt aber folgender

Satz 7. Es sei $(E, \mathfrak{K}, v)$ *ein* σ*-W-Raum und* $(E, L\,\mathfrak{K}, v)$ *die Lebesguesche Erweiterung (die sogenannte Komplettierung oder Vervollständigung) von* $(E, \mathfrak{K}, v)$ (vgl. Nr. 10.1). *Dann gilt: Die Quasi-W.* v *ist dann und nur dann kompakt auf* $\mathfrak{K}$, *wenn sie kompakt auf* $L\,\mathfrak{K}$ *ist.*

Beweis. Es ist klar, daß die Kompaktheit der Quasi-W. v auf $\mathfrak{K}$ ihre Kompaktheit auf $L\,\mathfrak{K}$ zur Folge hat. Es bleibt also die Umkehrung zu beweisen. Es sei v kompakt auf $L\,\mathfrak{K}$ und es bedeute $\mathfrak{S}$ ein Kompaktasystem, das $L\,\mathfrak{K}$ bezüglich v approximiert. Man kann annehmen, daß $\mathfrak{S}$ δ-abgeschlossen und in $L\,\mathfrak{K}$ enthalten ist, d. h. daß $\mathfrak{S} = \mathfrak{S}^\delta \subseteqq L\,\mathfrak{K}$ gilt. Es genügt jetzt zu zeigen, daß das System $\mathfrak{S} \cap \mathfrak{K}$ den σ-Körper $\mathfrak{K}$ bezüglich v approximiert. In der Tat existiert für jedes $X \in \mathfrak{K}$ und jede reelle Zahl $\varepsilon > 0$ eine Folge $P_\nu \in \mathfrak{S}$ und $X_\nu \in \mathfrak{K}$ derart, daß $P_{\nu+1} \subseteqq X_\nu \subseteqq P_\nu \subseteqq X$ und $v(X_\nu - X_{\nu+1}) < \frac{\varepsilon}{2^{\nu+1}}$, $\nu = 1, 2, \ldots$, gilt. Wir setzen $\bigcap_{\nu=1}^{\infty} P_\nu = P$; dann gilt $P \in \mathfrak{S}$, $P = X \cap \bigcap_{\nu=1}^{\infty} X_\nu$, also $P \in \mathfrak{K}$, d. h. $P \in \mathfrak{S} \cap \mathfrak{K}$ und $v(X - P) < \varepsilon$, also: $\mathfrak{S} \cap \mathfrak{K}$ approximiert $\mathfrak{K}$ bezüglich v. Satz 7 ist damit bewiesen.

20. Kompaktheit und Unabhängigkeit

20.1. Es sei $\mathfrak{S}_i$, $i \in I$, eine Familie, wobei jedes $\mathfrak{S}_i$ ein System von Teilmengen einer Grundmenge E ist. Wir bezeichnen die Systeme $\mathfrak{S}_i$, $i \in I$, als *M-σ-pseudounabhängig* in E, wenn gilt:

(ψ): Für jede abzählbare, nicht leere Teilmenge $J \subseteqq I$ und jede Menge $S_j \in \mathfrak{S}_j$, $S_j \neq \emptyset$, $j \in J$, *ist* $\bigcap_{j \in J} S_j \neq \emptyset$.

Ist jedes $\mathfrak{S}_i$ ein komplementäres System, z. B. ein Körper, d. h. ist mit $S_i \in \mathfrak{S}_i$ auch stets $S_i^c \in \mathfrak{S}_i$ für jedes $i \in I$, so fallen die Begriffe Unabhängigkeit und Pseudounabhängigkeit zusammen.

Wir zeigen nun den

Satz 1. Die Systeme $\mathfrak{S}_i$, $i \in I$, *seien M-σ-pseudounabhängig in* E; *ferner gelte für jedes* $i \in I$: $\mathfrak{S}_i^\delta = \mathfrak{S}_i$, d. h. $\mathfrak{S}_i$ *sei abgeschlossen für abzählbare Durchschnitte. Außerdem sei jedes* $\mathfrak{S}_i$ *ein Kompaktasystem in* E. *Dann gilt:*

I. *Das System* $\mathfrak{S} = \bigcup_{i \in I} \mathfrak{S}_i$ *ist ein Kompaktasystem in* E.

II. *Das System* $\mathfrak{S}^{\cup\cap}$ *ist ebenfalls ein Kompaktasystem in* E.

Beweis. Gegeben seien $S^{(\nu)} \in \mathfrak{S}, \nu = 1, 2, \ldots$, mit $\bigcap_{1=\nu}^{n} S^{(\nu)} \neq \emptyset, n = 1, 2, \ldots$ Wir setzen $S = \bigcap_{\nu=1}^{\infty} S^{(\nu)}$; dann kann S folgendermaßen dargestellt werden: $S = Q_1 Q_2 \cdots$, wobei $Q_\nu = S_{\nu, j_1} \cap S_{\nu, j_2} \cap \cdots$ mit $S_{\nu, j_k} \in \mathfrak{S}_{i_\nu}, k = 1, 2, \ldots$, $\nu = 1, 2, \ldots$ und $\{i_1, i_2, \ldots\} \subseteqq I$. Da jedes $\mathfrak{S}_{i_\nu}$ ein Kompaktasystem in E ist und außerdem $\bigcap_{\nu=1}^{n} S^{(\nu)} \neq \emptyset$, $n = 1, 2, \ldots$, ist, so ist jedes $Q_\nu \neq \emptyset$, $\nu = 1, 2, \ldots$, außerdem gilt $Q_\nu \in \mathfrak{S}_{i_\nu}$, weil $\mathfrak{S}_{i_\nu}$ δ-abgeschlossen ist. Die Systeme $\mathfrak{S}_i, i \in I$, sind aber M-σ-pseudounabhängig vorausgesetzt, also ist $\bigcap_{\nu=1}^{\infty} Q_\nu \neq \emptyset$. Daraus folgt $S \neq \emptyset$, d. h. daß $\mathfrak{S}$ ein Kompaktasystem ist. Hiermit ist die Behauptung I bewiesen. Die Behauptung II folgt nun aus Satz 1 von Nr. 18.5.

Aus Satz 1 dieser Nr. und aus Satz 2 von Nr. 19.1 folgt der

Satz 2. *Es seien $\mathfrak{K}_i$, $i \in I$, Körper von Teilmengen der Grundmenge E. Es bedeute $\mathfrak{K}$ den kleinsten Körper, der alle $\mathfrak{K}_i$, $i \in I$, als Unterkörper enthält. Auf $\mathfrak{K}$ sei eine Quasi-W. μ definiert. Es sei ferner vorausgesetzt, daß eine Familie von Systemen $\mathfrak{S}_i$, $i \in I$, von Teilmengen der Grundmenge E existiert, derart daß jedes $\mathfrak{S}_i$ ein δ-abgeschlossenes Kompaktasystem ist, das den Körper $\mathfrak{K}_i$ bezüglich μ approximiert. Außerdem seien die Systeme $\mathfrak{S}_i$, $i \in I$, M-σ-pseudounabhängig. Dann ist die Quasi-W. μ kompakt auf $\mathfrak{K}$, und zwar approximiert das (siehe Satz 1) Kompaktasystem $\left(\bigcup_{i \in I} \mathfrak{S}_i\right)^{\cap \cup}$ den Körper $\mathfrak{K}$ bezüglich μ.*

Es gilt ferner der

Satz 3. *Es seien $\mathfrak{K}_i$, $i \in I$, M-σ-unabhängige σ-Körper von Teilmengen der Grundmenge E. Es bedeute $\mathfrak{K}$ den kleinsten Körper, der alle $\mathfrak{K}_i$, $i \in I$, als Unterkörper enthält. Es sei ferner auf $\mathfrak{K}$ eine Quasi-W. μ definiert und für jedes $i \in I$ sei μ als Quasi-W. auf $\mathfrak{K}_i$ betrachtet kompakt. Dann ist μ auch auf $\mathfrak{K}$ kompakt.*

Beweis. Aus den Sätzen 5 und 6 von Nr. 19.5 folgt: Für jedes $i \in I$ existiert ein σ-abgeschlossenes Kompaktasystem $\mathfrak{S}_i$ mit $\mathfrak{S}_i \subseteqq \mathfrak{K}_i$, das den Körper $\mathfrak{K}_i$ bezüglich μ approximiert. Da aber die Körper $\mathfrak{K}_i$, $i \in I$, M-σ-unabhängig sind, so sind auch die Systeme $\mathfrak{S}_i$, $i \in I$, M-σ-pseudounabhängig. Wendet man nun den Satz 2 dieser Nr. an, so folgt, daß μ kompakt auf $\mathfrak{K}$ ist. Damit ist Satz 3 bewiesen.

Bemerkung. Nach Satz 4 von Nr. 19.5 existiert eine eindeutig bestimmte σ-Erweiterung $(E, B\,\mathfrak{K}, \mu)$ des W-Raumes $(E, \mathfrak{K}, \mu)$ vom Satz 3 und die Quasi-W. μ ist auch auf $B\,\mathfrak{K}$ kompakt.

20.2. Wir beweisen nun folgenden Satz, der eine Verallgemeinerung eines Satzes von Kolmogoroff (vgl. Kolmogoroff [1] S. 27, auch Halmos [1] S. 212 Theorem A) ist.

Satz 4. Es seien $\mathfrak{K}_i$, $i \in I$, M-σ-unabhängige σ-Körper von Teilmengen einer Grundmenge E. Für jede endliche Teilmenge $\{i_1, i_2, \ldots, i_n\} \subseteqq I$ bedeute $\mathfrak{B}_{i_1 i_2 \cdots i_n}$ den kleinsten σ-Körper, der die Körper $\mathfrak{K}_{i_\nu}$, $\nu = 1, 2, \ldots, n$, als Unterkörper enthält. Es sei $\mathfrak{B} = \bigcup \mathfrak{B}_{i_1 i_2 \cdots i_n}$, wobei die Vereinigung über alle endlichen Teilmengen $\{i_1, i_2, \ldots, i_n\} \subseteqq I$ gebildet ist. Es sei ferner auf $\mathfrak{B}$ eine Quasi-W. μ derart definiert, daß sie, als eine Funktion auf $\mathfrak{B}_{i_1 i_2 \cdots i_n}$ für jedes $\{i_1, i_2, \ldots, i_n\} \subseteqq I$ betrachtet, eine mengentheoretisch σ-additive Quasi-W. ist, d. h.: Jeder $(E, \mathfrak{B}_{i_1 i_2 \cdots i_n}, \mu)$ sei ein σ-W-Raum. Ferner sei vorausgesetzt, daß μ kompakt auf $\mathfrak{K}_i$ für jedes $i \in I$ ist. Dann ist μ auch auf $\mathfrak{B}$ kompakt, d. h. $(E, \mathfrak{B}, \mu)$ ein W-Raum mit einer kompakten Quasi-W. μ auf $\mathfrak{B}$.

Beweis. Da μ kompakt auf dem σ-Körper $\mathfrak{K}_i$ ist, so existiert nach Satz 6 Nr. 19.5 ein Kompaktasystem $\mathfrak{S}_i$ mit $\mathfrak{S}_i \subseteqq \mathfrak{K}_i$, das den Körper $\mathfrak{K}_i$ bezüglich μ für jedes $i \in I$ approximiert. Nach Satz 1 dieser Nr. und den Sätzen 1 und 2 von Nr. 19.1 ist dann $\mathfrak{S}_{i_1 i_2 \cdots i_n} = \left(\bigcup_{\nu=1}^{n} \mathfrak{S}_{i_\nu}\right)^{\cup \cap}$ ein Kompaktasystem, das den Körper $\mathfrak{B}_{i_1 i_2 \cdots i_n}$ bezüglich μ für jedes $\{i_1, i_2, \ldots, i_n\} \subseteqq I$ approximiert und (siehe auch Satz 1 von Nr. 18.5) $\mathfrak{S} = \left(\bigcup_{i \in I} \mathfrak{S}_i\right)^{\cap \cup \delta}$ ist ein Kompaktasystem, das den Körper $\mathfrak{B}$ bezüglich μ approximiert. Die Quasi-W. μ ist also kompakt auf $\mathfrak{B}$, d. h. $(E, \mathfrak{B}, \mu)$ ein W-Raum mit kompakter Quasi-W. μ auf $\mathfrak{B}$.

21. Kompaktheit und cartesische Produkte

21.1. Es seien $(E_i, \mathfrak{K}_i, \mu_i)$, $i \in I$, σ-W-Räume. Es bedeute $E = \underset{i \in I}{P} E_i$ den Produktraum, dessen Komponenten die Räume E_i, $i \in I$, sind (vgl. Nr. 12). Es sei ferner $\mathfrak{K}^* = \underset{i \in I}{P} \mathfrak{K}_i$ der Produktkörper mit den Komponenten $\mathfrak{K}_i$, $i \in I$, d. h. der kleinste Körper von Teilmengen der Grundmenge E, der die Gesamtheit $\mathfrak{R}$ aller Rechtecke $R(A_{i_1}, A_{i_2}, \ldots, A_{i_k})$ mit $\{i_1, i_2, \ldots, i_k\} \subseteqq I$, $A_{i_\nu} \in \mathfrak{K}_{i_\nu}$, $\nu = 1, 2, \ldots, k$ als ein Untersystem enthält. Betrachtet man nun für ein festes $i \in I$ die Gesamtheit $\mathfrak{K}_i^*$ aller Rechtecke $R(A_i)$ mit nur einer Seite A_i für alle $A_i \in \mathfrak{K}_i$, so ist $\mathfrak{K}_i^*$ ein σ-Körper von Teilmengen der Grundmenge E, und zwar ein Unterkörper von $\mathfrak{K}^*$. Die Abbildung $A_i \to R(A_i)$ ist ein Isomorphismus von $\mathfrak{K}_i$ auf $\mathfrak{K}_i^*$, d. h. $\mathfrak{K}_i^*$ ist eine isomorphe Einbettung von $\mathfrak{K}_i$ in $\mathfrak{K}^*$. Definiert man $\mu_i^*(R(A_i)) = \mu_i(A_i)$ für jedes $A_i \in \mathfrak{K}_i$, so ist $(E, \mathfrak{K}_i^*, \mu_i^*)$ ein σ-W-Raum, wobei das Quasi-W-Feld $(\mathfrak{K}_i^*, \mu_i^*)$ isometrisch zum Quasi-W-Feld $(\mathfrak{K}_i, \mu_i)$, $i \in I$, ist. Die Körper $\mathfrak{K}_i^*$, $i \in I$, sind offenbar M-σ-unabhängig in E. Auf $\mathfrak{K}^*$ kann man in bekannter Weise eine Produktquasi-W. π

definieren, die folgende Eigenschaften besitzt:

1. $\pi(R(A_i)) = \mu_i^*(R(A_i)) = \mu_i(A_i)$ für jedes $A_i \in \mathfrak{K}_i$ und $i \in I$.

2. $\pi(R(A_{i_1}, A_{i_2}, \ldots, A_{i_k})) = \mu_{i_1}^*(R(A_{i_1}))\, \mu_{i_2}^*(R(A_{i_2})) \cdots \mu_{i_k}^*(R(A_{i_k})) =$
$$\mu_{i_1}(A_{i_1})\, \mu_{i_2}(A_{i_2}) \cdots \mu_{i_k}(A_{i_k})$$

für jedes Rechteck $R(A_{i_1}, A_{i_2}, \ldots, A_{i_k})$ mit $\{i_1, i_2, \ldots, i_k\} \subseteqq I$. Die Quasi-W. π ist bekanntlich mengentheoretisch σ-additiv, also $(E, \mathfrak{K}^*, \pi)$ ein W-Raum und die Körper $\mathfrak{K}_i^*$, $i \in I$, sind stochastisch unabhängig bezüglich π (d. h. π-unabhängig).

21.2. Auf $\mathfrak{K}^*$ sind auch andere Quasi-Wahrscheinlichkeiten definierbar, welche nur die Eigenschaft 1 erfüllen. Eine solche Quasi-W. π' auf $\mathfrak{K}^*$, die nur die Eigenschaft 1 erfüllt, bezeichnet man als eine *gemeinsame Erweiterung* der Quasi-Wahrscheinlichkeiten μ_i^* von $\mathfrak{K}_i^*$, $i \in I$, auf $\mathfrak{K}^*$. Es entsteht nun die Frage, ob eine beliebige gemeinsame Erweiterung π' der Quasi-Wahrscheinlichkeiten μ_i^* von $\mathfrak{K}_i^*, \in i\ I$, auf $\mathfrak{K}^*$ stets mengentheoretisch σ-additiv ist, d. h. ob $(E, \mathfrak{K}^*, \pi')$, wobei π' die Eigenschaft 1 erfüllt, stets ein W-Raum ist. Aus Satz 3 von Nr. 20 folgt nun, daß die Quasi-W. π' kompakt ist, falls jede Quasi-W. μ_i^* als kompakt auf $\mathfrak{K}_i^*$, $i \in I$, vorausgesetzt wird, d. h. die Kompaktheit der Quasi-W. μ_i^* auf $\mathfrak{K}_i^*$ für jedes $i \in I$ ist eine hinreichende Bedingung dafür, daß $(E, \mathfrak{K}^*, \pi')$ für jede Quasi-W. π' auf $\mathfrak{K}^*$, die eine gemeinsame Erweiterung der Quasi-W.en μ_i^* von $\mathfrak{K}_i^*$, $i \in I$, auf $\mathfrak{K}^*$ ist, ein W-Raum ist, und zwar ist dann π' kompakt auf $\mathfrak{K}^*$. E. Sparre-Andersen und B. Jessen [1] (vgl. auch Halmos [1] S. 214 und E. Marczewski und C. Ryll-Nardzewski [1]) haben gezeigt, daß eine gemeinsame Erweiterung π' der Quasi-Wahrscheinlichkeiten μ_i^* von $\mathfrak{K}_i^*$, $i \in I$, auf $\mathfrak{K}^*$ im allgemeinen nicht mengentheoretisch σ-additiv ist.

Aus Satz 4 von Nr. 20 folgt der Kolmogoroffsche Satz in abstrakter Form[1], nämlich:

Satz 1. *Es seien $(E_i, \mathfrak{K}_i, \mu_i)$, $i \in I$, σ-W-Räume. Es sei ferner $\mathfrak{K}^* = \underset{i \in I}{P}\, \mathfrak{K}_i$ der Produktkörper von allen $\mathfrak{K}_i$, $i \in I$, und $(\mathfrak{K}_i^*, \mu_i^*)$ das zu $(\mathfrak{K}_i, \mu_i)$ isometrische Quasi-W-Feld für jedes $i \in I$, wie es in Nr. 21.1 definiert wurde. Es bezeichne ferner $\mathfrak{B}_{i_1 i_2 \cdots i_k}$ den kleinsten σ-Körper, der die Körper $\mathfrak{K}_{i_1}^*, \mathfrak{K}_{i_2}^*, \ldots, \mathfrak{K}_{i_k}^*$ als Unterkörper enthält, für jede endliche Teilmenge $\{i_1, i_2, \ldots, i_k\} \subseteqq I$, und es sei $\mathfrak{B} = \bigcup_{\{i_1, i_2, \ldots, i_k\} \subseteqq I} \mathfrak{B}_{i_1 i_2 \cdots i_k}$, d. h. $\mathfrak{B} = \mathfrak{K}^*$. Es sei ferner auf $\mathfrak{B}$ eine beliebige Quasi-W. v derart definiert, daß v als Quasi-W. auf $\mathfrak{B}_{i_1 i_2 \cdots i_k}$ für jedes $\{i_1, i_2, \ldots, i_k\} \subseteqq I$ betrachtet mengentheoretisch σ-additiv ist. Es gelte insbesondere $v(R(A_i)) = \mu_i^*(R(A_i)) =$*

---

[1] Kolmogoroff hat den Satz für $\mathfrak{K}_i = \mathfrak{B} =$ dem σ-Körper aller Borelschen Teilmengen der Zahlengerade und $\mu_i =$ einer beliebigen mengentheoretisch σ-additiven Quasi-W. auf $\mathfrak{K}_i = \mathfrak{B}$, $i \in I$, bewiesen. In diesem speziellen Fall sind die Quasi-Wahrscheinlichkeiten μ_i kompakt auf $\mathfrak{K}_i$, $i \in I$.

$\mu_i(A_i)$ für jedes $A_i \in \mathfrak{K}_i$, $i \in I$. Dann ist die Quasi-W. v kompakt auf $\mathfrak{K}^* = \mathfrak{B}$, d. h. $(E, \mathfrak{B}, v)$ ein W-Raum mit kompakter Quasi-W. v auf $\mathfrak{B} = \mathfrak{K}^*$.

Bemerkung. Falls $I = \{1, 2\}$ ist, gilt der obige Satz unter der Voraussetzung, daß $(E_1, \mathfrak{K}_1, \mu_1)$ ein σ-W-Raum mit kompakter Quasi-W. und $(E_2, \mathfrak{K}_2, \mu_2)$ ein beliebiger σ-W-Raum ist (vgl. MARCZEWSKI und RYLL-NARDZEWSKI [1]). Als Folgerung haben wir dann: Beim Satz 1 kann die Voraussetzung der Kompaktheit der Quasi-W. für einen festen Index $i_0 \in I$ wegfallen.

22. Quasi-Kompaktheit der W-Räume

22.1. Die Quasi-Kompaktheit ist neben der Kompaktheit eine wichtige Eigenschaft der W-Räume. Sie ist gleichwertig mit der sogenannten Perfektheit der W-Räume, die man in vielen Problemen der mengentheoretischen W-Theorie für den zugrunde gelegten W-Raum voraussetzt (vgl. das Buch von GNEDENKO und KOLMOGOROFF [1]). Der Begriff der Quasi-Kompaktheit wurde von C. RYLL-NARDZEWSKI [1] als eine Verallgemeinerung des Marczewskischen Begriffes der Kompaktheit eingeführt und mit dem Begriff der Perfektheit verglichen.

Ein σ-W-Raum $(E, \mathfrak{K}, v)$ heißt *quasi-kompakt,* wenn jede Folge $Q_\nu \in \mathfrak{K}$, $\nu = 1, 2, \ldots$, die folgende Eigenschaft besitzt:

(q): Zu jeder reellen Zahl $\varepsilon > 0$ existiert ein $Q_0 \in \mathfrak{K}$ derart, daß $v(Q_0) > 1 - \varepsilon$ ist und die Folge $Q_0 \cap Q_\nu$, $\nu = 1, 2, \ldots$, ein Kompaktasystem in $\mathfrak{K}$ bildet.

Es gilt dann der

Satz 1. Ist die Quasi-W. v eines σ-W-Raumes $(E, \mathfrak{K}, v)$ kompakt auf $\mathfrak{K}$, so ist der σ-W-Raum $(E, \mathfrak{K}, v)$ quasi-kompakt.

Beweis. Aus der Kompaktheit von v auf $\mathfrak{K}$ folgt gemäß Satz 6 Nr. 19.4 die Existenz eines Kompaktasystems $\mathfrak{S}$ mit $\mathfrak{S} \subseteqq \mathfrak{K}$, welches den σ-Körper $\mathfrak{K}$ bezüglich v approximiert. Es sei nun $Q_\nu \in \mathfrak{K}$, $\nu = 1, 2, \ldots$, dann existieren zwei Folgen $P_\nu \in \mathfrak{S}$, $R_\nu \in \mathfrak{S}$, $\nu = 1, 2, \ldots$, mit $P_\nu \subseteqq Q_\nu$, $R_\nu \subseteqq E - Q_\nu = Q_\nu^c$ und $v(Q_\nu - P_\nu) < \frac{\varepsilon}{2^{\nu+1}}$, $v(Q_\nu^c - R_\nu) < \frac{\varepsilon}{2^{\nu+1}}$. Wir setzen $Q_0 = \bigcap_{\nu=1}^{\infty} (P_\nu \cup R_\nu)$, dann ist offenbar $v(Q_0) > 1 - \varepsilon$ und weil $Q_\nu Q_0 = P_\nu Q_0 \in \mathfrak{S}^{\cup\delta}$, $\nu = 1, 2, \ldots$, gilt und $\mathfrak{S}^{\cup\delta}$ gemäß Satz 1 Nr. 18.5 ein Kompaktasystem in $\mathfrak{K}$ ist, so ist $Q_\nu Q_0$, $\nu_\nu = 1, 2, \ldots$, als Teilsystem von $\mathfrak{S}^{\cup\delta}$ auch ein Kompaktasystem in $\mathfrak{K}$. Satz 1 ist damit bewiesen.

22.2. Es seien $(E, \mathfrak{K}, v)$ und $(\Omega, \mathfrak{M}, \mu)$ σ-W-Räume. Eine Abbildung h von E auf Ω wird als ein *Homomorphismus* von $(E, \mathfrak{K}, v)$ auf $(\Omega, \mathfrak{M}, \mu)$ bezeichnet, falls $h^{-1}(\mathfrak{M}) = \mathfrak{K}$ und $v\left(h^{-1}(X)\right) = \mu(X)$ für jedes $X \in \mathfrak{M}$

gilt; h wird als ein *Fasthomomorphismus* von $(E, \mathfrak{K}, v)$ auf $(\Omega, \mathfrak{M}, \mu)$ bezeichnet, wenn Nullmengen $M \in \mathfrak{M}$ und $N \in \mathfrak{K}$ existieren derart, daß $h^{-1}(M) = N$ gilt und außerdem die Restriktion von h auf $N^c = E - N$ ein Homomorphismus von $(N^c, \mathfrak{K} - \{N\}, v)$ auf $(M^c, \mathfrak{M} - \{M\}, \mu)$ ist.

Ist die Abbildung h, die den Homomorphismus bzw. Fasthomomorphismus erzeugt, eine eineindeutige Abbildung von E auf Ω, so wird h als ein *Isomorphismus* bzw. *Fastisomorphismus* von $(E, \mathfrak{K}, v)$ auf $(\Omega, \mathfrak{M}, \mu)$ bezeichnet.

Man beweist leicht:

Satz 2. Existiert ein Fasthomomorphismus h vom σ-W-Raum $(E, \mathfrak{K}, v)$ auf den σ-W-Raum $(\Omega, \mathfrak{M}, \mu)$, so folgt aus der Kompaktheit von μ auf $\mathfrak{M}$ die Kompaktheit von v auf $\mathfrak{K}$ und aus der Quasi-Kompaktheit von $(\Omega, \mathfrak{M}, \mu)$ die Quasi-Kompaktheit von $(E, \mathfrak{K}, v)$.

22.3. Es sei $(E, \mathfrak{K}, v)$ ein σ-W-Raum. Eine reellwertige Funktion f, die auf E definiert ist, heißt *v-meßbar*, wenn gilt:

(m): Für jede offene Menge U der Zahlengeraden R gilt $f^{-1}(\mathrm{U}) \in \mathfrak{K}$. Es bedeute $\mathfrak{F}$ die Gesamtheit aller v-meßbaren Funktionen. Dann entspricht jeder Funktion $f \in \mathfrak{F}$ ein σ-Körper $\mathfrak{K}_f$ von Teilmengen der Zahlengeraden R, der folgendermaßen definiert wird:

$$\mathfrak{K}_f = \{X \subseteqq R; f^{-1}(X) \in \mathfrak{K}\}.$$

Die Funktion $v_f(X) = v(f^{-1}(X))$ für jedes $X \in \mathfrak{K}_f$ definiert dann eine mengentheoretisch σ-additive Quasi-W. v_f auf $\mathfrak{K}_f$, die man als *Verteilungsfunktion* von f bezeichnet. $(R, \mathfrak{K}_f, v_f)$ ist ein σ-W-Raum für jedes $f \in \mathfrak{F}$. Da $\mathfrak{K}_f$ (offenbar) alle offenen Mengen der Zahlengerade R enthält, so ist der σ-Körper $\mathfrak{B}$ aller Borelschen Mengen der Zahlengeraden ein σ-Unterkörper von $\mathfrak{K}_f$ für jedes $f \in \mathfrak{F}$. Wir können deshalb $(R, \mathfrak{B}, v_f)$ als einen σ-W-Raum für jedes $f \in \mathfrak{F}$ betrachten. Wenn der σ-W-Raum $(E, \mathfrak{K}, v)$ komplett ist, so ist auch der σ-W-Raum $(R, \mathfrak{K}_f, v_f)$ komplett für jedes $f \in \mathfrak{F}$. Nach GNEDENKO und KOLMOGOROFF [1] wird ein σ-W-Raum $(E, \mathfrak{K}, v)$ als *perfekt* bezeichnet, wenn gilt:

(p): für jedes $f \in \mathfrak{F}$ und jedes $X \in \mathfrak{K}_f$ gilt

$$v_f(X) \underset{\text{Def.}}{=} v\left(f^{-1}(X)\right) = \inf_{\substack{B \subseteqq X \\ B \in \mathfrak{B}}} v_f(B).$$

Man zeigt leicht:

Satz 3. Ein kompletter σ-W-Raum $(E, \mathfrak{K}, v)$ ist dann und nur dann perfekt, wenn für jede $f \in \mathfrak{F}$ die Komplettierung des σ-W-Raumes $(R, \mathfrak{B}, v_f)$ mit $(R, \mathfrak{K}_f, v_f)$ zusammenfällt.

Es gilt nun folgender Satz:

Satz 4. Es sei $(E, \mathfrak{K}, v)$ ein σ-W-Raum. Dann sind folgende Aussagen äquivalent:

α) $(E, \mathfrak{K}, v)$ *ist quasi-kompakt.*

β) *Für jedes* $f \in \mathfrak{F}$ *existiert ein* $Q \in \mathfrak{K}$ *derart, daß* $v(Q) = 1$ *und* $f(Q) \in \mathfrak{B}$ *ist.*

γ) *Besitzt ein beliebiger σ-Unterkörper* $\mathfrak{K}'$ *von* $\mathfrak{K}$ *eine abzählbare Basis, d. h. ist* $\mathfrak{K}'$ *der kleinste σ-Körper, der ein abzählbares Untersystem von* $\mathfrak{K}$ *enthält, so ist* v *auf* $\mathfrak{K}'$ *kompakt.*

δ) *Die Komplettierung* $(E, L\,\mathfrak{K}, v)$ *von* $(E, \mathfrak{K}, v)$ *ist quasi-kompakt.*

ε) $(E, \mathfrak{K}, v)$ *ist perfekt.*

Für den Beweis dieses Satzes verweisen wir auf die oben zitierte Arbeit von C. Ryll-Nardzewski.

Aus Satz 4 folgt:

Satz 5. *Ist der σ-W-Raum* $(E, \mathfrak{K}, v)$ *quasi-kompakt, so ist auch jeder σ-W-Unterraum von ihm quasi-kompakt.*

Mit Hilfe der in Satz 4 angegebenen Charakterisierung der Quasi-Kompaktheit durch Eigenschaft γ) kann man beweisen:

Das cartesische σ-Produkt, von beliebig vielen quasi-kompakten σ-W-Räumen ist ein quasi-kompakter σ-W-Raum.

22.4. Ein σ-W-Raum $(E, \mathfrak{K}, v)$ heißt *separabel im Sinne* von Halmos und von Neumann (vgl. [1]), wenn ein abzählbares System $\mathfrak{S}$ von $\mathfrak{K}$ existiert, derart daß folgendes gilt:

1. Sind x und y verschiedene Punkte in E, so existiert stets ein $S \in \mathfrak{S}$ derart, daß $x \in S$ und $y \notin S$ gilt.

2. Bedeutet $\mathfrak{B}$ den kleinsten σ-Körper, der $\mathfrak{S}$ enthält, so soll die Komplettierung des σ-W-Raumes $(E, \mathfrak{B}, v)$ mit $(E, \mathfrak{K}, v)$ zusammenfallen.

Ein separabler σ-W-Raum $(E, \mathfrak{K}, v)$ bleibt separabel, wenn man von E eine Nullmenge wegnimmt.

Ein σ-W-Raum $(E, \mathfrak{K}, v)$ heißt *fast-separabel* wenn der nach Weglassen aus der Grundmenge E einer Nullmenge entstehende σ-W-Raum separabel ist. Es gilt der

Satz 6. *Für einen fast-separablen und kompletten σ-W-Raum* $(E, \mathfrak{K}, v)$ *sind folgende Aussagen äquivalent:*

I. v *ist kompakt auf* $\mathfrak{K}$.

II. $(E, \mathfrak{K}, v)$ *ist quasi-kompakt.*

III. $(E, \mathfrak{K}, v)$ *ist fast isomorph zum Lebesgueschen linearen σ-W-Feld.*

Mit Hilfe dieses Satzes, dessen Beweis der Leser in der oben zitierten Arbeit von C. Ryll-Nardzewski findet, kann man die Existenz von σ-W-Räumen nachweisen, die nicht quasi-kompakt sind.

Kapitel VIII

23. Bedingte Wahrscheinlichkeitsräume

23.1. In der Physik (z. B. in der Quantenmechanik), ferner in der Theorie der Markoffschen Ketten und allgemein der stochastischen Prozesse und bei den Anwendungen der Wahrscheinlichkeitstheorie in der Integralgeometrie, in der Zahlentheorie und anderen Gebieten treten oft Wahrscheinlichkeitsverteilungen auf, die nicht normiert werden können, d. h. es treten unbeschränkte Maße auf. Solche Verteilungen können im Rahmen der bisher entwickelten Theorie der W-Felder bzw. W-Räume (vgl. Kap. I—VII) nicht behandelt werden. Es entstand daher die Notwendigkeit einer Erweiterung des Begriffes der W-Räume. Es scheint, daß A. KOLMOGOROFF zuerst die Idee einer solchen Erweiterung in einer Vorlesung erwähnt hat (vgl. RÉNYI [3] S. 8). Neuerdings hat unabhängig von KOLMOGOROFF ALFRED RÉNYI (vgl. [1] bis [3]) eine Erweiterung der Theorie der W-Räume vorgeschlagen und den Begriff des bedingten W-Raumes eingeführt. Im folgenden werden wir kurz darüber berichten, und zwar mit besonderer Berücksichtigung der Struktur der bedingten W-Räume, die von RÉNYI selbst [1] bis [4] und auch von Á. CZÁSZÁR [1] untersucht wurde. Für Einzelheiten und Anwendungen dieser Theorie verweisen wir auf die Arbeiten von RÉNYI.

23.2. Definition eines bedingten W-Raumes. Es sei E eine Grundmenge, sogenannter *Ereignisraum* E. Es bedeute ferner $\mathfrak{F}$ einen σ-Körper von Teilmengen (sogenannten Ereignissen) des Ereignisraumes E, der auch E als Element enthält. Es sei $\mathfrak{T}$ ein nicht leeres Untersystem (das sogenannte *System der Bedingungen*) von $\mathfrak{F}$. Auf dem cartesischen Produkt $\mathfrak{F} \times \mathfrak{T}$ sei eine eindeutige reelle Funktion p definiert, deren Werte mit $p(A \mid B)$, $A \in \mathfrak{F}$, $B \in \mathfrak{T}$, bezeichnet werden und die folgende Eigenschaften hat:

β_1) Es ist $p(A \mid B) \geqq 0$ für jedes Paar $(A, B) \in \mathfrak{F} \times \mathfrak{T}$ und insbesondere $p(B \mid B) = 1$ für jedes $B \in \mathfrak{T}$.

β_2) Bei festem $B \in \mathfrak{T}$ ist $p(A \mid B)$ als Funktion nur von $A \in \mathfrak{F}$ betrachtet ein σ-additives Maß, d. h. aus $A_i \in \mathfrak{F}$, $i = 1, 2, \ldots$, mit $A_i A_j = \emptyset$ für $i \neq j$ folgt:

$$p\left(\bigcup_{i=1}^{\infty} A_i \middle| B\right) = \sum_{i=1}^{\infty} p(A_i \mid B) \text{ für jedes } B \in \mathfrak{T}.$$

β_3) Aus $A \in \mathfrak{F}$, $B \in \mathfrak{F}$, $C \in \mathfrak{T}$ und $B\,C \in \mathfrak{T}$ folgt:

$$p(A \mid B\,C)\,p(B \mid C) = p(A\,B \mid C).$$

Man bezeichnet dann $(E, \mathfrak{F}, \mathfrak{T}, p)$ als einen *bedingten W-Raum* und $p(A\,|\,B)$, $(A, B) \in \mathfrak{F}\times\mathfrak{T}$, als *die bedingte W. des Ereignisses A unter der Bedingung B.*

23.3. Es sei $(E, \mathfrak{F}, v)$ ein σ-W-Raum (vgl. 10.1). Es bezeichne $\mathfrak{T}$ das System aller $B \in \mathfrak{F}$ mit $v(B) > 0$. Definiert man dann $p(A\,|\,B) = \frac{v(AB)}{v(B)}$ für jedes $(A, B) \in \mathfrak{F}\times\mathfrak{T}$, so ist offenbar $(E, \mathfrak{F}, \mathfrak{T}, p)$ ein bedingter W-Raum, der als der *bedingte W-Raum* $(E, \mathfrak{F}, \mathfrak{T}, v)$ bezeichnet wird, *den der σ-W-Raum* $(E, \mathfrak{F}, v)$ *erzeugt.* Ist umgekehrt $(E, \mathfrak{F}, \mathfrak{T}, v)$ irgendein bedingter W-Raum und definiert man für ein $C \in \mathfrak{F}$ durch $p_C(A) = p(A\,|\,C)$, $A \in \mathfrak{F}$, eine Funktion p_C auf $\mathfrak{F}$, so ist $(E, \mathfrak{F}, p_C)$ ein σ-W-Raum für jedes $C \in \mathfrak{T}$. Gehört E zu $\mathfrak{T}$, so ist auch $(E, \mathfrak{F}, p_E)$ ein σ-W-Raum. $(E, \mathfrak{F}, p_E)$, als ein σ-W-Raum betrachtet, erzeugt einen bedingten W-Raum, der aber nicht stets zu $(E, \mathfrak{F}, \mathfrak{T}, p)$ isomorph ist; denn das System $\mathfrak{T}_E$ aller $B \in \mathfrak{F}$ mit $p_E(B) = p(B\,|\,E) > 0$ fällt nicht stets mit $\mathfrak{T}$ zusammen.

23.4. Quotientendarstellung eines bedingten W-Raumes. Es sei $(E, \mathfrak{F}, \mathfrak{T}, p)$ ein bedingter W-Raum. Existiert ein σ-additives Maß μ auf $\mathfrak{F}$ derart, daß $\mu(B) > 0$ für jedes $B \in \mathfrak{F}$ und außerdem $p(A\,|\,B) = \frac{\mu(AB)}{\mu(B)}$ für jedes $(A, B) \in \mathfrak{F}\times\mathfrak{T}$ gilt, so sagt man, die bedingte W. des Raumes $(E, \mathfrak{F}, \mathfrak{T}, p)$ besitzt eine *Quotientendarstellung*. Rényi hat folgendes bewiesen:

Es sei $(E, \mathfrak{F}, \mathfrak{T}, p)$ ein bedingter W-Raum. Es existiere ferner eine Folge von Bedingungen $B_\nu \in \mathfrak{T}$, $\nu = 1, 2, \ldots$, und ein Ereignis $B_0 \in \mathfrak{F}$ derart, daß gilt:

1. $B_\nu \subseteqq B_{\nu+1}$, $\nu = 0, 1, 2, \ldots$
2. $p(B_0\,|\,B_\nu) > 0$, $\nu = 1, 2, \ldots$
3. Für jedes $B \in \mathfrak{T}$ existiert ein Index ν mit $B \subseteqq B_\nu$ und $p(B\,|\,B_\nu) > 0$.

Dann ist das System $\mathfrak{F}^* = \{X \in \mathfrak{F}$: es gibt ein ν mit $X \subseteqq B_\nu\}$ ein Körper von Teilmengen der Grundmenge E, der E nicht als Element zu besitzen braucht und es gilt $\mathfrak{T} \subseteqq \mathfrak{F}^* \subseteqq \mathfrak{F}$. Definiert man nun eine Funktion μ auf $\mathfrak{F}^*$, wie folgt:

Ist $X \in \mathfrak{F}^*$, so wähle ein ν mit $X \subseteqq B_\nu$ und setze:

$$\mu(X) = \frac{p(X\,|\,B_\nu)}{p(B_0\,|\,B_\nu)},$$

so ist μ für jedes $X \in \mathfrak{F}^*$ eindeutig, d. h. unabhängig von der Wahl der Menge B_ν mit $X \subseteqq B_\nu$; μ ist nicht negativ und σ-additiv, also ein σ-additives und endliches Maß auf $\mathfrak{F}^*$. Da $p(B\,|\,B_\nu) > 0$ für jedes $B \in \mathfrak{T}$ und passendes ν ist und außerdem nach Voraussetzung $p(B_0\,|\,B_\nu) > 0$ für jedes $\nu = 1, 2, \ldots$ gilt, so ist offenbar $\mu(B) > 0$ für jedes $B \in \mathfrak{T}$. Ferner gilt:

$$p(A\,|\,B) = \frac{\mu(AB)}{\mu(B)} \text{ für jedes } (A, B) \in \mathfrak{F}\times\mathfrak{T},$$

denn wir haben:

$$\frac{\mu(AB)}{\mu(B)} = \frac{p(AB|B_\nu)}{p(B_0|B_\nu)} \cdot \frac{p(B_0|B_\nu)}{p(B|B_\nu)} = \frac{p(AB|B_\nu)}{p(B|B_\nu)} = p(A|B\,B_\nu) = p(A|B).$$

Wir setzen nun außer 1, 2 und 3 noch voraus, daß gilt:

4. $\lim\limits_{\nu\to\infty} p(B_0|B_\nu) > 0$.

Dann läßt sich μ von $\mathfrak{F}^*$ auf den kleinsten σ-Körper $\mathfrak{F}^{**}$, der $\mathfrak{F}^*$ enthält, bei Erhaltung der σ-Additivität erweitern. Wir setzen $E^* = \bigcup\limits_{\nu=0}^{\infty} B_\nu$; dann ist der σ-Körper $\mathfrak{F}^{**}$ identisch mit dem σ-Körper $\mathfrak{F}_{E^*} = \{X \subseteqq E^*; X \in \mathfrak{F}\}$. Ist also 4 erfüllt, so läßt sich μ von $\mathfrak{F}^*$ auf $\mathfrak{F}_{E^*}$ bei Erhaltung der σ-Additivität erweitern. Man zeigt leicht, daß μ auf $\mathfrak{F}_{E^*}$ endlich ist, d. h. $\mu(E^*) < +\infty$ gilt. Wir definieren deshalb:

$$\mu(A) = \mu(A\,E^*) \text{ für jedes } A \in \mathfrak{F}$$

und erhalten ein σ-additives und endliches Maß μ auf $\mathfrak{F}$ mit der Eigenschaft:

$$p(A|B) = \frac{\mu(AB)}{\mu(B)} \text{ für jedes } (A, B) \in \mathfrak{F} \times \mathfrak{T},$$

d. h. eine Quotienten-Darstellung der bedingten W. p des Raumes $(E, \mathfrak{F}, \mathfrak{T}, p)$. Wir bemerken: Wenn wir $v(A) = \frac{\mu(A)}{\mu(E)}$ für jedes $A \in \mathfrak{F}$ setzen, dann ist $v(E) = 1$, also v eine Quasi-W. auf $\mathfrak{F}$, d. h. $(E, \mathfrak{F}, v)$ ein σ-W-Raum. Setzt man dann $\mathfrak{T}^* = \{B \in \mathfrak{F} : v(B) > 0\}$, so ist $\mathfrak{T}^*$ nicht notwendig identisch mit $\mathfrak{T}$. Der σ-W-Raum $(E, \mathfrak{F}, v)$ erzeugt deshalb einen bedingten W-Raum $(E, \mathfrak{F}, \mathfrak{T}^*, p^*)$ mit $p^*(A|B) = \frac{v(AB)}{v(B)}$ für jedes $(A, B) \in \mathfrak{F} \times \mathfrak{T}^*$, der nicht mit dem ursprünglichen Raum $(E, \mathfrak{F}, \mathfrak{T}, p)$ zusammenfällt. Da aber stets $\mathfrak{T} \subseteqq \mathfrak{T}^*$ und außerdem $p^*(A|B) = p(A|B)$ für jedes $(A, B) \in \mathfrak{F} \times \mathfrak{T}$ gilt, so kann $(E, \mathfrak{F}, \mathfrak{T}^*, p^*)$ als eine Erweiterung des Raumes $(E, \mathfrak{F}, \mathfrak{T}, p)$ betrachtet werden; genauer: die bedingte W. p^* ist eine Erweiterung der bedingten W. p von $\mathfrak{F} \times \mathfrak{T}$ auf $\mathfrak{F} \times \mathfrak{T}^*$, falls $\mathfrak{T}^*$ nicht mit $\mathfrak{T}$ zusammenfällt.

23.5. Bedingte W-Räume von einfachem Quotienten-Typus. Nicht jeder bedingte W-Raum besitzt eine Quotientendarstellung, außerdem braucht das σ-additive Maß μ, das auf $\mathfrak{F}$ definiert ist und zu einer Quotientendarstellung der bedingten W. dient, nicht beschränkt zu sein. Jeder bedingte W-Raum, dessen bedingte W. eine Quotientendarstellung besitzt, heißt nach Rényi „*ein bedingter W-Raum von einfachem Quotienten-Typus*“. Die einfachsten unter den bedingten W-Räumen von einfachem Quotienten-Typus sind diejenigen, für welche das σ-additive Maß der Darstellung beschränkt ist. Die Struktur dieser bedingten W-Räume unterscheidet sich nicht von den bedingten W-Räumen, die von einem σ-W-Raum erzeugt werden, denn ein beschränktes Maß kann stets normiert werden.

Jedes σ-additive (nicht notwendig beschränkte) Maß μ, das auf einem σ-Körper $\mathfrak{F}$ von Teilmengen einer Grundmenge E mit $E \in \mathfrak{F}$ definiert ist, kann stets einen bedingten W-Raum erzeugen. Es bezeichne nämlich $\mathfrak{T} = \{B \in \mathfrak{F}; 0 < \mu(B) < +\infty\}$, dann setze man:

$$p(A \mid B) = \frac{\mu(AB)}{\mu(B)} \text{ für jedes } (A, B) \in \mathfrak{F} \times \mathfrak{T}.$$

So ist p eine bedingte W. auf $\mathfrak{F} \times \mathfrak{T}$, also $(E, \mathfrak{F}, \mathfrak{T}, p)$ ein bedingter W-Raum, und zwar von einfachem Quotienten-Typus. Die Existenz bedingter W-Räume, die von einem unbeschränkten Maß μ erzeugt werden, zeigt schon die Bedeutung des von RÉNYI vorgeschlagenen neuen axiomatischen Aufbaus der Wahrscheinlichkeitstheorie.

Beispiele. 1. Es sei $E = E_n$, d. h. der euklidische n-dimensionale Raum und $\mathfrak{F}$ der σ-Körper aller nach LEBESGUE meßbaren Teilmengen von E. Es sei ferner f eine reelle, nicht negative und meßbare Funktion auf E_n. Es bezeichne $\mathfrak{T} = \left\{B \in \mathfrak{F} : 0 < \int_B f\, dm < +\infty\right\}$, hierbei bedeutet $\mu(B) = \int_B f\, dm$ das Lebesguesche Integral von f über B. Dann ist durch:

$$p(A \mid B) = \frac{\mu(AB)}{\mu(B)} \text{ für jedes } (A, B) \in \mathfrak{F} \times \mathfrak{T}$$

eine bedingte W. p auf $\mathfrak{F} \times \mathfrak{T}$ definiert, d. h. $(E_n, \mathfrak{F}, \mathfrak{T}, p)$ ist ein bedingter W-Raum von einfachem Quotienten-Typus, falls $\mathfrak{T}$ nicht leer ist. Wenn speziell $f(x_1, x_2, \ldots, x_n)$ konstant gleich 1 auf E_n gewählt wird, dann fällt $\mu(B)$ mit dem Lebesgueschen Maß $m(B)$ zusammen für jedes $B \in \mathfrak{F}$. Der bedingte W-Raum $(E_n, \mathfrak{F}, \mathfrak{T}, p)$ heißt in diesem Falle gleichmäßig.

2. Es sei $E = \{1, 2, \ldots\}$ die Gesamtheit der natürlichen Zahlen und $\vartheta_1, \vartheta_2, \ldots$ nicht negative reelle Zahlen. Es bedeute $\mathfrak{F}$ die Gesamtheit aller Teilmengen von E und $\mathfrak{T}$ die Gesamtheit von allen Teilmengen $B \subseteqq E$ mit $0 < \sum_{\nu \in B} \vartheta_\nu < +\infty$. Für jedes $A \in \mathfrak{F}$ setzen wir $\mu(A) = \sum_{\nu \in A} \vartheta_\nu$; dann wird durch

$$p(A \mid B) = \frac{\mu(AB)}{\mu(B)} \text{ für jedes } (A, B) \in \mathfrak{F} \times \mathfrak{T}$$

eine bedingte W. auf $\mathfrak{F} \times \mathfrak{T}$ definiert. $(E, \mathfrak{F}, \mathfrak{T}, p)$ ist dann ein bedingter W-Raum von einfachem Quotienten-Typus. Wählt man $\vartheta_\nu = 1$, $\nu = 1, 2, \ldots$, so heißt $(E, \mathfrak{F}, \mathfrak{T}, p)$ gleichmäßig. $\mathfrak{T}$ besteht dann aus allen endlichen Teilmengen von E.

23.6. Erweiterung eines bedingten W-Raumes. Ein bedingter W-Raum $(E, \mathfrak{F}, \mathfrak{T}', p')$ heißt eine Erweiterung eines anderen bedingten W-Raumes $(E, \mathfrak{F}, \mathfrak{T}, p)$, wenn $\mathfrak{T} \subseteqq \mathfrak{T}'$ und $p'(A \mid B) = p(A \mid B)$ für jedes $(A, B) \in \mathfrak{F} \times \mathfrak{T}$ gilt. Das Problem der Erweiterung, insbesondere der Existenz und Konstruktion einer maximalen Erweiterung eines beliebigen W-Raumes, ist bis heute noch nicht vollständig untersucht worden.

A. Rényi behandelt in [1] und [2] eine spezielle Frage des Erweiterungsproblems, nämlich die Frage der Adjunktion von gewissen neuen Bedingungen zu dem System $\mathfrak{T}$ und beweist:

I. Es sei $B_1 \in \mathfrak{F}$ aber $B_1 \notin \mathfrak{T}$. Es gelte ferner: das System

$$\mathfrak{T}_{B_1} = \{B \in \mathfrak{T}\colon\ B_1 \subseteqq B \text{ und } p(B_1 | B) > 0\}$$

sei nicht leer und aus $B_2 \in \mathfrak{T}_{B_1}$, $B_3 \in \mathfrak{T}_{B_1}$ folge $B_2\, B_3 \in \mathfrak{T}$. Dann kann das Ereignis B_1 als eine neue Bedingung zu $\mathfrak{T}$ adjungiert werden. Die bedingte W. mit B_1 als Bedingung wird dann durch

$$p(A | B_1) = \frac{p(A\, B_1 | B_2)}{p(B_1 | B_2)} \text{ für jedes } A \in \mathfrak{F} \text{ und für ein } B_2 \in \mathfrak{T}_{B_1}$$

definiert und ist eindeutig, d. h. unabhängig von der Wahl von $B_2 \in \mathfrak{T}_{B_1}$.

II. Es sei eine aufsteigende Folge von Bedingungen $B_\nu \in \mathfrak{T}$, $\nu = 0, 1, 2, \ldots$, mit $p(B_\nu | B_{\nu+1}) > 0$ gegeben und das unendliche Produkt $\prod_{\nu=0}^{\infty} p(B_\nu | B_{\nu+1})$ sei konvergent und > 0. Für jedes $B \in \mathfrak{T}$ mit $p(B | B_{\nu_0}) > 0$ für einen Index ν_0 sei stets $B\, B_{\nu_0} \in \mathfrak{T}$. Gehört dann die Vereinigung $\bigcup_{\nu=0}^{\infty} B_\nu = B^*$ nicht zu $\mathfrak{T}$, so kann B^* zu $\mathfrak{T}$ als eine neue Bedingung adjungiert werden. Die bedingte W. mit B^* als Bedingung wird dann durch

$$p(A | B^*) = \lim_{\nu \to \infty} p(A | B_\nu) \text{ für jedes } A \in \mathfrak{F}$$

definiert.

23.7. Struktur von bedingten W-Räumen. A. Mit der allgemeinen Untersuchung der Struktur der bedingten W-Räume beschäftigt sich systematisch Á. Császár [1]. Es gibt bedingte W-Räume, die nicht von einem σ-additiven Maß erzeugt werden können. Im folgenden berichten wir über die Resultate der Császárschen Untersuchungen:

Zu den Axiomen β_1, β_2 und β_3, die einen bedingten W-Raum $(E, \mathfrak{F}, \mathfrak{T}, p)$ erklären, fügen wir folgende Axiome hinzu:

β_3') Es gilt $p(A | B) = p(A\, B | B)$ für jedes $(A, B) \in \mathfrak{F} \times \mathfrak{T}$.

β_3'') Wenn $A \subseteqq B \subseteqq C$, $A \in \mathfrak{F}$, $B \in \mathfrak{T}$, $C \in \mathfrak{T}$ ist, gilt:

$$p(A | B)\, p(B | C) = p(A | C).$$

β_4') Wenn $A_i \in \mathfrak{F}$, $B_i \in \mathfrak{T}$, $A_i \subseteqq B_i\, B_{i+1}$, $i = 1, 2, \ldots, n$, und $B_{n+1} = B_1$ ist, dann gilt:

$$\prod_{i=1}^{n} p(A_i | B_i) = \prod_{i=1}^{n} p(A_i | B_{i+1}), \tag{1}$$

falls außerdem die eine Seite dieser Gleichung > 0 ist.

β_4'') Wie das Axiom β_4' mit der zusätzlichen Voraussetzung, daß die Ereignisse $B_1, B_2, \ldots, B_n$ einen Zyklus bilden, d. h. es gilt:

$$p(B_i\, B_{i+1} | B_i) > 0,\ p(B_i\, B_{i+1} | B_{i+1}) > 0,\ i = 1, 2, \ldots, n.$$

$\beta_4''')$ Das Axiom β_4' ohne die Voraussetzung, daß die eine der beiden Seiten der Gleichung (1) positiv ist.

Man zeigt leicht, daß das Axiom β_3 gleichwertig mit den beiden Axiomen β_3' und β_3'' ist.

Erfüllt $(E, \mathfrak{F}, \mathfrak{T}, p)$ nur die Axiome β_1, β_2 und β_3', so heißt er ein *verallgemeinerter bedingter W-Raum.*

B. Man sagt: eine Familie von σ-additiven Maßen μ_γ, $\gamma \in \Gamma$, erzeugt einen verallgemeinerten bedingten W-Raum $(E, \mathfrak{F}, \mathfrak{T}, p)$, wenn gilt:

I. Für jedes $\gamma \in \Gamma$ ist μ_γ ein σ-additives Maß auf $\mathfrak{F}$.

II. Zu jeder Bedingung $B \in \mathfrak{T}$ existiert (mindestens) ein $\gamma \in \Gamma$ derart, daß $0 < \mu_\gamma(B) < +\infty$ gilt.

III. Für jedes Paar $(A, B) \in \mathfrak{F} \times \mathfrak{T}$ und beliebiges $\gamma \in \Gamma$ mit $0 < \mu_\gamma(B) < +\infty$ gilt: $p(A \mid B) = \frac{\mu_\gamma(A B)}{\mu_\gamma(B)}$.

Wir bemerken: Erzeugt eine Familie von σ-additiven Maßen μ_γ, $\gamma \in \Gamma$, einen verallgemeinerten W-Raum $(E, \mathfrak{F}, \mathfrak{T}, p)$, so gilt:

IV. Für jedes Paar $(A, B) \in \mathfrak{F} \times \mathfrak{T}$ mit $A \subseteq B$ und solche $\gamma_1, \gamma_2 \in \Gamma$ mit $\mu_{\gamma_1}(B) < +\infty$, $\mu_{\gamma_2}(B) < +\infty$ gilt:

$$\mu_{\gamma_1}(A)\, \mu_{\gamma_2}(B) = \mu_{\gamma_2}(A)\, \mu_{\gamma_1}(B). \tag{2}$$

In der Tat: Falls $0 < \mu_{\gamma_1}(B)$ und $0 < \mu_{\gamma_2}(B)$ ist, folgt (2) unmittelbar aus III. Gilt nun $\mu_{\gamma_i}(B) = 0$ für $i = 1$ oder $i = 2$, so ist für dasselbe i $\mu_{\gamma_i}(A) = 0$, d. h. (2) gilt auch dann.

Es sei nun umgekehrt $\mathfrak{F}$ ein σ-Körper von Teilmengen der Grundmenge E, $\mathfrak{T}$ ein nicht leeres Untersystem von $\mathfrak{F}$ und μ_γ, $\gamma \in \Gamma$, eine Familie von σ-additiven Maßen, die I, II und III erfüllt; dann erzeugen diese μ_γ, $\gamma \in \Gamma$, einen verallgemeinerten bedingten W-Raum $(E, \mathfrak{F}, \mathfrak{T}, p)$. In der Tat: Für jedes Paar $(A, B) \in \mathfrak{F} \times \mathfrak{T}$ existiert (mindestens) ein $\gamma \in \Gamma$ mit $0 < \mu_\gamma(B) < +\infty$; definiert man dann $p(A \mid B) = \frac{\mu_\gamma(A B)}{\mu_\gamma(B)}$ für dieses $\gamma \in \Gamma$, so ist wegen IV diese Definition unabhängig von der Wahl von $\gamma \in \Gamma$, wenn nur $0 < \mu_\gamma(B) + < \infty$ ist. Man zeigt leicht, daß die so definierte bedingte W. die Axiome β_1, β_2, β_3' erfüllt, also $(E, \mathfrak{F}, \mathfrak{T}, p)$ ein verallgemeinerter bedingter W-Raum ist. Es gilt aber (vgl. CZÁSZÁR [1])

α) Wird ein verallgemeinerter bedingter W-Raum $(E, \mathfrak{F}, \mathfrak{T}, p)$ von einer Familie von σ-Maßen erzeugt, so ist er ein bedingter W-Raum (d. h. er erfüllt das Axiom β_3'').

Da aber umgekehrt jeder bedingte W-Raum $(E, \mathfrak{F}, \mathfrak{T}, p)$ stets von einer Familie von σ-additiven Maßen erzeugt werden kann, nämlich von der Familie μ_B, $B \in \mathfrak{T}$, die durch:

$$\mu_B(A) = \begin{cases} p(A \mid B), & \text{wenn } A \subseteq B, \\ +\infty, & \text{wenn } A - B \neq \emptyset \end{cases}, \quad A \in \mathfrak{F}$$

definiert ist, so gilt:

β) Ein verallgemeinerter bedingter W-Raum $(E, \mathfrak{F}, \mathfrak{T}, p)$ kann dann und nur dann von einer Familie von σ-additiven Maßen erzeugt werden, wenn er ein bedingter W-Raum ist (d. h., wenn er das Axiom β_3'' erfüllt).

Γ. Es gelten folgende Kriterien, die spezielle Strukturen von bedingten W-Räumen charakterisieren:

γ) Für einen bedingten W-Raum $(E, \mathfrak{F}, \mathfrak{T}, p)$ sind folgende Eigenschaften äquivalent:

1. $(E, \mathfrak{F}, \mathfrak{T}, p)$ erfüllt das Axiom β_4'.
2. $(E, \mathfrak{F}, \mathfrak{T}, p)$ kann durch eine Familie von σ-additiven Maßen μ_γ, $\gamma \in \Gamma$, erzeugt werden derart, daß gilt:

Wenn $0 < \mu_{\gamma_1}(A) < +\infty$ und $0 < \mu_{\gamma_2}(A) < +\infty$ für ein Paar $\gamma_1 \in \Gamma$, $\gamma_2 \in \Gamma$ und ein $A \in \mathfrak{F}$ ist, so ist $\mu_{\gamma_1}(A) = \mu_{\gamma_2}(A)$.

δ) Für einen bedingten W-Raum $(E, \mathfrak{F}, \mathfrak{T}, p)$ sind folgende Eigenschaften äquivalent:

1. $(E, \mathfrak{F}, \mathfrak{T}, p)$ erfüllt das Axiom β_4''.
2. $(E, \mathfrak{F}, \mathfrak{T}, p)$ kann durch eine Familie von σ-additiven Maßen μ_γ, $\gamma \in \Gamma$, erzeugt werden derart, daß gilt:

Wenn $0 < \mu_{\gamma_1}(A) < +\infty$, $0 < \mu_{\gamma_2}(A) < +\infty$ für ein Paar $\gamma_1 \in \Gamma$, $\gamma_2 \in \Gamma$ und ein $A \in \mathfrak{F}$ ist, so ist $\mu_{\gamma_1}(A') = \mu_{\gamma_2}(A')$ für jedes $A' \in \mathfrak{F}$ mit $A' \subseteq A$.

ε) Für einen bedingten W-Raum $(E, \mathfrak{F}, \mathfrak{T}, p)$ sind folgende Eigenschaften äquivalent:

1. $(E, \mathfrak{F}, \mathfrak{T}, p)$ erfüllt das Axiom β_4'''.
2. $(E, \mathfrak{F}, \mathfrak{T}, p)$ kann durch eine Familie von σ-additiven Maßen μ_γ, $\gamma \in \Gamma$, erzeugt werden, die dimensional geordnet ist, d. h. die Indexmenge Γ der Familie ist geordnet und wenn $\mu_\gamma(A) < +\infty$ ist für ein $A \in \mathfrak{F}$ und ein $\gamma \in \Gamma$, so gilt $\mu_{\gamma'}(A) = 0$ für jedes $\gamma' \in \Gamma$ mit $\gamma < \gamma'$.

Δ. Um die bedingten W-Räume zu charakterisieren, die durch eine abzählbare Familie von σ-additive Maßen erzeugt werden können, führen wir folgende Begriffe ein:

Wir sagen die endliche Folge der Bedingungen $B_1, B_2, \ldots, B_n$ bildet eine *aufsteigende Kette* im bedingten W-Raum $(E, \mathfrak{F}, \mathfrak{T}, p)$, wenn gilt: $B_\nu \in \mathfrak{T}$, $\nu = 1, 2, \ldots, n$,

$$p(B_\nu B_{\nu+1} | B_\nu) > 0 \text{ für } \nu = 1, 2, \ldots, n-1 \text{ und}$$

$$p(B_\nu B_{\nu+1} | B_{\nu+1}) = 0$$

für mindestens einen Index ν.

Ist $B_1, B_2, \ldots, B_n$ eine aufsteigende Kette von Bedingungen mit $p(B_\nu B_{\nu+1} | B_{\nu+1}) = 0$, so sagen wir, daß die Kette zwischen B_ν und $B_{\nu+1}$ einen *Sprung* hat. Jede aufsteigende Kette von Bedingungen $B_1, B_2, \ldots, B_n$ hat per Definition mindestens einen Sprung.

Es gilt nun:

ζ) Ein bedingter W-Raum $(E, \mathfrak{F}, \mathfrak{T}, p)$ kann dann und nur dann durch eine endliche Familie von Maßen $\mu_1, \mu_2, \ldots, \mu_k$ erzeugt werden, die dimensional geordnet ist, wenn $(E, \mathfrak{F}, \mathfrak{T}, p)$ das Axiom β_4''' erfüllt und außerdem jede beliebige aufsteigende Kette von Bedingungen in $(E, \mathfrak{F}, \mathfrak{T}, p)$ höchstens $k-1$ Sprünge hat.

η) Ein bedingter W-Raum $(E, \mathfrak{F}, \mathfrak{T}, p)$ kann dann und nur dann durch ein einziges σ-additives Maß μ erzeugt werden, wenn $(E, \mathfrak{F}, \mathfrak{T}, p)$ das Axiom β_4''' erfüllt und außerdem gilt: für zwei beliebige Bedingungen $B, B' \in \mathfrak{T}$ gilt entweder nur $p(B\,B' \mid B) = p(B\,B' \mid B') = 0$ oder nur $p(B\,B' \mid B) > 0$ *und* $p(B\,B' \mid B') > 0$.

E. Es sei $(E, \mathfrak{F}, \mathfrak{T}, p)$ ein bedingter W-Raum. 1. Das System $\mathfrak{T}$ der Bedingungen heißt *additiv*, wenn $\mathfrak{T}^{\cup} = \mathfrak{T}$ gilt. 2. Das System der Bedingungen heißt *quasi-additiv*, wenn für beliebige $B_i \in \mathfrak{T}$, $i = 1, 2$, die Existenz eines $B \in \mathfrak{T}$ folgt derart, daß $B_1 \cup B_2 \subseteqq B$ und $p(B_1 \mid B) + p(B_2 \mid B) > 0$ ist.

Man zeigt leicht, daß stets aus der Additivität von $\mathfrak{T}$ die Quasi-Additivität von $\mathfrak{T}$ folgt.

Es gilt:

θ) Für einen bedingten W-Raum $(E, \mathfrak{F}, \mathfrak{T}, p)$ sind folgende Eigenschaften äquivalent:

1. $(E, \mathfrak{F}, \mathfrak{T}, p)$ erfüllt das Axiom β_4'''.
2. $(E, \mathfrak{F}, \mathfrak{T}, p)$ kann durch eine Familie von σ-additiven Maßen erzeugt werden, die dimensional geordnet ist.
3. $(E, \mathfrak{F}, \mathfrak{T}, p)$ besitzt eine Erweiterung $(E, \mathfrak{F}, \mathfrak{T}^*, p^*)$, bei der $\mathfrak{T}^*$ ein additives System ist.
4. $(E, \mathfrak{F}, \mathfrak{T}, p)$ besitzt eine Erweiterung $(E, \mathfrak{F}, \mathfrak{T}^*, p^*)$, bei der $\mathfrak{T}^*$ ein quasi-additives System ist.

Schließlich gilt:

ι) Ein bedingter W-Raum $(E, \mathfrak{F}, \mathfrak{T}, p)$ kann dann und nur dann durch ein einziges σ-additives Maß erzeugt werden, wenn er eine Erweiterung $(E, \mathfrak{F}, \mathfrak{T}^*, p^*)$ besitzt, für welche gilt: Aus $B_i \in \mathfrak{T}^*$, $i = 1, 2$, folgt die Existenz eines $B \in \mathfrak{T}^*$ mit $B_1 \cup B_2 \subseteqq B$ und $p^*(B_1 \mid B) > 0$, $p^*(B_2 \mid B) > 0$.

Anhang

Wir setzen im folgenden voraus, daß der Leser mit den elementaren Begriffen der modernen abstrakten Algebra vertraut ist. Wir erläutern jedoch in diesem Anhang die in diesem Bericht verwendeten Begriffe; bezüglich Einzelheiten verweisen wir auf die Literatur.

1. Boolering. Als einen *Boolering* $\mathfrak{F}$ mit Einheit bezeichnen wir einen algebraischen Ring mit Einheit e (vgl. über diese algebraische Struktur VAN DER WAERDEN [1]), der idempotent ist. In einem Boolering werden bezeichnet: mit $a \dotplus b$ die Addition, mit $a\,b$ die Multiplikation und mit $\emptyset$ die Null. Daß der Ring idempotent ist, wird durch die Eigenschaft:

$a\,a = a$ für jedes $a \in \mathfrak{F}$ charakterisiert. Ein Boolering ist bekanntlich kommutativ und von der Charakteristik 2, d. h. es gilt $a \dotplus a = \emptyset$ für jedes $a \in \mathfrak{F}$. In einem Boolering $\mathfrak{F}$ kann die algebraische Struktur eines Booleverbandes (= einer Booleschen Algebra) eingeführt werden (vgl. über diese Struktur BIRKHOFF [1], HERMES [1]). Die Verbandsoperationen, die auch in der Wahrscheinlichkeitstheorie sehr wichtig sind, definiert man folgendermaßen: $a \cap b \underset{\text{Def.}}{=} a\,b$, $a \cup b \underset{\text{Def.}}{=} a \dotplus b \dotplus a\,b$, $a^c \underset{\text{Def.}}{=} e \dotplus a$, a^c wird als das Komplement von a bezeichnet. Der Ausdruck $a \dotplus a\,b$ wird im folgenden auch mit $a - b$ bezeichnet und *Verbandsdifferenz* genannt.

Die algebraische Differenz fällt in Booleringen mit der algebraischen Addition $a \dotplus b$ zusammen. Sie wird deshalb nicht gebraucht und das Zeichen — wird nur für die oben definierte Verbandsdifferenz benutzt. Die Relation der *Ordnung*[1], die für die Verbandsstruktur sehr wichtig ist, führt man in einem Boolering wie folgt ein:

$a \subseteqq b$ dann und nur dann, wenn $a\,b = a$ oder damit gleichwertig $a \cup b = b$. Bezüglich dieser Relation ist bekanntlich $a \cap b$ bzw. $a \cup b$ das Infimum bzw. Supremum von a, b.

2. Homomorphismus, Isomorphismus. Es seien $\mathfrak{F}$ und $\mathfrak{F}^*$ Booleringe. Eine eindeutige Abbildung φ von $\mathfrak{F}$ auf $\mathfrak{F}^*$ heißt ein *Homomorphismus* von $\mathfrak{F}$ auf $\mathfrak{F}^*$, in Zeichen $\mathfrak{F} \underset{\varphi}{\sim} \mathfrak{F}^*$, wenn aus $a \in \mathfrak{F}$, $b \in \mathfrak{F}$ stets $\varphi(a\,b) = \varphi(a)\,\varphi(b)$ und $\varphi(a \dotplus b) = \varphi(a) \dotplus \varphi(b)$ folgt. Ist ein Homomorphismus eineindeutig, so heißt er ein *Isomorphismus* von $\mathfrak{F}$ auf $\mathfrak{F}^*$, in Zeichen $\mathfrak{F} \underset{\varphi}{\cong} \mathfrak{F}^*$.

3. Atome. Ein Element (Ereignis) a des Booleringes (Feldes) $\mathfrak{F}$ heißt ein *Atom* (elementares Ereignis) in $\mathfrak{F}$, wenn $a \neq \emptyset$ und aus $x \subseteqq a$ mit $x \neq a$ stets $x = \emptyset$ folgt.

4. Ideale. Es sei $\mathfrak{B}$ ein Boolering. Eine Teilmenge $\mathfrak{I}$ von $\mathfrak{B}$ heißt ein *Ideal* in $\mathfrak{B}$, wenn sie folgende Eigenschaften besitzt:

1. $\emptyset \in \mathfrak{I}$.
2. Aus $x_1 \in \mathfrak{I}$, $x_2 \in \mathfrak{I}$ folgt $x_1 \dotplus x_2 \in \mathfrak{I}$.
3. Aus $x \in \mathfrak{I}$ und y beliebig in $\mathfrak{B}$ folgt $x\,y \in \mathfrak{I}$.

Ein Ideal $\mathfrak{P}$ in $\mathfrak{B}$ heißt ein *Primideal*, wenn es folgende Eigenschaften besitzt:

4. e gehört nicht zu $\mathfrak{P}$.
5. Für jedes $x \in \mathfrak{B}$ gehört entweder x oder x^c zu $\mathfrak{P}$.

5. Operationen mit unendlich vielen Gliedern in Booleringen.

5.1. Es sei $\mathfrak{B}$ ein Boolering und $a_i \in \mathfrak{B}$ für alle $i \in I$, wobei I irgendeine nicht leere Menge von Indizes ist. Existiert ein Element u bzw. d in $\mathfrak{B}$ mit den Eigenschaften:

[1] Diese Relation wird in der Literatur oft auch als teilweise Ordnung oder Halbordnung bezeichnet.

1. $a_i u = a_i$ bzw. $a_i d = d$ für jedes $i \in I$.

2. Aus $x \in \mathfrak{B}$ mit $a_i x = a_i$ bzw. $a_i x = x$ für jedes $i \in I$ folgt $u x = u$ bzw. $dx = x$, so ist u bzw. d in $\mathfrak{B}$ eindeutig bestimmt und wird mit $u = (\mathfrak{B}) \bigcup_{i \in I} a_i$ bzw. $d = (\mathfrak{B}) \bigcap_{i \in I} a_i$ bezeichnet und die *Vereinigung* (*Supremum*) bzw. der *Durchschnitt* (*Infimum*) aller $a_i \in \mathfrak{B}$, $i \in I$, in $\mathfrak{B}$ genannt. Ist I endlich, so existieren u und d stets. Der Durchschnitt fällt dann mit dem Produkt zusammen, d. h. es gilt: $d = a_1 \cap a_2 \cap \cdots \cap a_k = a_1 a_2 \cdots a_k$. Für die Vereinigung zweier Elemente gilt: $a_1 \cup a_2 = a_1 \dotplus a_2 \dotplus a_1 a_2$.

5.2. Wir bezeichnen mit $|E|$ die Mächtigkeit einer Menge E, und zwar wenn E aus Elementen einer Algebra besteht, die Mächtigkeit bezüglich der Identität der Algebra. Ein Boolering $\mathfrak{B}$ heißt ein $\mathfrak{m}$-*Boolering* oder auch *stabil für die Verbandsoperation mit* $\mathfrak{m}$ *Gliedern,* wenn für jedes I mit $|I| \leqq \mathfrak{m}$, wobei $\mathfrak{m}$ eine Kardinalzahl bedeutet, und $a_i \in \mathfrak{B}$, $i \in I$, der Durchschnitt $(\mathfrak{B}) \bigcap_{i \in I} a_i$ in $\mathfrak{B}$ existiert. Man beweist dann, daß auch $(\mathfrak{B}) \bigcup_{i \in I} a_i$ in $\mathfrak{B}$ existiert. Ein $|\mathfrak{B}|$-Boolering $\mathfrak{B}$ heißt ein *Voll-Boolering.* In einem Voll-Boolering $\mathfrak{B}$ existieren für jede beliebige Familie $a_i \in \mathfrak{B}$, $i \in I$, die Elemente $(\mathfrak{B}) \bigcap_{i \in I} a_i$ bzw. $(\mathfrak{B}) \bigcup_{i \in I} a_i$ in $\mathfrak{B}$. Einen $\aleph_0$-Boolering werden wir auch *σ-Boolering* nennen.

5.3. Eine Teilmenge $\mathfrak{A}$ eines $\mathfrak{m}$-Booleringes $\mathfrak{B}$ heißt ein $\mathfrak{m}_1$-*Booleunterring* von $\mathfrak{B}$, $2 \leqq \mathfrak{m}_1 \leqq \mathfrak{m}$, wenn $\mathfrak{A}$ stabil für die endlichen Ringoperationen ist, dieselbe Null und Eins wie $\mathfrak{B}$ hat und außerdem der folgenden Bedingung genügt:

(E) Für jede Familie von Elementen $a_i \in \mathfrak{A}$, $i \in I$, mit $|I| \leqq \mathfrak{m}_1$ ist $(\mathfrak{B}) \bigcap_{i \in I} a_i$ ein Element von $\mathfrak{A}$.

Es gilt dann (offenbar) $(\mathfrak{A}) \bigcap_{i \in I} a_i = (\mathfrak{B}) \bigcap_{i \in I} a_i \in \mathfrak{A}$.

σ-Booleunterring wird als äquivalent mit $\aleph_0$-Booleunterring definiert. Wenn $\mathfrak{m}_1 \geqq 2$ und $\mathfrak{m}_1$ endlich ist, so nennen wir $\mathfrak{A}$ einfach einen *Booleunterring* von $\mathfrak{B}$, denn für endliches $\mathfrak{m}_1$ fällt der Begriff des $\mathfrak{m}_1$-Booleunterringes mit dem des 2-Booleunterringes zusammen.

5.4. Ein $\mathfrak{m}_1$-Booleunterring $\mathfrak{A}$ eines $\mathfrak{m}$-Booleringes $\mathfrak{B}$ $(\mathfrak{m}_1 \leqq \mathfrak{m})$ heißt $\mathfrak{m}_2$-*regulär* ($\mathfrak{m}_2$-*invariant*) *bezüglich* $\mathfrak{B}$, wobei $\mathfrak{m}_2$ eine beliebige Mächtigkeit bedeutet, wenn folgende Bedingung erfüllt ist:

(R) Aus der Existenz von $(\mathfrak{A}) \bigcap_{i \in I} a_i$, $a_i \in A$, $i \in I$, in $\mathfrak{A}$ für ein beliebiges I mit $|I| \leqq \mathfrak{m}_2$ folgt die Existenz von $(\mathfrak{B}) \bigcap_{i \in I} a_i$ in $\mathfrak{B}$ und es gilt:

$$(\mathfrak{B}) \bigcap_{i \in I} a_i = (\mathfrak{A}) \bigcap_{i \in I} a_i.$$

Für $\mathfrak{m}_2 = |\mathfrak{A}|$ heißt $\mathfrak{A}$ *totalregulär bezüglich* $\mathfrak{B}$.
Statt $\aleph_0$-regulär sagen wir auch σ-regulär.

Aus der Definition 5.3 folgt: Ein $\mathfrak{m}_1$-Booleunterring eines $\mathfrak{m}$-Booleringes $\mathfrak{B}$ ist für $\mathfrak{m}_2 \leqq \mathfrak{m}_1 \leqq \mathfrak{m}$ stets $\mathfrak{m}_2$-regulär bezüglich $\mathfrak{B}$. Insbesondere ist also ein σ-Booleunterring eines σ-Booleringes stets σ-regulär. Dagegen braucht ein Booleunterring eines Booleringes bzw. σ-Booleringes nicht σ-regulär zu sein.

5.5. Es sei $\mathfrak{B}$ ein $\mathfrak{m}$-Boolering mit $\mathfrak{m} \geqq 2$ und $\mathfrak{K}$ eine beliebige, nicht leere Teilmenge von $\mathfrak{B}$. Dann existiert stets der kleinste Booleunterring bzw. $\mathfrak{m}_1$-Booleunterring ($\aleph_0 \leqq \mathfrak{m}_1 \leqq \mathfrak{m}$) in $\mathfrak{B}$ über $\mathfrak{K}$, in Zeichen $R(\mathfrak{K})$ bzw. $R_{\mathfrak{m}_1}(\mathfrak{K})$ und ist eindeutig bestimmt. Hat eine Teilmenge $\mathfrak{K}$ des $\mathfrak{m}$-Booleringes $\mathfrak{B}$ die Eigenschaft $R(\mathfrak{K}) = \mathfrak{B}$ bzw. $R_{\mathfrak{m}_1}(\mathfrak{K}) = \mathfrak{B}$, $\aleph_0 \leqq \mathfrak{m}_1 \leqq \mathfrak{m}$, so heißt $\mathfrak{K}$ eine *erzeugende* bzw. $\mathfrak{m}_1$-*erzeugende Basis* von $\mathfrak{B}$.

Für $\mathfrak{m}_2 > \mathfrak{m}_1$ braucht im allgemeinen $R_{\mathfrak{m}_1}(\mathfrak{K})$ als $\mathfrak{m}_1$-Booleunterring von $\mathfrak{B}$ betrachtet, nicht $\mathfrak{m}_2$-regulär bezüglich $\mathfrak{B}$ zu sein; z. B. ist $R(\mathfrak{K})$ nicht stets σ-regulär bezüglich $\mathfrak{B}$.

5.6. Wichtige Beispiele. Es sei E eine Grundmenge von Punkten, dann wird stets mit $\mathfrak{P}(E)$ der Boolering sämtlicher Teilmengen von E bezeichnet. $\mathfrak{P}(E)$ ist ein Voll-Boolering. Ist E Träger einer Topologie und bezeichnet $\mathfrak{O}_E$ bzw. $\mathfrak{A}_E$ die Gesamtheit aller offenen bzw. abgeschlossenen Teilmengen von E, so besteht bekanntlich $R_\sigma(\mathfrak{O}_E)$ bzw. $R_\sigma(\mathfrak{A}_E)$ aus allen Borelschen Teilmengen von E und er wird als der σ-Boolering aller Borelschen Teilmengen von E bezeichnet, in Zeichen:

$$\mathfrak{B}_E \underset{\text{Def.}}{=} R_\sigma(\mathfrak{O}_E) = R_\sigma(\mathfrak{A}_E).$$

Es sei $E = \{\xi\colon 0 \leqq \xi < 1\}$ (vgl. Beispiel 1 Nr. 2.4, Kap. I), $\mathfrak{S}$ die Gesamtheit aller Intervalle der Form $I_\beta = [0, \beta)$ für alle reellen Zahlen β mit $0 \leqq \beta < 1$ und $\mathfrak{A}$ der kleinste Körper von Teilmengen von E über $\mathfrak{S}$. Dann ist $\mathfrak{A} = R(\mathfrak{S})$ und es gilt:

$$\mathfrak{B}_E = R_\sigma(\mathfrak{S}) = R_\sigma(\mathfrak{O}_E) = R_\sigma(\mathfrak{A}_E).$$

$\mathfrak{A}$ ist bezüglich $\mathfrak{B}_E$ nicht σ-regulär.

5.7. σ-Ideale, σ-Homomorphismen. Es sei $\mathfrak{B}$ ein σ-Boolering und $\mathfrak{J}$ ein Ideal in $\mathfrak{B}$ (vgl. Nr. 4). $\mathfrak{J}$ heißt ein *σ-Ideal* in $\mathfrak{B}$, wenn gilt:

2_σ) $$\text{Aus } x_i \in \mathfrak{J},\ i = 1, 2, \ldots, \text{ folgt } (\mathfrak{B}) \bigcup_{i=1}^{\infty} x_i \in \mathfrak{J}.$$

Wenn $\mathfrak{B}$ ein Boolering (bzw. σ-Boolering) und $\mathfrak{J}$ ein Ideal (bzw. σ-Ideal) in $\mathfrak{B}$ ist, so bezeichnen wir mit $\mathfrak{B}/\mathfrak{J}$ den Restklassen-Ring mod. $\mathfrak{J}$, $\mathfrak{B}/\mathfrak{J}$ ist wieder ein Boolering (bzw. σ-Boolering); $x/\mathfrak{J}$ bezeichnet dann die Restklasse aus $\mathfrak{B}/\mathfrak{J}$ mit dem Repräsentanten $x \in \mathfrak{B}$. Ist $\mathfrak{A}$ ein Booleunterring von $\mathfrak{B}$, so bedeutet $\mathfrak{A}/\mathfrak{J}$ die Gesamtheit der Restklassen $a/\mathfrak{J}$ aus $\mathfrak{B}/\mathfrak{J}$ für alle $a \in \mathfrak{A}$. $\mathfrak{A}/\mathfrak{J}$ ist dann ein Booleunterring von $\mathfrak{B}/\mathfrak{J}$.

Ein Homomorphismus $\mathfrak{B} \underset{\varphi}{\sim} \mathfrak{B}^*$ (vgl. 2) des Booleringes $\mathfrak{B}$ auf den Boolering $\mathfrak{B}^*$ heißt ein σ-*Homomorphismus*, in Zeichen $\mathfrak{B} \overset{\sigma}{\underset{\varphi}{\sim}} \mathfrak{B}^*$, wenn gilt: Aus $(\mathfrak{B}) \bigcap_{i=1}^{\infty} a_i = \emptyset$ folgt $(\mathfrak{B}^*) \bigcap_{i=1}^{\infty} \varphi(a_i) = \emptyset$.

Besteht ein Isomorphismus $\mathfrak{B} \underset{\varphi}{\cong} \mathfrak{B}^*$ von $\mathfrak{B}$ auf $\mathfrak{B}^*$ und existiert $(\mathfrak{B}) \bigcap_{i \in I} a_i = a$ in $\mathfrak{B}$ für eine Familie von Elementen $a_i \in \mathfrak{B}$, $i \in I$, so existiert $(\mathfrak{B}^*) \bigcap_{i \in I} \varphi(a_i)$ und ist gleich $\varphi(a)$. Entsprechendes gilt für Vereinigungen. Ist aber $\mathfrak{B}^*$ ein Booleunterring eines Booleringes $\tilde{\mathfrak{B}}$ und $\mathfrak{B} \underset{\varphi}{\cong} \mathfrak{B}^*$, so folgt aus $(\mathfrak{B}) \bigcap_{i \in I} a_i = a$ dann und nur dann $(\tilde{\mathfrak{B}}) \bigcap_{i \in I} \varphi(a_i) = \varphi(a)$, wenn $\mathfrak{B}^*$ $\mathfrak{m}$-regulär für $\mathfrak{m} = |I|$ bezüglich $\tilde{\mathfrak{B}}$ ist; wenn also $\mathfrak{B}$ ein σ-Boolering ist, so ist auch $\mathfrak{B}^*$ ein σ-Boolering, jedoch nicht stets ein σ-Booleunterring von $\tilde{\mathfrak{B}}$.

5.8. Einbettung eines Booleringes in einem anderen Boolering. Es sei $\mathfrak{A}$ ein Boolering und $\mathfrak{B}$ ein $\mathfrak{m}$-Boolering mit $\mathfrak{m} \geqq \aleph_0$. Existiert ein Booleunterring $\mathfrak{A}_0$ von $\mathfrak{B}$, der zu $\mathfrak{A}$ isomorph ist, so heißt $\mathfrak{A}_0$ eine *Einbettung* von $\mathfrak{A}$ in $\mathfrak{B}$. Ist $\mathfrak{A}_0$ $\mathfrak{m}_1$-regulär bzw. totalregulär bezüglich $\mathfrak{B}$, so heißt $\mathfrak{A}_0$ eine $\mathfrak{m}_1$-*reguläre* bzw. *totalreguläre Einbettung* von $\mathfrak{A}$ in $\mathfrak{B}$. Gilt außerdem $R_{\mathfrak{m}}(\mathfrak{A}_0) = \mathfrak{B}$, so heißt $\mathfrak{B}$ eine $\mathfrak{m}_1$-*reguläre* bzw. *totalreguläre* $\mathfrak{m}$-*Erweiterung* von $\mathfrak{A}$. Im Falle $\mathfrak{m}_1 = \mathfrak{m}$ sagen wir auch: $\mathfrak{B}$ ist eine $\mathfrak{m}$-reguläre Erweiterung von $\mathfrak{A}$. Nach MacNeille [1] kann man stets einen beliebigen Boolering $\mathfrak{A}$ totalregulär in einem Voll-Boolering einbetten, den man durch Bildung von Dedekindschen Schnitten aus den Elementen von $\mathfrak{A}$ erklärt. Es sei $\mathfrak{A}_0$ die Einbettung von $\mathfrak{A}$ in dem MacNeilleschen Voll-Boolering $\mathfrak{B}$. Der kleinste σ-Booleunterring $R_\sigma(\mathfrak{A}_0)$ von $\mathfrak{B}$ über $\mathfrak{A}_0$ ist dann eine totalreguläre σ-Erweiterung von $\mathfrak{A}$; sie ist bis auf Isomorphie eindeutig bestimmt. Im Gegensatz zu den totalregulären σ-Erweiterungen eines Booleringes $\mathfrak{A}$ brauchen die σ-regulären Erweiterungen von $\mathfrak{A}$ nicht zueinander isomorph zu sein. Verzichtet man auf die $\mathfrak{m}$-Regularität der Erweiterungen für $\mathfrak{m} \geqq \aleph_0$, so kann man jeden σ-Boolering $\mathfrak{B}$, der eine beliebige isomorphe Einbettung $\mathfrak{A}_0$ von $\mathfrak{A}$ so enthält, daß $\mathfrak{B} = R_\sigma(\mathfrak{A}_0)$ gilt, als eine σ-Erweiterung von $\mathfrak{A}$ erklären. Es existieren im allgemeinen mehrere solche σ-Erweiterungen eines Booleringes $\mathfrak{A}$, die zueinander nicht isomorph sind.

5.9. Algebraische Konvergenz. Es sei $\mathfrak{B}$ ein σ-Boolering und $\mathfrak{K}$ eine nicht leere Teilmenge von $\mathfrak{B}$; dann existiert der kleinste Booleunterring $\mathfrak{K}_0$ von $\mathfrak{B}$ über $\mathfrak{K}$, der folgendermaßen gebildet wird: Man adjungiert e zu $\mathfrak{K}$, falls e noch nicht in $\mathfrak{K}$ vorhanden ist. Man adjungiert ferner zu der so entstehenden Menge $\mathfrak{K}^1$ alle endlichen Vereinigungen (bzw. Durchschnitte) $x_1 \cup x_2 \cup \cdots \cup x_n$ (bzw. $x_1 x_2 \cdots x_n$) aus Elementen von $\mathfrak{K}^1$, so entsteht die sogenannte $\cup$- (bzw. $\cap$-) Hülle $\mathfrak{K}^{1\cup}$ (bzw. $\mathfrak{K}^{1\cap}$) von $\mathfrak{K}^1$. Man adjungiert schließlich zu $\mathfrak{K}^{1\cup}$ (bzw. $\mathfrak{K}^{1\cap}$) alle endlichen Summen (Verbindungen) $y_1 \dotplus y_2 \dotplus y_2 \dotplus \cdots \dotplus y_k$ aus Elementen von $\mathfrak{K}^{1\cap}$ (bzw. $\mathfrak{K}^{1\cup}$)[1]. Es entsteht so der kleinste Booleunterring $\mathfrak{K}_0 \underset{\text{Def.}}{=} \mathfrak{K}^{1\cup\dotplus} = \mathfrak{K}^{1\cap\dotplus}$ von $\mathfrak{B}$ über $\mathfrak{K}$.

Es sei $\mathfrak{K}$ eine nicht leere Teilmenge von $\mathfrak{B}$, dann wird mit $\mathfrak{K}^\sigma$ bzw. $\mathfrak{K}^\delta$ die Teilmenge von $\mathfrak{B}$ bezeichnet, die aus $\mathfrak{K}$ durch Adjunktion aller: $(\mathfrak{B}) \bigcup\limits_{i\in I}$ bzw. $(\mathfrak{B}) \bigcap\limits_{i\in I} a_i$ mit $a_i \in \mathfrak{K}$, $i \in I$, und $|I| \leqq \aleph_0$ entsteht.

In einem σ-Boolering $\mathfrak{B}$ spielt eine sehr wichtige Rolle die sogenannte algebraische Konvergenz (o-Konvergenz = Ordnungskonvergenz). Eine Folge von Elementen a_ν, $\nu = 1, 2, \ldots$, konvergiert algebraisch gegen $a \in \mathfrak{B}$, in Zeichen: $a = \lim\operatorname{alg} a_\nu$, dann und nur dann, wenn gilt:

$$a = \bigcap_{\nu=1}^{\infty} \bigcup_{\varrho=1}^{\infty} a_{\nu+\varrho} = \bigcup_{\nu=1}^{\infty} \bigcap_{\varrho=1}^{\infty} a_{\nu+\varrho}\,{}^{2}.$$

Diese Konvergenz erfüllt die beiden bekannten Fréchetschen Eigenschaften:

1. Wenn $a_\nu = a$, $\nu = 1, 2, \ldots$, dann $\lim\operatorname{alg} a_\nu = a$.

2. Wenn $\lim\operatorname{alg} a_\nu = a$ und a_{k_ν}, $\nu = 1, 2, \ldots$, eine Teilfolge von $a_\nu, \nu = 1, 2, \ldots$, ist, so dann $\lim\operatorname{alg} a_{k_\nu} = a$.

Als die Abschließung einer Teilmenge $\mathfrak{K}$ von $\mathfrak{B}$ bezüglich der algebraischen Konvergenz, in Zeichen: $\mathfrak{K}^l$, bezeichnen wir die Menge der Limeselemente aller algebraisch konvergenten Folgen mit Elementen aus $\mathfrak{K}$ in $\mathfrak{B}$.

Es gilt:

$$\emptyset^l = \emptyset,\ \mathfrak{B}^l = \mathfrak{B},\ \mathfrak{K} \subseteqq \mathfrak{K}^l.$$

Wenn $\mathfrak{K} \subseteqq \mathfrak{M}$ ist, so ist $\mathfrak{K}^l \subseteqq \mathfrak{M}^l$.

Für die algebraische Konvergenz gelten:

$$\lim\operatorname{alg}(a_\nu \cup b_\nu) = \lim\operatorname{alg} a_\nu \cup \lim\operatorname{alg} b_\nu,$$

$$\lim\operatorname{alg}(a_\nu \cap b_\nu) = \lim\operatorname{alg} a_\nu \cap \lim\operatorname{alg} b_\nu,$$

$$\lim\operatorname{alg}(a_\nu \dotplus b_\nu) = \lim\operatorname{alg} a_\nu \dotplus \lim\operatorname{alg} b_\nu.$$

Aus diesen Eigenschaften folgt: Wenn $\mathfrak{A}$ ein Booleunterring von $\mathfrak{B}$ ist, so ist auch $\mathfrak{A}^l$ ein Booleunterring von $\mathfrak{B}$.

Wir definieren jetzt durch folgende transfinite Rekursionsformel die ξ-te Abschließung eines Booleunterringes $\mathfrak{A}$ von $\mathfrak{B}$.

$\mathfrak{A}_0 = \mathfrak{A}$, $\mathfrak{A}_1 = \mathfrak{A}^l$, $\mathfrak{A}_\xi = \mathfrak{A}^l_{\xi-1}$, falls ξ eine isolierte Ordinalzahl ist und $\mathfrak{A}_\xi = \bigcup\limits_{\eta<\xi} \mathfrak{A}_\eta$, falls ξ eine Limesordinalzahl ist. (Hierbei wird mit $\bigcup$

[1] Bei allen Adjunktionen werden die Operationen in $\mathfrak{B}$ durchgeführt.

[2] Die Operationen sind als in $\mathfrak{B}$ durchgeführt zu verstehen.

die mengentheoretische Vereinigung bezeichnet.) Es gilt offenbar:

$$\mathfrak{A}_0 \subseteqq \mathfrak{A}_1 \subseteqq \cdots \subseteqq \mathfrak{A}_\xi \subseteqq \cdots \subseteqq \mathfrak{A}_{\omega_1}, \quad \xi < \omega_1,$$

wobei ω_1 die erste nicht abzählbare Ordinalzahl bedeutet. Es gilt nun: Jede Abschließung $\mathfrak{A}_\xi$ $\xi \leqq \omega_1$, ist ein Booleunterring von $\mathfrak{B}$ und die Vereinigung aller dieser Booleunterringe, d. h. das System:

$$\mathfrak{A}_{\omega_1} \cup \bigcup_{\xi < \omega_1} \mathfrak{A}_\xi = \mathfrak{A}_{\omega_1}$$

ist der kleinste σ-Booleunterring von $\mathfrak{B}$ über $\mathfrak{A}$. Den kleinsten σ-Booleunterring von $\mathfrak{B}$ über $\mathfrak{A}$ konstruiert man auch folgendermaßen: Man konstruiert eine transfinite Folge:

$$\mathfrak{A}_0 \subseteqq \mathfrak{A}_1 \subseteqq \cdots \subseteqq \mathfrak{A}_\xi \subseteqq \cdots$$

von Booleunterringen von $\mathfrak{B}$ für jede Ordinalzahl $\xi < \omega_1$, wie folgt: (o) $\mathfrak{A}_0 = \mathfrak{A}$, (ξ): Ist $\mathfrak{A}_\eta$ für $\eta < \xi$ schon definiert, so setze man $\mathfrak{S}_\xi = \bigcup_{\eta < \xi} \mathfrak{A}_\eta$ und bilde das System $\mathfrak{S}_\xi^\sigma$ in $\mathfrak{B}$. Man bilden dann $\mathfrak{S}_\xi^{\sigma \cap +}$, dies ist ein Booleunterring von $\mathfrak{B}$. Man setze $\mathfrak{A}_\xi = \mathfrak{S}_\xi^{\sigma \cap +}$. Dann ist die Folge für jede Ordinalzahl $\xi < \omega_1$ definiert und es ist $\bigcup_{\xi < \omega_1} \mathfrak{A}_\xi$ ein σ-Booleunterring von $\mathfrak{B}$, der mit dem kleinsten σ-Booleunterring von $\mathfrak{B}$ über $\mathfrak{A}$ zusammenfällt.

5.10. Distributivität in Booleringen. Ein Boolering $\mathfrak{B}$ heißt *σ-distributiv* bzw. *volldistributiv*, wenn gilt: Für jede Folge a_i, $i = 1, 2, \ldots$, bzw. jede Familie a_i, $i \in I$, mit $(\mathfrak{B}) \bigcup_{i=1}^{\infty} a_i$ bzw. $(\mathfrak{B}) \bigcup_{i \in I} a_i$ in $\mathfrak{B}$ existiert auch $(\mathfrak{B}) \bigcup_{i=1}^{\infty} b\, a_i$ bzw. $(\mathfrak{B}) \bigcup_{i \in I} b\, a_i$ in $\mathfrak{B}$ und es gilt

$$(\mathfrak{B})\, b \bigcup_{i=1}^{\infty} a_i = (\mathfrak{B}) \bigcup_{i=1}^{\infty} b\, a_i \text{ bzw. } (\mathfrak{B})\, b \bigcup_{i \in I} a_i = (\mathfrak{B}) \bigcup_{i \in I} b\, a_i \text{ für jedes } b \in \mathfrak{B}.$$

Ein Boolering $\mathfrak{B}$ heißt im *erweiterten Sinne* σ-distributiv, wenn er folgende Eigenschaft besitzt:

Es sei N die Gesamtheit aller Folgen $\nu = (\nu_k,\ k = 0, 1, 2, \ldots)$ mit $\nu_k \in \{0, 1, 2, \ldots\}$, $k = 0, 1, 2, \ldots$ Es sei ferner eine Doppelfolge gegeben:

$$a_{i,j} \in \mathfrak{B}, \quad \begin{matrix} i = 0, 1, 2, \ldots \\ j = 0, 1, 2, \ldots \end{matrix}$$

Wenn dann alle $\bigcup_{j=0}^{\infty} a_{i,j}$ für $i = 0, 1, 2, \ldots$, $\bigcap_{i=0}^{\infty} \bigcup_{j=0}^{\infty} a_{i,j}$ und $\bigcap_{k=0}^{\infty} a_{k,\nu_k}$ für alle $\nu \in N$ in $\mathfrak{B}$ vorhanden sind[1], dann soll auch $\bigcup_{\nu \in N} \bigcap_{k=0}^{\infty} a_{k,\nu_k}$

[1] Die Operationen sind in $\mathfrak{B}$ zu verstehen.

in $\mathfrak{B}$ vorhanden sein und es soll gelten:

$$\bigcap_{k=0}^{\infty} \bigcup_{j=0}^{\infty} a_{i,j} = \bigcup_{\nu \in N} \bigcap_{k=0}^{\infty} a_{k,\nu_k}.$$

Ein σ-Boolering ist stets σ-distributiv, aber im allgemeinen nicht im erweiterten Sinne σ-distributiv

Wenn in einem Boolering $\mathfrak{B}$ die obige Eigenschaft nur für Doppelfolgen $a_{i,j} \in \mathfrak{B}$, $\begin{matrix} i = 0, 1, 2, \ldots \\ j = 0, 1, 2, \ldots \end{matrix}$, mit $a_{i,j} \subseteqq a_{i,j+1}$, $\begin{matrix} i = 0, 1, 2, \ldots \\ j = 0, 1, 2, \ldots \end{matrix}$, gilt, dann heißt der Boolering *schwach σ-distributiv* (vgl. HORN-TARSKI [1]). Ein Boolering $\mathfrak{B}$ heißt im *erweiterten Sinne volldistributiv*, wenn er folgende Eigenschaft besitzt:

Es seien S und T_μ, $\mu \in S$, beliebige Indexmengen. Es bedeute R die Menge aller Abbildungen φ, die jedem $\mu \in S$ ein $\varphi(\mu) \in T_\mu$ zuordnen. Schließlich sei $a_{\mu,\nu} \in \mathfrak{B}$, $\mu \in S$, $\nu \in T_\mu$ eine Familie von Elementen aus $\mathfrak{B}$. Existieren dann in $\mathfrak{B}$:

$$d_\mu = \bigcap_{\nu \in T_\mu} a_{\mu,\nu}, \mu \in S; \quad \bigcup_{\mu \in S} d_\mu; \quad \bigcup_{\mu \in S} a_{\mu,\varphi(\mu)}, \quad \varphi \in R,$$

so soll auch $\bigcap_{\varphi \in R} \bigcup_{\mu \in S} a_{\mu,\varphi(\mu)}$ in $\mathfrak{B}$ existieren und es soll gelten:

$$\bigcup_{\mu \in S} \bigcap_{\nu \in T_\mu} a_{\mu,\nu} = \bigcap_{\varphi \in R} \bigcup_{\mu \in S} a_{\mu,\varphi(\mu)}.$$

Ein Boolering $\mathfrak{B}$ ist dann und nur dann im erweiterten Sinne volldistributiv, wenn er atomar ist (vgl. ENOMOTO [1], KOWALSKY [1]).

Literaturverzeichnis

ACKERMANN und HILBERT s. HILBERT und ACKERMANN.

AUMANN, G.: [1] Ein Beweis des Loomisschen Darstellungssatzes für σ-Somenringe, Arch. der Math. **2** (1950), 321—324.

AUMANN-HAUPT-PAUC, s. HAUPT, AUMANN und PAUC.

BANACH, S.: [1] On measures in independent fields, Edited by S. HARTMANN, Studia Math. **10** (1948), 159—177.

BAUER, H.: [1] Darstellung additiver Funktionen auf Booleschen Algebren als Mengenfunktionen, Arch. der Math. **6** (1955), 215—222.

BIRKHOFF, G.: [1] Lattice Theory, New York 1948.

BOREL, É.: [1] Les probabilités dénombrables et leur applications arithmétiques, Rend. Circ. Mat. Palermo **26** (1908/9), 247—271.

CARATHÉODORY, C.: [1] Entwurf für eine Algebraisierung des Integralbegriffes, S.-Ber. math.-naturw. Kl. Bayer. Akad. Wiss. München (1938), 24—28.

CSÁSZÁR, Á.: [1] Sur la structure des espaces de probabilité conditionnelle, Acta Math. Acad. sc. Hungaricae **6** (1955), 337—361.

ENOMOTO, S.: [1] Boolean Algebras and Fields of Sets, Osaka Math. Journal **5** (1953), 99—115.

FICHTENHOLZ, G. et L. KANTOROWITSCH: [1] Sur les opérations linéaires dans l'espace des fonctions bornées, Studia Math. **5** (1935), 69—98.

GNEDENKO and KOLMOGOROFF: [1] Limit Distributions for Sums of Independent Random Variables, (Translat. from the Russian) Addison-Wesley Publishing Company, 1954.

GRUMMICH, FR.: [1] Über die Gültigkeit des distributiven Gesetzes bei unendlichen Produkten, Math. Nachrichten **13** (1955), 256—272.

HALMOS, P.: [1] Measure Theory, New York 1950.

HALMOS, P. and J. v. NEUMANN: [1] Operator methods in classical mechanics II, Annals of Math. **43** (1942), 341ff.

HAUPT, O., G. AUMANN und CH. PAUC: [1] Differential- und Integralrechnung, III. Band, Berlin 1953.

HAUSDORFF, F.: [1] Über zwei Sätze von G. FICHTENHOLZ und L. KANTOROWITSCH, Studia Math. **6** (1936), 18—19.

HELSON, H.: [1] Remark on measures in almost-independent fields, Studia Math. **10** (1948), 182—183.

HERMES, H.: [1] Einführung in die Verbandstheorie, Berlin-Göttingen-Heidelberg 1955.

HEWITT, E.: [1] A note on measures in Boolean Algebras, Duke Math. Journ. **20** (1953), 253—256.

HILBERT, D., und W. ACKERMANN: [1] Grundzüge der theoretischen Logik, 3. Aufl., Berlin-Göttingen-Heidelberg 1949.

HORN, A., and A. TARSKI: [1] Measures in Boolean Algebras, Trans. Amer. Math. Soc. **64** (1948), 465—497.

JESSEN, SPARRE-ANDERSEN, s. SPARRE-ANDERSEN and JESSEN.

KAKUTANI, S., and J. C. OXTOBY: [1] Construction of a non-separable invariant extension of the LEBESGUE measure space, Annals of Math. **52** (1950), 580—590.

KANTOROWITSCH et FICHTENHOLZ, s. FICHTENHOLZ et KANTOROWITSCH.

KAPPOS, D. A.: [1] Zur mathematischen Begründung der Wahrscheinlichkeitstheorie, S.-Ber. math.-nat. Kl. Bayer. Akad. Wiss. München (1948), 309—320. — [2] Über die Unabhängigkeit in der Wahrscheinlichkeitstheorie, Ebenda (1950), 157—185. — [3] Über äquimeßbare (verteilungsgleiche) Funktionen, Ebenda (1951), 113—128. — [4] Erweiterung von Maßverbänden, Journal für Math. **191** (1953), 97—109. — [5] Die Totaladditivität der Wahrscheinlichkeit, Bulletin de la Soc. Math. de Gréce **28** (1953), 63—80. — [6] Die Cartesischen Produkte und die Multiplikation von Maßfunktionen in Booleschen Algebren. I. Math. Annalen **120** (1947), 42—74.

KOLMOGOROFF, A.: [1] Grundbegriffe der Wahrscheinlichkeitsrechnung, Ergebnisse der Math. und ihre Grenzgebiete, Berlin 1933, — [2] Algèbres de Boole métriques complêtes, Dotatek. Rocznika polk. Towarz mat. **22** (1951), 21—30.

KOWALSKY, J.: [1] Distributivität in Booleschen Verbänden, Arch. der Math. **6** (1955), 9—12.

KRICKEBERG, K.: [1] Convergence of martingales with a directed index set, Trans. Amer. Math. Soc. **83** (1956), 313—337. — [2] Stochastische Konvergenz von Semimartingalen, Math. Zeitschrift **66** (1957), 470—486.

LOOMIS, L. H.: [1] On the representation of σ-complete algebras, Bull. Amer. Math. Soc. **53** (1947), 757—760.

ŁOŚ, J., and E. MARCZEWSKI: [1] Extensions of measures, Fund. Math. **36** (1949), 267—276.

Łoś, J., and C. Ryll-Nardzewski: [1] Effectiveness of the representations theory for Boolean algebras, Fund. Math. **41** (1955), 49—56.

Maharam, D.: [1] An algebraic characterization of measure algebras, Annals of Math. **48** (1947), 154—167. — [2] On homogeneous measure algebras, Proc. Nat. Acad. Sci. USA. **28** (1942), 108—111. — [3] The representation of abstract measure functions, Trans. Amer. Mat. Soc. **65** (1949), 279—330. — [4] Decompositions of measure algebras and spaces. Trans. Amer. Math. Soc. **69** (1950), 142—160.

Marczewski, E.: [1] Two-valued measures and prime ideals in fields of sets, C. r. Soc. Sci. Lett. Varsovie Cl. III **40** (1948), 11—16. — [2] Ensembles indépendents et leur applications à la théorie de la mesure, Fund. Math. **35** (1948), 13—28. — [3] Indépendance d'ensembles et prolongement de mesures (Résultats et problèmes), Colloq. Math. **1** (1948), 122—132. — [4] Measures in almost independant fields, Fund. Math. **38** (1951), 217—229. — [5] On compact measures, Fund. math. **40** (1953), 113—114. — [6] Remarks on the convergence of measurable sets and measurable fonctions, Colloq. Math **3** (1955), 118—124 .

Marczewski and Łoś, s. Łoś and Marczewski.

Marczewski, E., and C. Ryll-Nardzewski: [1] Projections in abstract sets, Fund. Math. **40** (1953), 160—164. — [2] Remarks on the compactness and non direct products of measures, Fund. Math. **40** (1953), 165—170.

Marczewski, E., and R. Sikorski: [1] On isomorphismus types of measure algebras, Fund. Math. **38** (1951), 92—98.

v. Neumann and Halmos, s. Halmos and v. Neumann.

Oxtoby and Kakutani, s. Kakutani and Oxtoby.

Pauc, Aumann und Haupt, s. Haupt, Aumann und Pauc.

Rényi, A.: [1] Axiomatischer Aufbau der Wahrscheinlichkeitsrechnung, Bericht über die Tagung Wahrscheinlichkeitsrechnung und math. Stastistik, Berlin 1954, 7—15. — [2] On a new axiomatic theory of Probability, Acta Math. Acad. sci. Hungaricae **6** (1955), 285—334. — [3] On Conditional probability spaces generated by a dimensionally ordered set of measures, Академия Наук СССР I, **1** (1956), 61—72.

Ryll-Nardzewski, C.: [1] On quasi-compact measures, Fund. Math. **40** (1953), 125—130.

Ryll-Nardzewski and Łoś, s. Łoś and Ryll-Nardzewski.

Ryll-Nardzewski and Marczewski, s. Marczewski and Ryll-Nardzewski.

Shernan, S.: [1] On denumerably independent families of Borel fields, Amer. Journ. Math. **72** (1950), 612—614.

Sikorski, R.: [1] On the representation of Boolean algebras as fields of sets, Fund. Math. **35** (1948), 247—258. — [2] Independent fields and cartesian products, Studia Math. **11** (1950), 171—184. — [3] Cartesian products of Boolean algebras, Fund. Math. **37** (1950), 25—54. — [4] products of abstract algebras, Fund. Math. **39** (1952), 211—228.

Sikorski and Marczewski ,s. Marczewski and Sikorski.

Smith, E. G., and A. Tarski: [1] Higher degrees of distributivity and completeness in Boolean algebras, Trans. Amer. Math. Soc. **84** (1957), 230—257.

Sparre-Andersen, E., and B. Jessen: [1] On the introduction of measures in infinite product spaces, Danske Vid. Selsk. Mat. Fys. Medd. **25** (1948), Nr. 4.

STONE, M. H.: [1] Theory of representations of Boolean algebras, Trans. Amer. Math. Soc. **40** (1936), 36—111. — [2] Applications of Boolean rings to general topology, Trans. Amer. Math. Soc. **41** (1937), 375—481.
TARSKI, A.: [1] Une contribution à la théorie de la mesure, Fund. Math. **15** (1930), 42—50. — [2] Algebraische Fassung des Maßproblems, Fund. Math. **31** (1938), 47—66. — [3] Ideale in vollständigen Mengenkörpern I. Fund. Math. **32** (1949), 45—63.
TARSKI and HORN, s. HORN and TARSKI.
TARSKI and SMITH, s. SMITH and TARSKI.
ULAM, S.: [1] Concerning functions of sets, Fund. Math. **14** (1929) 231—233.
VAN DER WAERDEN, B. L.: [1] Moderne Algebra I. 3. Aufl.

Zeichenindex

$\varnothing$, e, $\cup$, $\cap$, $\dotplus$, $-$, a^c, $\subseteq$: 6, 123
$\sim$, $\cong$: 123
$(\mathfrak{B})\,\cup$, $(\mathfrak{B})\,\cap$, $|E|$: 124
$\mathfrak{P}(E)$, $R(\mathfrak{K})$, $R_{\mathfrak{m}}(\mathfrak{K})$, $R_\sigma(\mathfrak{K})$: 125
$\mathfrak{B}\,|\,\mathfrak{J}$, $a\,|\,\mathfrak{J}$: 125
$\mathfrak{K}^1$, $\mathfrak{K}^\cup$, $\mathfrak{K}^\cap$, $\mathfrak{K}^\dotplus$, $\mathfrak{K}^\sigma$, $\mathfrak{K}^\delta$, $\mathfrak{K}^\iota$: 29, 126, 127
$W.$, $\mathfrak{F}$, $(\mathfrak{F}, w)$: 4
$\mathfrak{U}$: 6
$\mathfrak{F}^n$, $\mathfrak{F}^{\aleph_0}$, $\mathfrak{B}_{\mathfrak{m}}$: 7, 8
$\mathfrak{A}(K)$, $(\mathfrak{A}(K), \pi)$: 10, 11
v^*, v_*: 14
$\mathfrak{A}_\nu$: 14
$(\mathfrak{F})\ a_\nu \uparrow$, $(\mathfrak{F})\ a_\nu \uparrow$, $(\mathfrak{F})\ a_\nu \to w\text{-lim}\ a_\nu$ 25, 26
$(\mathfrak{F})\ \overline{\lim}\ \text{alg}\ a_\nu$, $\underline{\lim}\ \text{alg}\ a_\nu$, $\text{limalg}\ a_\nu$: 26, 127
$\{a_\nu\}$: 27
$\tilde{\mathfrak{F}}$, $(\tilde{\mathfrak{F}}, \tilde{\omega})$: 27, 28
$(\Omega, \mathfrak{K}, v)$, $(\Omega, B\,\mathfrak{K}, v)$, $(\Omega, L\,\mathfrak{K}, v)$: 39, 42
$(E, \mathfrak{A}(K), \pi)$, $(E, B\,\mathfrak{A}(K), \pi) \equiv \equiv (E, \mathfrak{B}, l)$, $(E, L\,\mathfrak{A}(K), \pi) \equiv \equiv (E, \mathfrak{L}, l)$: 46
$(\mathfrak{J}, \mu)$: 46
$(E, \bar{\mathfrak{L}}, \bar{l})$, $(E, \mathfrak{L}', l')$: 92
$c_{\mathfrak{F}}$: 49
$\underset{i\in I}{P}\ \mathfrak{F}_i$ kurz $P\,\mathfrak{F}_i$, $\underset{i\in I}{P}\,a_i$ kurz Pa_i: 51, 52
$(\Phi, \pi) = \underset{i\in I}{P}\,(\mathfrak{F}_i, \omega_i)$, $(\tilde{\Phi}, \tilde{\pi}) = \underset{i\in I}{\tilde{P}}\,(\mathfrak{F}_i, \omega_i)$: 55, 56
$(\mathfrak{B}_\beta, \pi_\beta)$: 64
$\underset{i\in I}{P}\ \Omega_i$, $\{\omega_i\}_{i\in I}$, $\mathfrak{K} = \underset{i\in I}{P}\ \mathfrak{K}_i$, ${}_\sigma\mathfrak{K} = P^\sigma\ \mathfrak{K}_i$: 65, 66
$R\,(A_{i_1}, A_{i_2}, \ldots, A_{i_k})$: 65
$(\Omega, \mathfrak{K}, \psi) = \underset{i\in I}{P}\,(\Omega_i, \mathfrak{K}_i, v_i)$: 65
$(\Omega, {}_\sigma\mathfrak{K}, \psi) = \underset{i\in I}{P^\sigma}\,(\Omega_i, \mathfrak{K}_i, v_i)$: 66
$\Phi^b = \underset{i\in I}{P^b}\,\mathfrak{A}_i$, $\Phi^{\mathfrak{b}} = \underset{i\in I}{P^{\mathfrak{b}}}\,\mathfrak{A}_i$, $\Phi^{\mathfrak{b}*} = \underset{i\in I}{P^{\mathfrak{b}_*}}\,\mathfrak{A}_i$: 76, 77
$\mathfrak{K}_{i_1 i_2,\ldots,i_n}$, $\mu_{i_1 i_2,\ldots,i_n}$: 82, 83
$\mathfrak{K}_f$: 113
$(E, \mathfrak{F}, \mathfrak{T}, p)$, $p\,(A/B)$: 116

Namen- und Sachverzeichnis

Abbildung, wesentlich verschiedene 78
additiv 4
—, endlich 37
—, quasi- 122
—, σ- 23
—, mengentheoretisch σ- 24
—, relativ σ- 23
—, total 23
Ackermann 6
Aggregat 52
—element 52
—, gitterartiges 52
—, g- 52
Approximation
—, bezüglich einer Quasi-W. 104
Atom 123
atomar
—er Boolering 7
—es σ-W-Feld 46
Aumann 44

Banach 86, 87
Basis
—, algebraische 47
—, Borel- 47
—, empirische 47
—, erzeugende 125
—, $\mathfrak{m}$-erzeugende 125
—, σ-erzeugende 125
—, geordnete 9
Bauer, H. 22, 36, 37
Bedingung
—en, System der, eines bedingten W-Raumes 115
Birkhoff 26, 123
Boolering 122
—, algebraisch separabler 17
—, atomfreier 33
—, freier 8
—, Intervall- 10
—, mit geordneter Basis 9
—, Restklassen- 125
—, $\mathfrak{m}$- 124
—, σ- 124
Boolering, homogener vom Typus β- 63
—, Voll- 124
Boolesche Algebra 123
Booleunterring 124
—, $\mathfrak{m}$- 124
—, $\mathfrak{m}$-regulärer 124
—, σ- 124
—, σ-regulärer 124, 125
—, totalregulärer 124
Booleverband 123
Borel 62

Carathéodory 2
Cauchy 27
Charakter, eines Feldes 49
—, eines W-Raumes 92
Czászár 115, 119, 120

Darstellung eines Aggregates, gitterartige 53
— eines Booleringes, separierte 21, 22
— eines Booleringes, Stonesche 21
— eines Monoms, symmetrische 8
— eines Monoms, normal-symmetrische 8
—, Quotienten-, eines bedingten W-Raumes 116
—ssatz, von Loomis 43, 44
—ssatz, von Stone 20
dicht, algebraisch 17
—, w- 19
distributiv 128
—, σ- 128
—, σ-, im erweiterten Sinne 128
—, σ-schwach 129
—, voll 129
Durchschnitteigenschaft, endliche 102

Einbettung 126
—, $\mathfrak{m}$-reguläre 126
—, σ-reguläre 126
—, totalreguläre 126

Einbettungsproblem 73
Einheit eines Booleringes 4, 122
empirisch
—e Basis 47
—es W-Feld 20
ENOMOTO 36, 43, 129
Entfernung in einem W-Feld 27
Ereignis 4, 39
—, Elementar- 39, 123
—, fastgewisses 12
—, fastmögliches 12
—, realisierbares 6
—se, freie 8
—, Null- 12
—, Produkt-(kurz: P-) 69
—raum 115
Erweiterung eines Quasi-W 13
—, kanonische, eines Quasi-W 16
— eines Booleringes 74, 75, 126
—, $\mathfrak{m}_1$-reguläre $\mathfrak{m}$-, eines Booleringes 126
—, σ-, eines Booleringes 126
—, maximale, minimale σ-, eines Booleringes 74
—, σ-reguläre $\mathfrak{m}$-, eines Booleringes 126
—, totalreguläre $\mathfrak{m}$-, eines Booleringes 126
— eines bedingten W-Raumes 118
— eines W-Produktfeldes 55
— eines W-Feldes 25
— eines W-Feldes, metrische 27
— eines W-Feldes, Borelsche 42
— eines W-Feldes, Lebesguesche 42
—, σ-, eines W-Feldes 31
— eines W-Raumes 42
—, Borelsche 42
—, Lebesguesche 42
—, σ-, des linearen Lebesgueschen W-Raumes 92
—, echte 92
—, nichtseparable und invariante (nach KAKUTANI-OXTOBY) σ-, des linearen Lebesgueschen W-Raumes 92
—sproblem 13, 118

Feld 4
—, Intervall- 10
—, uneigentliches 6
—, Wahrscheinlichkeits- (kurz: W-Feld) 4
—, atomfreies 47
—, empirisches 20, 47
Feld, Jordanisches 12
—, mit geordneter Basis 40
—, Lebesguesches 13
—, (linear Lebesguesches 46
—, w-separables 20
—, Quasi-W- 12
—, Wahrscheinlichkeits-, σ- 23
—, (empirisches von diskretem, gemischtem, stetigem Typus) 50
FICHTENHOLZ 19, 78
Folge von Ereignissen, w- fundamentale (Cauchysche) 27
— von Ereignissen, w-konvergente 27
— von Ereignissen, w-Null- 27

Gewißheit 6
Gitterzerlegung 53
GNEDENKO 112, 113
Grenzproduktelement 60
GRUMMICH 62

Halbordnung s. Ordnung
HALMOS 109, 111, 114
HAUSDORFF 40, 78, 97
HELSON 88
HERMES 123
HEWITT 22, 36, 37
HILBERT 6
HODGES 36
Homomorphismus 112, 123
—, fast 113
—, σ- 125
HORN 9, 13, 36, 43, 129
Hülle, w- 29

Ideal 123
— der Nullereignisse 12
—, Haupt- 64
—, Prim- 123
—, σ- 125
Isometrie 7
—typen 50
isomorph, σ-Streckungs- 50
Isomorphismus 123
—, separierter 21, 22
—, fast 113

JESSEN 111

KAKUTANI 3, 92, 93
KANTOROWITSCH 20, 78
KAPPOS 2, 23, 30, 50, 52, 53, 62

Kette 10
—, aufsteigende, von Bedingungen 121
KOLMOGOROFF 1, 2, 3, 24, 39, 42, 109, 112, 113
Kompakt
—e Quasi-W 105
—er topologischer W-Raum 101, 102
komplett
—er σ-W-Raum 42
—heit eines Maßes 95
—ierung eines σ-W-Raumes 108
Konvergenz, algebraische 26, 126, 127
— nach W 25
—, Ordnungs- 26
—, stochastische 25
—, w- 25
—, w-stetige 26
KOWALSKY 129
KRICKEBERG 3

Länge eines Monoms 8
LOOMIS 43, 44
Lós 16, 21

MACNEILLE 75, 126
MAHARAM 36, 63, 64, 65
Maß 15
—, äußeres (inneres) 14
—verband 50
MARCZEWSKI 16, 63, 88, 100, 102, 108, 111, 112
Möglichkeit 6
Monom 8

VON NEUMANN 114
NIKODYM 25
Null eines Booleringes 122
—ereignis 12

Ordnung 123
—, Halb- 123
—, teilweise 123
—skonvergenz 26, 127
OXTOBY 3, 92, 93

perfekt
—er σ-W-Raum 112, 113
Produkt 51
—, Boolering 65
—, cartesisches 51, (von Booleringen 51, von W-Feldern 55, von W-Räumen 65)
Produkt, cartesisches σ-, nach SIKORSKI 74, (maximales 75, minimales 76)
—element 52
—ereignis 52
—ereignis, Grenz- 60
—körper 65
—, σ-, Körper 66
—, W-Feld 55
—, σ-W-Feld 55
—, W-, raum 65
—, σ-W-, raum 66
—zerlegung eines W-Feldes 70
Pseudounabhängigkeit 108
—, M-σ- 108

Quasi
— -Kompaktheit 112
— -Wahrscheinlichkeit (kurz: Quasi-W) 4
— -W-Feld 4
Quotientendarstellung einer bedingten W. 116
Quotienten-Typus s. Typus

Raum
—, Ereignis- 115
—, Produkt- 65
—, W-Produkt 65
—, Wahrscheinlichkeits-, (kurz: W-Raum) 42, bedingter 115, Borelscher 42, kompakter 101, kompletter 42, Lebesguescher 42, linear Lebesguescher 46, lokalkompakter 101, Quasi-kompakter 112, strikt-topologischer 101, topologischer 101)
—, σ-W- 42
realisierbar 6
relativ
—, σ-additiv 23
—stetig 23
RÉNYI 3, 115, 116, 117, 118, 119
Restklassen
—ring 12, 125
— W-Feld 13
RYLL-NARDZEWSKI 21, 108, 111, 112, 114

SAKS 100
Satz
— von BANACH 86
— von KOLMOGOROFF 109, 111
— von LOOMIS 44

Satz von MAHARAM 64
— von STONE 20
— von TARSKI-HAUSDORFF 97
separabel
—, algebraisch 17
—, *w*- 20
—, im Sinne von HALMOS-VON NEUMANN 114
—, fast 114
SHERMAN 86
SMITH 36
SIKORSKI 43, 51, 63, 67, 74
SPARRE-ANDERSEN 111
stabil 32, 124
stetig 23
—, relativ 23
—, *w*- 26
striktpositiv 4
Sprung einer Kette von Bedingungen 121
STONE 20, 21
System
— von Bedingungen 116
—, (additives) 122
—, (quasi-additives) 122
—, Kompakta- 102

TARSKI 9, 13, 36, 43, 80, 97, 129
Transformation
—, K-p-absolutinvariante 96
—, K-p-invariante 96
topologisch 101
—, lokal- 101
topologisch, strikt- 101
Typus eines empirischen σ-W-Feldes (diskreter, gemischter, stetiger) 50, 51
—, Quotienten-, eines bedingten W-Raumes 117

ULAM 13
unabhängig
—, algebraisch 71
—, fast (σ-fast) 80
—, mengentheoretisch (σ-) 77, 78
—, stochastisch 80
—, *w*- 67
Unmöglichkeit 6
Unterfeld 7
—, W- 7
unvereinbar 6
unverträglich 6

Verband, Boolescher 123
—sdifferenz 123
Verteilungsfunktion 11, 113

VAN DER WAERDEN 122
Wahrscheinlichkeit (kurz: W.) 4
—, bedingte 116
—, Quasi- 4
—s-Feld s. Feld
—s-Raum s. Raum
—s-Unterfeld 7
WALD 1

721/21/59